CAD/CAM/CAE 工程应用丛书

ANSYS Workbench 热力学分析
实例演练
（2020 版）

刘成柱　等编著

机械工业出版社

本书以 ANSYS Workbench 2020 为操作平台，详细介绍了利用该平台进行热力学分析的演练过程。本书内容丰富，涉及领域广，使读者在掌握软件操作的同时，也能掌握解决相关工程领域实际问题的思路与方法，并能自如地应对本领域所出现的问题。

全书分为 3 篇，共 12 章。基础篇（第 1~4 章）从有限元理论着手介绍了热力学分析的理论基础以及 ANSYS Workbench 平台的基础知识；项目范例篇（第 5~8 章）以项目范例为指导，讲解在 Workbench 平台中进行的稳态热分析、非稳态热分析、非线性热分析、热辐射分析的理论计算公式与案例实际操作方法；高级应用篇（第 9~12 章）作为传热分析的高级部分，讲解在 Workbench 平台中进行的相变分析、优化分析、热应力耦合分析和热流耦合分析。

本书工程实例丰富、讲解详尽，内容安排循序渐进、深入浅出，适合理工院校土木工程、机械工程、力学、电气工程等与热力学分析有关专业的高年级本科生、研究生及教师使用，同时也可以作为相关工程技术人员从事工程研究的参考书。

图书在版编目（CIP）数据

ANSYS Workbench 热力学分析实例演练：2020 版/刘成柱等编著. —北京：机械工业出版社，2021.5（2024.6 重印）
（CAD/CAM/CAE 工程应用丛书）
ISBN 978-7-111-68231-8

Ⅰ.①A… Ⅱ.①刘… Ⅲ.①热力学-有限元分析-应用程序
Ⅳ.①O414.1-39

中国版本图书馆 CIP 数据核字（2021）第 091339 号

机械工业出版社（北京市百万庄大街 22 号 邮政编码 100037）
策划编辑：赵小花 责任编辑：赵小花
责任校对：徐红雨 责任印制：常天培
北京机工印刷厂有限公司印刷
2024 年 6 月第 1 版第 5 次印刷
184mm×260mm·19 印张·517 千字
标准书号：ISBN 978-7-111-68231-8
定价：119.00 元

电话服务　　　　　　　　网络服务
客服电话：010-88361066　机 工 官 网：www.cmpbook.com
　　　　　010-88379833　机 工 官 博：weibo.com/cmp1952
　　　　　010-68326294　金 书 网：www.golden-book.com
封底无防伪标均为盗版　机工教育服务网：www.cmpedu.com

前　　言

ANSYS 公司的 ANSYS Workbench 是一个多物理场及优化分析平台，它将流体市场中占有率较高的 FLUENT 及 CFX 软件集成起来，同时也将电磁行业分析标准的 ANSOFT 系列软件集成到其平台中，并且提供了软件之间的数据耦合，给用户带来了巨大的便利。

ANSYS Workbench 提供了 CAD 双向参数链接互动、项目数据自动更新机制、全面的参数管理、无缝集成的优化设计工具等，使其在"仿真驱动产品设计"（SDPD）方面达到了前所未有的高度，同时 ANSYS Workbench 具有强大的结构、流体、热、电磁及其相互耦合分析功能。

1. 本书特点

本书以初、中级读者为对象，首先从有限元基本原理及 ANSYS Workbench 使用基础讲起，再辅以 ANSYS Workbench 在工程中的应用案例，帮助读者尽快掌握使用 ANSYS Workbench 进行有限元分析的技能。

本书不仅仅是对软件操作过程的详细讲解，还通过理论与实际操作相结合的方式帮助读者加深对有限元方法的理解。

本书作者结合多年 ANSYS Workbench 使用经验与实际工程应用案例，将 ANSYS Workbench 软件的使用方法与技巧详细地进行了讲解。本书在讲解过程中步骤详尽、内容新颖，讲解过程辅以相应的图片，使读者在阅读时一目了然，从而快速掌握书中所讲内容。

书中的案例是基于作者多年来对热力学有限元分析方法及热学相关理论的深入理解编写而成的；书中的多数案例均给出了解析计算的方法并与用有限元算法计算的结果进行了对比。

2. 本书内容

本书在必要的理论概述基础上，通过大量典型案例对 ANSYS Workbench 分析平台中的模块进行了详细介绍，并结合实际工程与生活中的常见问题进行详细讲解。全书共分为基础篇、项目范例篇、高级应用篇 3 部分内容，具体安排如下。

基础篇介绍了有限元理论和 ANSYS Workbench 平台常用命令、几何建模与导入方法、网格划分及网格质量评价方法、结果的后处理操作等方面的内容，本篇包括以下 4 章。

第 1 章：热力学分析理论基础　　　　　　　第 2 章：几何建模
第 3 章：网格划分　　　　　　　　　　　　第 4 章：边界条件与后处理

项目范例篇介绍了 ANSYS Workbench 平台结构基础分析内容，包括稳态热分析、非稳态热分析、非线性热分析、热辐射分析 4 个方面的内容，本篇包括以下 4 章。

第 5 章：稳态热分析　　　　　　　　　　　第 6 章：非稳态热分析
第 7 章：非线性热分析　　　　　　　　　　第 8 章：热辐射分析

高级应用篇介绍了 ANSYS Workbench 平台结构进阶分析功能，主要包括热应力分析、热流分析、热学优化分析等内容，本篇包括以下 4 章。

第 9 章：相变分析　　　　　　　　　　　　第 10 章：优化分析
第 11 章：热应力耦合分析　　　　　　　　　第 12 章：热流耦合分析

3. 读者对象

本书适合 ANSYS Workbench 初学者和期望提高热力学有限元分析及建模仿真工程应用能力的

读者，具体包括：

- ★ 相关从业人员
- ★ 大中专院校的教师和在校生
- ★ 参加工作实习的"菜鸟"
- ★ 广大科研工作人员
- ★ 初学 ANSYS Workbench 的技术人员
- ★ 相关培训机构的教师和学员
- ★ ANSYS Workbench 爱好者
- ★ 初、中级 ANSYS Workbench 从业人员

4. 读者服务

读者在学习过程中遇到难以解答的问题，可以到为本书专门提供技术支持的"算法仿真在线"公众号求助或直接发邮件到编者邮箱，编者会尽快给予解答。另外，该公众号内还提供了丰富的学习资料，读者可以到相关栏目阅读学习。

编者邮箱：caxart@ 126. com

公 众 号：算法仿真在线

ANSYS 本身是一个庞大的资源库和知识库，本书虽然卷帙浩繁，但仍难窥其全貌，但加之编者水平有限，书中不足之处在所难免，敬请广大读者批评指正，也欢迎广大同行来电来信共同交流探讨。

最后，再次希望本书能为读者的学习和工作提供帮助！

编　者

目　　录

第 1 章

热力学分析理论基础

热力学分析是研究计算传热学与热学的综合学科，本章内容主要以计算传热学的基础理论为主线，简单介绍传热学中的三种基本传热方式及基础理论，使读者对传热学基本概念和分析方法有总体的了解，为后面章节有限元分析的学习奠定一定的理论基础。

知识点 ＼ 学习目标	了 解	理 解	应 用	实 践
传热学的基础	√	√		
三种传热方式		√	√	√
传热的基本应用		√	√	√

1.1 传热学概述

传热学是研究热量传递过程规律的一门科学。凡有温度差，就有热量自发地从高温物体传递到低温物体。

由于自然界和生产过程中到处都存在温度差，因此，传热是自然界和生产领域中非常普遍的现象，传热学的应用领域也十分广泛。传热学已是现代技术科学的主要技术基础学科之一，诸如以下领域都离不开传热学。

1) 各种锅炉和换热设备的设计以及为强化换热和节能而改进锅炉及其他换热设备的结构。

2) 化学工业生产为维持化学工艺流程的温度而研制特殊要求的加热或冷却技术及余热回收。

3) 电子工业中为解决超大规模集成电路或电子仪器而需研究散热方法。

4) 机械制造工业测算和控制冷加工或者热加工中机件的温度场。

5) 输电领域中为提高电力设备在高电压、大电流下的运行稳定性而研究其发热及散热特性。

6) 核能、火箭等尖端技术中存在的需要解决的传热问题。

7) 太阳能、地热能和工业余热利用工程中高效能换热器的开发和设计，以及应用传热学知识指导强化或削弱传热，达到节能目的。

8) 其他如农业、生物、地质、气象、环保等。

近几十年来，传热学的成果对各个领域技术进步起到了很大的促进作用，而传热学向各个技术领域的渗透又推动了学科的迅速发展。

在电力行业与电力设备制造领域中更是不乏传热问题。例如电动机和变压器中冷却风扇的选择、配套和合理有效的利用，散热窗的布置与散热通道的开发、设计与实验研究，各供热设备管道的保温材料及建筑围护结构材料等的研制及热物理性质的测试、热损失的分析计算，各类换热器的设计、选择和性能评价等，都要求具备一定的传热学知识。传热学是一门重要的技术基础课程。

1.1.1 传热的基本方式

为了由浅入深地认识和掌握传热的规律，先来分析一些常见的传热现象。例如房屋墙壁在冬季的散热，整个过程如图 1-1 所示，可分为三段：首先热量由室内空气以对流换热的方式以及墙与室内物体之间的辐射方式传给墙内表面；再由墙内表面以固体导热方式传递到墙外表面；最后由墙外表面以空气对流换热以及墙与周围物体间的辐射方式把热量传到室外环境。显然，在其他条件不变时，室内外的温度差越大，传热量也越大。

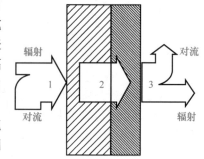

图 1-1　墙壁的散热

又如，在热水暖气片的传热过程中，热水的热量先以对流换热的方式传递给壁内侧，再以导热方式通过壁，然后壁外侧空气以对流换热和壁与周围物体的辐射换热方式将热量传递给室内。

从上述两个简单传热过程的描述不难理解，传热过程是由导热、热对流及热辐射三种基本传热方式组合形成的。要了解传热过程的规律，就必须首先分析三种基本传热方式。

本节将对这三种基本传热方式给出简要解释，并给出它们最基本的表达式，使读者对传热学有一个基本的了解和认识。

1. 导热

导热又称为热传导，是指物体各部分无相对位移或不同物体直接接触时靠分子、原子及自由电子等微观粒子热运动而进行的热量传递现象，导热是物质的属性，导热过程可以在固体、液体及气体中发生。但在引力场下，单纯的导热一般只发生在密实的固体中，因为，在有温差时，液体和气体中可能出现热对流而难以维持单纯的导热。

大平壁导热是导热的典型问题。由前述墙壁的导热过程看出，平壁热量与壁两侧表面的温度差成正比，与壁厚成反比，并与材料的导热性能有关。因此，通过平壁的导热量（单位为 W）的计算式是

$$\Phi = \frac{\lambda}{\delta} \Delta t A \tag{1-1a}$$

或热流密度（单位为 W/m²）

$$q = \frac{\lambda}{\delta} \Delta t \tag{1-1b}$$

式中　A——壁面积，单位为 m²；

　　　δ——壁厚，单位为 m；

　　　Δt——壁两侧表面的温差，$\Delta t = t_{w1} - t_{w2}$，单位为℃；

　　　λ——比例系数，称为导热系数或热导率，其意义是指单位厚度的物体具有单位温度差时，在它的单位面积上每单位时间的导热量，单位为 W/(m·K)。

导热系数表示材料导热能力的大小，一般由试验测定，例如，普通混凝土 $\lambda = 0.75 \sim 0.8$ W/(m·K)，纯铜的 λ 将近 400W/(m·K)。

在传热学中，常用电学欧姆定律的形式（电流 = 电位差/电阻）来分析热量传递过程中热量与温度差的关系。即把热流密度的计算式改写为欧姆定律的形式。

热流密度

$$q = \frac{\Delta t}{R_t} \tag{1-2}$$

与欧姆定律对比，可以看出热流相当于电流；温度差 Δt 相当于电位差；而热阻 R_t 相当于电阻。于是，得到了一个在传热学非常重要而且适用的概念——热阻。

对不同的传热方式，热阻 R_t 的具体表达式将是不一样的。以平壁为例，改写式（1-1b）得

$$q = \frac{\Delta t}{\delta/\lambda} = \frac{\Delta t}{R_\lambda} \tag{1-1c}$$

用 R_λ 表示导热热阻，则平壁导热热阻为 $R_\lambda = \delta/\lambda$，单位为 $\mathrm{m^2 \cdot K/W}$。可见平壁导热热阻与壁厚成正比，而与导热系数成反比。R_λ 越大，则 q 越小。利用式（1-1a），对于面积为 A 的平壁，热阻为 $\delta/(\lambda A)$（$\mathrm{K/W}$）。热阻的倒数称为热导，它相当于电导。

不同情况下的导热过程，导热的表达式亦各异。本书将就几种典型情况下的导热的宏观规律及其计算方法分章节进行论述。

2. 热对流

依靠流体的运动，把热量由一处传递到另一处的现象，称为热对流，热对流是传热的另一种基本方式。若热对流过程中，单位时间单位面积内有质量为 M 的流体由温度 t_1 的地方流至 t_2 处，其比热容为 c_p，则此热对流的热流密度应为

$$q = Mc_p(t_2 - t_1) \tag{1-3}$$

但值得注意的是，传热工程涉及的问题往往不单纯是热对流，而是流体与固体壁直接接触时的换热过程，传热学把它称为"对流换热"，也称为放热。而且因为有温度差，热对流将同时伴随热传导，所以，对流换热过程的换热机制既有热对流的作用，亦有导热的作用，故对流换热与热对流不同，它已不再是基本传热方式。计算对流换热的基本公式是牛顿于 1701 年提出的，即

$$q = h(t_w - t_f) = h\Delta t \tag{1-4a}$$

或

$$\Phi = h(t_w - t_f)A = h\Delta t A \tag{1-4b}$$

式中 t_w——固体壁表面温度，单位为℃；

t_f——流体温度，单位为℃；

Δt——壁表面与流体温度差，单位为℃；

h——对流换热表面传热系数，其物理意义是单位面积上流体同壁面之间的单位温差在单位时间内所能传递的热量，单位为 $\mathrm{J/(m^2 \cdot s \cdot K)}$ 或 $\mathrm{W/(m^2 \cdot K)}$。

h 的大小表达了该对流换热过程的强度。例如热水暖气片外壁面和空气间的表面传热系数约为 $6\mathrm{W/(m^2 \cdot K)}$，而它的内壁面和热水之间的表面换热系数值则可达数千。

由于 h 受制于多项影响因素，故研究对流换热问题的关键是如何确定表面传热系数。本书将对一些典型情况下的对流换热过程进行分析，并提供理论解与实验解。

式（1-4a）称为牛顿冷却定律（牛顿冷却公式）。按式（1-2）提出的热阻概念改写式（1-4a）得到如下关系式：

$$q = \frac{\Delta t}{1/h} = \frac{\Delta t}{R_h} \tag{1-4c}$$

式中，$R_h = 1/h$ 是单位壁表面积上的对流换热热阻，单位为 $\mathrm{m^2 \cdot K/W}$，根据式（1-4b），则表面积为 A 的壁面上的对流换热热阻为 $1/(hA)$，单位为 $\mathrm{K/W}$。

3. 热辐射

导热或对流都是以冷、热物体的直接接触来传递热量的，热辐射则不同，它依靠物体表面对外发射可见和不可见的射线（电磁波，或者说光子）传递热量。

物体表面每单位时间、单位面积对外辐射的热量称为辐射力，用 E 来表示，它的常用单位是 $J/(m^2 \cdot s)$ 或 W/m^2，其大小与物体表面性质及温度有关。对于黑体（一种理想的热辐射表面），根据理论和实验验证，它的辐射力 E_b 与表面热力学温度的 4 次方成比例，即斯特藩-玻尔兹曼定律：

$$E_b = \sigma_b T^4 \text{ 或 } \Phi = \sigma_b T^4 A \tag{1-5a}$$

上式也可以写作

$$E_b = C_b \left(\frac{T}{100}\right)^4 \text{ 或 } \Phi = C_b \left(\frac{T}{100}\right)^4 A \tag{1-5b}$$

式中 E_b——黑体辐射力，单位为 W/m^2；

       σ_b——斯特藩-玻尔兹曼常数，亦称为黑体辐射常数，$\sigma_b = 5.67 \times 10^{-8} W/(m^2 \cdot K^4)$；

       C_b——黑体辐射系数，$C_b = 5.67 W/(m^2 \cdot K^4)$；

       T——热力学温度，单位为 K。

一切实际物体的辐射力都低于同温度下黑体的辐射力，等于

$$E = \varepsilon \sigma_b T^4 \ (W/m^2) \text{ 或 } E = \varepsilon C_b \left(\frac{T}{100}\right)^4 \tag{1-5c}$$

式中，ε 是实际物体表面的发射率，也称为黑度，其值范围为 $0 \sim 1$。

物体间通过热辐射进行的热量传递称为辐射传热，它的特点有：在热辐射过程中伴随着能量形式的转换（物体内能→电磁波能→物体内能）；不需要冷却物体直接接触；不论温度高低，物体都在不停地相互发射电磁波能，相互辐射能量，高温物体辐射给低温物体的能量大于低温物体向高温物体辐射的能量，总的结果是热量由高温传到低温。

两个无限大的平行平面间的热辐射是最简单的辐射换热问题，设它的两表面热力学温度分别为 T_1 和 T_2，且 $T_1 > T_2$，则两表面间单位面积、单位时间辐射换热热流密度的计算公式为

$$q = C_{1,2} \left[\left(\frac{T_1}{100}\right)^4 - \left(\frac{T_2}{100}\right)^4\right] \tag{1-5d}$$

或面积 A 上的辐射热流量为

$$\Phi = C_{1,2} \left[\left(\frac{T_1}{100}\right)^4 - \left(\frac{T_2}{100}\right)^4\right] A \tag{1-5e}$$

式中，$C_{1,2}$ 是 1 和 2 两个表面间的系统辐射系数，它取决于辐射表面材料性质及状态，其值范围为 $0 \sim 5.67$。关于辐射换热热阻的表述，将在后面讨论。

1.1.2 传热过程

工程中经常遇到两流体通过壁面的换热，即热量从壁一侧的高温流体通过壁传给另一侧的低温流体的过程，称为传热过程。在初步了解前述基本传热方式后，即可导出传热过程的基本计算式。

设有一大平壁，面积为 A；它的一侧为温度 t_{f1} 的热流体，另一侧为温度 t_{f2} 的冷流体；两侧对流换热表面传热系数分别为 h_1、h_2；壁面温度分别为 t_{w1} 和 t_{w2}；壁的材料导热系数为 λ；壁厚度为 δ；如图 1-2 所示。

又设传热工况不随温度变化，即各处温度计热量不随时间改变，传热过程处于稳态，壁的长

和宽均远大于它的厚度，可认为热流方向与壁面垂直。

若将该平壁在传热过程中的各处温度描绘在 t-x 坐标图上，图中的曲线所示即该壁传热过程的温度分布线。

按图 1-1 所示的分析方法，整个传热过程分三段，分别用下列三个公式表示。

1）热量由热流体以对流换热传给壁的左侧，按式（1-4a），其热流密度为

$$q = h_1(t_{f1} - t_{w1})$$

2）该热量又以导热方式通过壁，按式（1-1b）：

$$q = \frac{\lambda}{\delta}(t_{w1} - t_{w2})$$

3）它再由壁右侧以对流换热传给冷流体，即

$$q = h_2(t_{w2} - t_{f2})$$

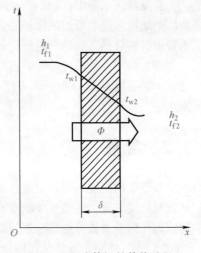

图 1-2　两流体间的传热过程

在稳态情况下，以上三式的热流密度 q 相等，把它们改写为

$$\begin{cases} t_{f1} - t_{w1} = q/h_1 \\ t_{w1} - t_{w2} = q \Big/ \left(\dfrac{\lambda}{\delta}\right) \\ t_{w2} - t_{f2} = q/h_2 \end{cases}$$

三式相加，消去 t_{w1} 和 t_{w2}，整理后得该壁面传热热流密度为

$$q = \frac{1}{\dfrac{1}{h_1} + \dfrac{\delta}{\lambda} + \dfrac{1}{h_2}}(t_{f1} - t_{f2}) = k(t_{f1} - t_{f2}) \tag{1-6a}$$

对面积为 A 的平壁，传热热流量 Φ 为

$$\Phi = qA = k(t_{f1} - t_{f2})A \tag{1-6b}$$

式中

$$k = \frac{1}{\dfrac{1}{h_1} + \dfrac{\delta}{\lambda} + \dfrac{1}{h_2}} \tag{1-7}$$

k 称为传热系数，它表明单位时间、单位壁面积上，冷热流体间每单位温度差可传递的热量，k 的国际单位是 $J/(m^2 \cdot s \cdot K)$ 或 $W/(m^2 \cdot K)$，故 k 能反映传热过程的强弱。为理解它的意义，按热阻形式改写式（1-6a），得

$$q = \frac{t_{f1} - t_{f2}}{\dfrac{1}{k}} = \frac{\Delta t}{R_k} \tag{1-6c}$$

R_k 为平壁单位面积传热热阻（单位为 $m^2 \cdot K/W$），即

$$R_k = \frac{1}{k} = \frac{1}{h_1} + \frac{\delta}{\lambda} + \frac{1}{h_2} \tag{1-8}$$

可见传热过程的热阻等于热流体、冷流体的传热热阻及导热热阻之和，相当于串联电阻的计算方法，掌握这一点对于分析和计算传热过程十分方便。由传热热阻的组成不难认识，传热阻力的大小与流体的性质、流动情况、壁的材料以及形状等许多因素有关，所以它的数值变化范围很大。例如，一砖厚度（240mm）的房屋外墙的 k 值约为 $2W/(m^2 \cdot K)$。

在蒸汽热水器中，k 值可达 $5000\mathrm{W}/(\mathrm{m}^2 \cdot \mathrm{K})$。对于换热器，$k$ 值越大，传热越好。但对建筑物围护结构和热力管道的保护层，它们的作用是减少热损失，k 值越小，保温性能越好，这就要求保温材料导热系数越小越好，从例题的计算可以得出一些重要的结论。

综上所述，学习传热学的目的概括起来就是：认识传热规律；计算各种情况下传热量或传热过程中的温度及其分布；学习增强或减弱热量传递的方法以及对热传导现象进行实验研究的方法。

1.2 导热

导热是指温度不同的物体各部分或温度不同的两个物体之间直接接触而发生的热传递现象。从微观角度来看，热是一种联系到分子、原子、自由电子等的移动、转动和振动的能量。因此，物质的导热本质或机理就必然与组成物质的微观粒子的运动有密切的关系。

1）在气体中，导热是气体分子不规则热运动时相互作用或碰撞的结果。

2）在介电体中，导热是通过晶格的振动，即原子、分子在其平衡位置附近的振动来实现的。由子晶格振动的能量是量子化的，人们把晶格振动的量子称为声子。这样，介电物质的导热可以看成是声子相互作用和碰撞的结果。

3）在金属中，导热主要是通过自由电子的相互作用和碰撞来实现，声子的相互作用和碰撞只起微小的作用。

4）至于液体的导热机理，相对于气体和固体而言，目前还不十分清楚。但近年来的研究结果表明，液体的导热机理类似于介电体，即主要依靠晶格的振动来实现。

应该指出，在液体和气体中，只有在消除热对流的条件下，才能实现纯导热过程，例如设置一个封闭的水平夹层，上为热板，下为冷板，中间充气体或液体，当上下两板温度差不大且夹层很薄时，可实现纯导热过程。

导热理论是从宏观角度进行现象分析的，它并不研究物质的微观结构，而把物质看作是连续介质。当研究对象的几何尺寸比分子的直径和分子间的距离大很多时，这种看法无疑是正确的。在一般情况下，大多数的固体、液体及气体，可以认为是连续介质。但在某些情形下，如稀薄的气体，就不能认为是连续介质。

在许多工程实践中，包括供热、通风和空调工程在内，导热是经常遇到的现象，例如建筑物的暖气片、墙壁和锅炉炉墙中的热量传递，热网地下埋设管道的热损失等。导热理论的任务就是要找出任何时刻物体中各处的温度。

为此，本章节将从温度分布的基本概念出发，讨论导热过程的基本规律以及描述物体内部温度分布的导热微分方程。此外，对求解导热微分方程所需要的条件进行简要说明。

1.2.1 基本概念及傅里叶定律

1. 基本概念

（1）温度场

温度场是指某一时刻空间各点温度的总称。一般地说，它是时间和空间的函数，对直角坐标系即

$$t = f(x, y, z, \tau) \tag{1-9}$$

式中　t——温度；

x，y，z——直角坐标系的空间坐标；

τ——时间。

式 (1-9) 表示物体的温度在 x, y, z 三个方向和在时间上都发生变化的三维非稳态温度场。如果温度场不随时间而变化，即 $\frac{\partial t}{\partial \tau}=0$，则为稳态温度场，这时，$t=f(x,y,z,\tau)$。如果稳态温度场仅和两个或一个坐标有关，则称为二维或一维稳态温度场。一维稳态温度场可表示为

$$t=f(x) \tag{1-10}$$

它是温度场中最简单的一种情况，例如高度和宽度远大于其厚度的大墙壁内的导热就可以认为是一维导热。具有稳态温度场的导热过程叫作稳态导热。温度场随时间变化的导热过程叫作非稳态导热。

（2）等温面与等温线

同一时刻，温度场中所有温度相同的点连接所构成的面叫作等温面。不同的等温面与同一平面相交，则在此平面上构成一簇曲线，称为等温线。

在同一时刻任何给定地点的温度不可能具有一个以上的不同值，所以两个不同温度的等温面或两条不同温度的等温线绝不会彼此相交。它们或者是物体中完全封闭的曲面（线），或者就终止于物体的边界上。

在任何时刻，标绘出物体中的所有等温面（线），就给出了物体内的温度分布情形，亦即给出了物体的温度场。所以，习惯上物体的温度场用等温面图或者等温线图来表示。图 1-3 就是用等温线图表示温度场的示例。

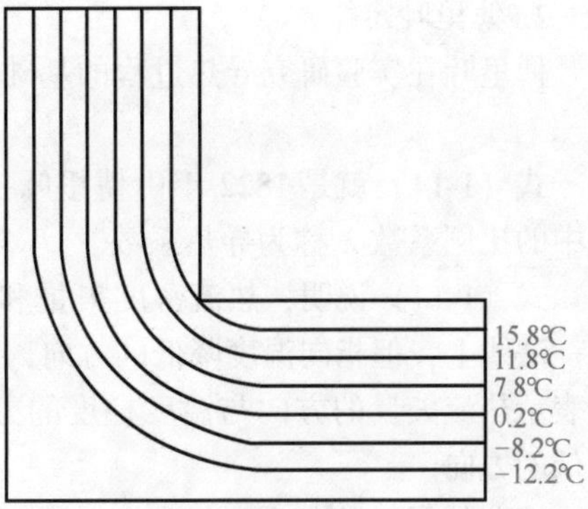

图 1-3　房屋墙角内的温度场

（3）温度梯度

在等温面上，不存在温度差异，因此，沿着等温面不可能有热量的传递。热量传递只发生在不同的等温面之间。

自等温面上的某点出发，沿着不同方向到达另一等温面时，将发现单位距离的温度变化，即温度的变化率，具有不同的数值。自等温面上某点到另一个等温面，以该点法线方向的温度变化率为最大。

沿该点法线方向，数值也正好等于这个最大温度变化率的矢量称为温度梯度，用 **grad**t 表示，正向（符号取正）是朝着温度增加的方向，如图 1-4 所示。

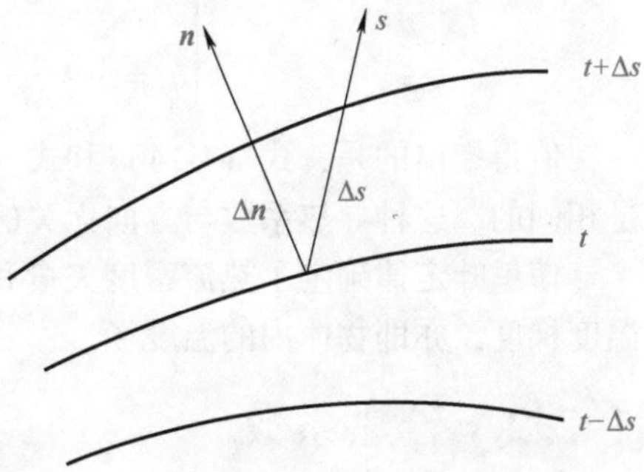

图 1-4　温度梯度

$$\mathbf{grad}t = \frac{\partial t}{\partial n}\boldsymbol{n} \tag{1-11}$$

式中，$\boldsymbol{n}$ 为法线方向上的单位矢量，$\frac{\partial t}{\partial n}$ 为沿着法线方向温度的方向导数。温度梯度在直角坐标系三个坐标轴上的分量分别为 $\frac{\partial x}{\partial n}$、$\frac{\partial y}{\partial n}$、$\frac{\partial z}{\partial n}$。而且

$$\mathbf{grad}t = \frac{\partial t}{\partial x}\boldsymbol{i} + \frac{\partial t}{\partial y}\boldsymbol{j} + \frac{\partial t}{\partial z}\boldsymbol{k} \tag{1-12}$$

式中，$\boldsymbol{i}$、$\boldsymbol{j}$ 和 $\boldsymbol{k}$ 分别为三个坐标轴方向的单位矢量。

温度梯度的负值，$-\text{grad}t$ 称为温度降度，它是与温度梯度数值相等而方向相反的矢量。

（4）热流密度矢量

单位时间单位面积上所传递的热量称为热流密度。在不同方向上，热流密度的大小是不同的。与定义温度梯度相类似，等温面上某点以通过该点最大热流密度的方向为方向，数值上也正好等于沿着该方向热流密度的矢量称为热流密度矢量。其他方向的热流密度都是热流矢量在该方向的分量。

热流密度矢量 $\boldsymbol{q}$ 在直角坐标系三个坐标轴上的分量为 q_x、q_y、q_z。而且

$$\boldsymbol{q} = q_x\boldsymbol{i} + q_y\boldsymbol{j} + q_z\boldsymbol{k} \tag{1-13}$$

式中，$\boldsymbol{i}$、$\boldsymbol{j}$、$\boldsymbol{k}$ 分别为三个坐标方向的单位矢量。

2. 傅里叶定律

傅里叶在实验研究导热过程的基础上，把热流矢量和温度梯度联系起来，得到

$$\boldsymbol{q} = -\lambda\,\text{grad}t \tag{1-14}$$

式（1-14）就是 1822 年由傅里叶提出的导热基本定律的数学表达式，亦称为傅里叶定律。式中的比例系数 λ 称为导热系数。

式（1-14）说明，热流密度矢量和温度梯度位于等温面的同一法线上，但指向温度降低的方向，如图 1-5 所示，式中的负号表示热流矢量的方向与温度梯度的方向相反，永远顺着温度降低的方向。

按照傅里叶定律和式（1-12）和式（1-13）可以看出，热流密度矢量 x、y 和 z 轴的分量应为

$$\begin{cases} q_x = -\lambda\,\dfrac{\partial t}{\partial x} \\[2mm] q_y = -\lambda\,\dfrac{\partial t}{\partial y} \\[2mm] q_z = -\lambda\,\dfrac{\partial t}{\partial z} \end{cases} \tag{1-15}$$

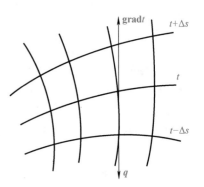

图 1-5　热流密度矢量和温度梯度

值得指出的是，式（1-14）和式（1-15）中隐含着一个条件，就是导热系数在各个不同方向是相同的。这种导热系数与方向无关的材料称为各向同性材料。

傅里叶定律确定了热流密度矢量和温度梯度的关系。因此要确定热流矢量大小，就必须知道温度梯度，亦即物体内的温度场。

1.2.2　导热系数

导热系数是物质的一个重要热物性参数，可以认为，式（1-14）就是导热系数的定义式，即

$$\lambda = \frac{q}{-\,\text{grad}t} \tag{1-16}$$

可见，导热系数的数值就是物体中单位温度梯度、单位时间、通过单位面积的导热量，它的单位是 W/（m·K）。导热系数的数值表征物质导热能力的大小。

工程计算采用的各种物质的导热系数的数值一般都由实验测定。一些常用物质的导热数值列于表 1-1 中。

一般而言，金属比非金属具有更高的导热系数；物质的固相比它们的液相具有较高的导热性能；物质液相的导热系数又比其气相高；不论金属或非金属，它的晶体比它的无定形态具有较好的导热性能；与纯物质相比，晶体中的化学杂质使其导热性能降低；纯金属比它们相应的合金具

有高得多的导热系数。

表 1-1　273K 时物质的导热系数

材　料	导热系数[W/(m·K)]	材　料	导热系数[W/(m·K)]	材　料	导热系数[W/(m·K)]
金属固体		石英（平行于轴）	19.1	氯甲烷（CH_3Cl）	0.178
纯银	418	刚玉（Al_2O_3）	10.4	氟利昂（CCl_2F_2）	0.0728
纯铜	387	大理石	2.78	二氧化碳（CO_2）	0.105
纯铝	203	冰，H_2O	2.22	气体	
纯锌	112.7	熔凝石英	1.91	氢	0.175
纯铁	73	硼硅酸耐热玻璃	1.05	氦	0.141
纯锡	66	液体		空气	0.0243
纯铅	34.7	水银（Hg）	8.21	戊烷	0.0128
非金属固体		水	0.552	三氯甲烷	0.0066
方镁石（MgO）	41.6	SO_2	0.211		

物质的导热系数不但因物质的种类而异，而且还和物质的温度、压力等因素有关。导热是在温度不同的物体各部分之间进行的，所以温度的影响尤为重要。在一定温度范围内，许多工程材料的导热系数可以认为是温度的线性函数，即

$$\lambda = \lambda_0(1 + bt) \tag{1-17}$$

式中，λ_0 为某个参考温度时的导热系数，b 为由实验确定的常数。

不同物质导热系数的差异是由于物质构造上的差别以及导热的机理不同所致。为了更全面地了解各种因素，下面分别研究气体、液体和固体（金属和非金属材料）的导热系数。

1. 气体的导热系数

气体导热系数的数值约在 $0.006 \sim 0.6W/(m·K)$ 范围内。气体的导热是由于分子的热运动和相互碰撞时所发生的能量传递。根据气体分子运动理论，在常温常压下，气体的导热系数可以表示为

$$\lambda = \frac{1}{3}\overline{u}l\rho c_v \tag{1-18}$$

式中，$\overline{u}$ 为气体分子运动的平均速度，l 为气体分子在两次碰撞间的平均自由行程，ρ 为气体的密度，c_v 为气体的比定容热容。

当气体的压力升高时，气体的密度 ρ 也增加，自由行程 l 则减小，而乘积 $l\rho$ 保持常数。因而，可以认为气体的导热系数不随压力发生变化，除非压力小于 $2.67 \times 10^{-3}MPa$ 或压力高于 2.0×10^3MPa。

图 1-6 给出了几种气体的导热系数随温度变化的实测数据。由图 1-6 可知，气体的导热系数随温度升高而增大，这是因为气体分子运动的平均速度和比定容热容随温度的升高而增大所致。

气体中氢和氦的导热系数远高于其他气体，大约为其他气体的 $4 \sim 9$ 倍，如图 1-7 所示，这一点可以从它们的分子质量很小，因而有较高的平均速度得到解释。在常温下，空气的导热系数为 $0.025W/(m·K)$。房屋双层玻璃窗中的空气夹层，就是利用空气的低导热性起到降低散热作用的。

混合气体的导热系数不能像比热容那样简单地用部分求和的方法来确定，科学家们提出了若干种计算方法，但归根结底，必须用实验方法确定。

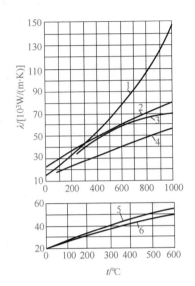

图 1-6　气体的导热系数

1—水蒸气；2—二氧化碳；3—空气；4—氩；5—氧；6—氮

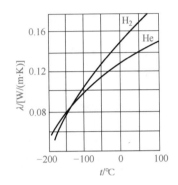

图 1-7　氢和氦的导热系数

2. 液体的导热系数

液体的导热系数的数值一般在 $0.07 \sim 0.7 W/(m \cdot K)$ 范围内。液体的导热主要是依靠晶格的振动来实现的，应用这一概念来解释不同液体的实验数据，其中大多数都得到了很好的证实，据此得到的液体导热系数的经验公式：

$$\lambda = A \frac{c_p \rho^{\frac{4}{3}}}{M^{\frac{1}{3}}} \tag{1-19}$$

式中，c_p 为液体的比定压热容，ρ 为液体的密度，M 为液体的分子量。系数 A 与晶格振动在液体中的传播速度成正比，它与液体的性质无关，但与温度有关。一般情况下可认为 Ac_p 为常数。

对于非缔合液体或弱缔合液体，其分子量是不变的，由式（1-19）可以看出，当温度升高时，由于液体密度减小，导热系数是下降的。对于强缔合液体，例如水和甘油等，其分子量是变化的，而且随温度而变化。因此，在不同的温度时，它们的导热系数随温度变化的规律是不一样的。图 1-8 给出了一些液体导热系数随温度的变化。

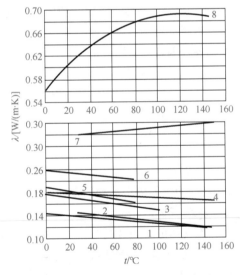

图 1-8　液体的导热系数

1—凡士林油；2—苯；3—丙酮；4—蓖麻油；
5—乙醇；6—甲醇；7—甘油；8—水

3. 固体的导热系数

（1）金属的导热系数

各种金属的导热系数一般在 $12 \sim 418 W/(m \cdot K)$ 范围内变化。大多数纯金属的导热系数随温度的升高而减小，如图 1-9 所示。这是因为金属的导热是依靠自由电子的迁移和晶格振动来实现的，而且主要依靠前者，当温度升高时，晶格振动的加强干扰了自由电子的运动，使导热系数下降。

金属导热与导电的机理是一致的，所以金属的导热系数与导电率互成比例。银的导热系数就像它的导电能力一样是很高的，然后依次为铜、金、铝。

在金属中掺入任何杂质，将破坏晶格的完整性而干扰自由电子的运动，使导热系数变小。例如，在常温下纯铜的导热系数为 387W/(m·K)，而黄铜（70% Cu，30% Zn）的导热系数降低为 109W/(m·K)。

另外，金属加工过程也会造成晶格的缺陷，所以化学成分相同的金属，导热系数也会因加工情况而有所不同。大部分合金的导热系数随温度的升高而增大。

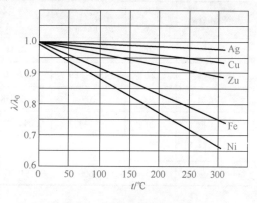

图 1-9　金属的导热系数

（2）非金属材料（介电体）的导热系数

建筑环境与设备工程专业特别感兴趣的是建筑材料和隔热材料。这一类材料的导热系数大约在 0.025 ~ 3.0W/(m·K) 范围内。它们的导热系数都随温度的升高而增大。岩棉制品、膨胀珍珠岩、矿渣棉、泡沫塑料、膨胀蛭石、微孔硅酸钙制品等都属于这类材料。

严格地讲，这些材料不应视为连续介质，但如果空隙的大小和物体的总几何尺寸比起来很小的话，仍然可以有条件地认为它们是连续介质，用表观导热系数或当作连续介质时的折算导热系数来考虑。

在多孔材料中，填充空隙的气体（如空气）具有低的导热系数，所以良好的保温材料都是空隙多、相应地体积重量（习惯上简称"密度"）轻的材料。

根据这一特点，除利用天然材料（例如石棉等）外，还可以人为地增加材料的空隙以提高保温能力，例如微孔硅酸钙、泡沫塑料和加气混凝土等。但是，密度低到一定程度后，小的空隙会连成沟道或者使空隙较大，引起空隙内的空气对流作用加强，空隙壁间的辐射有所加强，反而会使表观导热系数升高。

多孔材料的导热系数受湿度的影响很大。由于水分的渗入，替代了相当一部分空气，而且更主要的是水分将从高温区向低温区迁移而传递热量。因此，湿材料的导热系数比干材料和水都要大。例如，干砖的导热系数为 0.35W/(m·K)，水的导热系数 0.6W/(m·K)，而湿砖的导热系数高达 1.0W/(m·K) 左右。所以对建筑物的围护结构，特别是冷、热设备的保温层，都应采取防潮措施。

前已述及，分析材料的导热性能时，还应区分各向同性材料和各向异性材料。例如木材，其沿不同方向的导热系数不同，木材纤维方向导热系数的数值比垂直纤维方向的数值高一倍，这种材料称为各向异性材料。用纤维和树脂等增强、黏合的复合材料也是各向异性材料。本书在后续分析讨论中，都只限于各向同性材料。

表 1-2 给出了一些建筑、保温材料的导热系数和密度数值，以供参考。

表 1-2　建筑和保温材料导热系数和密度的数值

材料名称	温度 $t/℃$	密度 $\rho/(kg/m^3)$	导热系数 λ /[W/(m·K)]	材料名称	温度 $t/℃$	密度 $\rho/(kg/m^3)$	导热系数 λ /[W/(m·K)]
膨胀珍珠岩散料	25	60 ~ 300	0.021 ~ 0.062	硬泡沫塑料	30	29.5 ~ 56.3	0.041 ~ 0.048
岩棉制品	20	80 ~ 150	0.035 ~ 0.038	软泡沫塑料	30	41 ~ 162	0.043 ~ 0.056
膨胀蛭石	20	100 ~ 130	0.051 ~ 0.07	石棉绳	30	590 ~ 730	0.1 ~ 0.21

（续）

材料名称	温度 $t/℃$	密度 $\rho/(kg/m^3)$	导热系数 λ $/[W/(m·K)]$	材料名称	温度 $t/℃$	密度 $\rho/(kg/m^3)$	导热系数 λ $/[W/(m·K)]$
微孔硅酸钙	50	82	0.049	红砖	35	1560	0.49
粉煤灰砖	27	458~589	0.12~0.22	水泥	30	1900	0.30
矿渣棉	30	207	0.058	混凝土板	35	1930	0.79
软木板	20	105~437	0.044~0.079	瓷砖	37	2090	1.1
木丝纤维	25	245	0.048	玻璃	45	2500	0.65~0.71
红砖（营造状态）	25	1860	0.87	聚苯乙烯板	30	24.7~37.8	0.04~0.043

1.2.3 导热微分方程式

傅里叶定律确定了热流密度矢量和温度梯度之间的关系。但是要确定热流密度矢量的大小，还应进一步知道物体内的温度场，即

$$t = f(x, y, z, \tau)$$

为此，像其他数学物理问题一样，首先要找到描述上式的微分方程。这可以在傅里叶定律的基础上，借助热力学第一定律，即能量守恒与转化定律，把物体内各点的温度关联起来，建立起温度场的通用微分方程，亦即导热微分方程。

假定所研究的物体是各向同性的连续介质，其导热系数 λ、比热容 c 和密度 ρ 均为已知，并假定物体内具有内热源，例如化学反应时放出反应热、电阻通电发热，以及熔化过程中吸收物理潜热等，这时内热源为负值。用单位体积单位时间内所发出的热量 q_v 表示内热源的强度。

基于上述各项假定，再从进行导热过程的物体中分割出一个微元体 $dV = dxdydz$，微元体的三个边分别平行于 x、y 和 z 轴，如图 1-10 所示。

根据能量守恒与转化定律，对微元体进行热平衡分析，那么在 $d\tau$ 时间内导入与导出微元体的净热量，加上热源的发热量，应该等于微元体热力学能量的增加，即

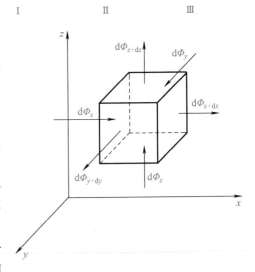

图 1-10 微元体的导热

导入与导出微元体的净热量（I项）+ 微元体中内热源的发热量（II项）= 微元体热力学能的增加（III项）

$$(1-20)$$

下面分别计算式（1-20）中的 I、II 和 III 三项。

导入与导出微元体的净热量可以由 x，y 和 z 三个方向导入与导出微元体的净热量相加得到。在 $d\tau$ 时间内，沿 x 轴方向，经 x 表面导入的热量为

$$d\Phi_x = q_x dydzd\tau$$

经 $x + dx$ 表面导出的热量为

$$d\Phi_{x+dx} = q_{x+dx} dydzd\tau$$

而
$$q_{x+\mathrm{d}x} = q_x + \frac{\partial q_x}{\partial x}\mathrm{d}x$$

于是，在 dτ 时间内，沿 x 轴方向导入与导出微元体的净热量为
$$\mathrm{d}\Phi_x - \mathrm{d}\Phi_{x+\mathrm{d}x} = -\frac{\partial q_x}{\partial x}\mathrm{d}x\mathrm{d}y\mathrm{d}z\mathrm{d}\tau$$

同理，此时间内，沿 y 轴方向和 z 轴方向，导入与导出微元体的净热量分别为
$$\mathrm{d}\Phi_y - \mathrm{d}\Phi_{y+\mathrm{d}y} = -\frac{\partial q_y}{\partial y}\mathrm{d}x\mathrm{d}y\mathrm{d}z\mathrm{d}\tau$$

$$\mathrm{d}\Phi_z - \mathrm{d}\Phi_{z+\mathrm{d}z} = -\frac{\partial q_z}{\partial z}\mathrm{d}x\mathrm{d}y\mathrm{d}z\mathrm{d}\tau$$

将 x，y 和 z 三个方向导入与导出微元体的净热量相加得到
$$\mathrm{I} = -\left(\frac{\partial q_x}{\partial x} + \frac{\partial q_y}{\partial y} + \frac{\partial q_z}{\partial z}\right)\mathrm{d}x\mathrm{d}y\mathrm{d}z\mathrm{d}\tau \tag{1-21}$$

将式（1-15）代入式（1-21），可以得到
$$\mathrm{I} = \left[\frac{\partial}{\partial x}\left(\frac{\partial q_x}{\partial x}\right) + \frac{\partial}{\partial y}\left(\frac{\partial q_y}{\partial y}\right) + \frac{\partial}{\partial z}\left(\frac{\partial q_z}{\partial z}\right)\right]\mathrm{d}x\mathrm{d}y\mathrm{d}z\mathrm{d}\tau \tag{1-22}$$

在 dτ 时间内，微元体中内热源的发热量为
$$\mathrm{II} = q_v\mathrm{d}x\mathrm{d}y\mathrm{d}z\mathrm{d}\tau \tag{1-23}$$

在 dτ 时间内，微元体中热力学能的增量为
$$\mathrm{III} = \rho c\frac{\partial t}{\partial \tau}\mathrm{d}x\mathrm{d}y\mathrm{d}z\mathrm{d}\tau \tag{1-24}$$

对于固体和不可压缩的流体，比定压热容 c_p，即 $c_p = c_v = c$。将式（1-22）~式（1-24）代入式（1-20），消去等号两边的 dxdydzdτ，可得
$$\rho c\frac{\partial t}{\partial \tau} = \frac{\partial}{\partial x}\left(\lambda\frac{\partial t}{\partial x}\right) + \frac{\partial}{\partial y}\left(\lambda\frac{\partial t}{\partial y}\right) + \frac{\partial}{\partial z}\left(\lambda\frac{\partial t}{\partial z}\right) + q_v \tag{1-25}$$

式（1-25）称为导热微分方程式，实际上它是导热过程的能量方程。式（1-25）借助能量守恒定律和傅里叶定律把物体中各点的温度联系起来，它表达了物体的温度随空间和时间变化的关系。

当热物性参数导热系数 λ、比热容 c 和密度 ρ 均为常数时，式（1-25）可以简化为
$$\frac{\partial t}{\partial \tau} = \frac{\lambda}{\rho c}\left(\frac{\partial^2 t}{\partial x^2} + \frac{\partial^2 t}{\partial y^2} + \frac{\partial^2 t}{\partial z^2}\right) + \frac{q_v}{\rho c} \tag{1-26}$$

或写成
$$\frac{\partial t}{\partial \tau} = \alpha\nabla^2 t + \frac{q_v}{\rho c}$$

式中，∇^2 为拉普拉斯运算符；$\alpha = \dfrac{\lambda}{\rho c}$ 为热扩散率，单位为 m^2/s。

热扩散率 α 表征物体被加热或冷却时，物体内各部分温度去向均匀一致的能力。

例如，木材的热扩散率 $\alpha = 1.5 \times 10^{-7}\,\mathrm{m}^2/\mathrm{s}$；铝的热扩散率 $\alpha = 9.45 \times 10^{-5}\,\mathrm{m}^2/\mathrm{s}$，木材的热扩散率约为铝的 1/600，所以燃烧木棒的一端已达到很高的温度，而另一端仍保持不烫手的温度。热扩散率对非稳态导热过程具有很重要的意义。

当热物性为常数且无热源时，式（1-26）可写成
$$\frac{\partial t}{\partial \tau} = \alpha\nabla^2 t \tag{1-27}$$

对于稳态温度场，$\frac{\partial t}{\partial \tau} = 0$，式（1-26）可以简化为

$$\nabla^2 t + \frac{q_v}{\lambda} = 0 \tag{1-28}$$

对于无内热源的稳态温度场，式（1-28）可进一步简化为

$$\nabla t = \frac{\partial^2 t}{\partial x^2} + \frac{\partial^2 t}{\partial y^2} + \frac{\partial^2 t}{\partial z^2} = 0 \tag{1-29}$$

在这种情况下，微元体的热平衡式（1-24）中的 II 和 III 两项均为零，所以导入和导出微元体的净热量也为零，即导入微元体的热量等于导出微元体的热量。

当所分析的对象为轴对称物体（圆柱、圆筒或圆球）时，采用圆柱坐标系（r, ϕ, z）或球坐标系（r, ϕ, θ）更为方便。这样，通过坐标变换（见图 1-11），可以将式（1-25）转换为圆柱坐标系或者圆球坐标系的公式，对于圆柱坐标系，式（1-25）可改写为

$$\rho c \frac{\partial t}{\partial \tau} = \frac{1}{r} \frac{\partial}{\partial r}\left(\lambda r \frac{\partial t}{\partial r}\right) + \frac{1}{r^2} \frac{\partial}{\partial \phi}\left(\lambda \frac{\partial t}{\partial \phi}\right) + \frac{\partial}{\partial z}\left(\lambda \frac{\partial t}{\partial z}\right) + q_v \tag{1-30}$$

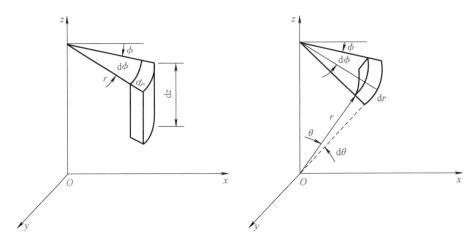

图 1-11   圆柱和圆球坐标系

对于圆球坐标系，式（1-25）可改写为

$$\rho c \frac{\partial t}{\partial \tau} = \frac{1}{r^2} \frac{\partial}{\partial r}\left(\lambda r^2 \frac{\partial t}{\partial r}\right) + \frac{1}{r^2 \sin^2 \theta} \frac{\partial}{\partial \phi}\left(\lambda \frac{\partial t}{\partial \phi}\right) + \frac{1}{r^2 \sin\theta} \frac{\partial}{\partial \theta}\left(\lambda \sin\theta \frac{\partial t}{\partial \theta}\right) + q_v \tag{1-31}$$

1.2.4   单值性条件

导热微分方程是根据热力学第一定律和傅里叶定律所建立起来的描写物体温度随空间和时间变化的关系式，没有涉及某一特定导热过程的具体特点，因此它是所有导热过程的通用表达式。

要从众多的不同导热过程中区分出人们所研究的某一特定的导热过程，还需对该过程进一步的具体说明，这些补充说明条件总称为单值性条件。

从数学角度来看，求解导热微分方程式可以获得方程式的通解。然而就特定的导热过程而言，不仅要得到通解，而且要得到既满足导热微分方程式、又满足该过程的补充说明条件的唯一解。

把这种特定唯一解的附加补充说明条件称为单值性条件。因此，对于一个具体给定的导热过程，其完整的数据描述应包括导热微分方程式和它的单值性条件两部分。

单值性条件一般地说有以下四项。

（1）几何条件

说明参与导热过程的物体的几何形状和大小。例如，形状是平壁或圆柱壁以及它们的厚度、直径等几何尺寸。

（2）物理条件

说明参与导热过程的物理特征。例如，给出参与导热过程物体的热物性参数比热容 c 和密度 ρ 等的数值，它们是否随温度发生变化；是否有内热源，以及它的大小和分布情形。

（3）时间条件

说明在时间上过程进行的特点。稳态导热过程没有单值性的时间条件，因为过程的进行不随时间发生变化。对于非稳态导热过程，应该说明开始时刻物体内部的温度分布，它可以表示为

$$t|_{t=0} = f(x,y,z) \tag{1-32}$$

故时间条件又称为初始条件。初始条件可以是各种各样的空间分布，例如，加热或冷却一个物体时，在过程开始时刻，物体的各部分具有相同的温度，那么初始条件表示式为

$$t|_{t=0} = t_0 = \text{const} \tag{1-33}$$

式中，const 表示常数。

（4）边界条件

人们所研究的物体总是和周围环境有某种程度的相互联系。它往往也就是物体内导热过程发生的原因。因此，凡是说明物体边界上过程进行的特点、反映过程与周围环境相互作用的条件均称为边界条件。常见的边界条件的表达方式可以分为三类。

第一类边界条件是已知任何时刻物体边界面上的温度值，即

$$t|_s = t_w \tag{1-34}$$

式中，下标 s 表示边界面，t_w 是温度在边界面 s 的给定值。对于稳态导热过程，t_w 不随时间发生变化，即 $t_w = \text{const}$；对于非稳态导热过程，若边界面上温度随时间而变化，还应给出 $t_w = f(\tau)$ 的函数关系。例如，如图 1-12 所示的一维无限大平壁，平壁两侧表面各为持恒定的温度 t_{w1} 和 t_{w2}，它的第一类边界条件可以表示为

$$t|_{t=0} = t_{w1} ; t|_{t=\delta} = t_{w2}$$

对于二维或三维稳态温度场，它的边界面超过两个，这时应逐个按边界面给定它们的温度值。

第二类边界条件是已知任何时刻物体边界面上的热流密度值。因为傅里叶定律给出了热流密度矢量与温度梯度之间的关系，所以第二类边界条件等于已知任何时刻物体边界面 s 法向的温度变化率的值。

值得注意的是，已知边界面上温度变化率的值，并不是已知物体的温度分布，因为物体内各处的温度梯度和边界面上的温度值都还是未知的。第二类边界可以表示为

$$q|_s = q_w$$

或

$$-\frac{\partial t}{\partial n}\bigg|_s = \frac{q_w}{\lambda} \tag{1-35}$$

式中，q_w 是给定的通过边界面 s 的热流密度，对于稳态导热过程，$q_w = \text{const}$；对于非稳态导热过

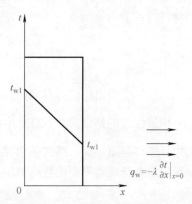

图 1-12　无限大平壁的第一类边界条件

程，若边界面上热流密度是随时间变化的，还要给出 $q_{\mathrm{w}}=f(\tau)$ 的函数关系。图 1-13 所示的肋片基处的边界条件，就是 $x=0$ 界面处热流密度值恒定为 q_{w}，这时第二类边界条件可以表示为

$$-\left.\frac{\partial t}{\partial x}\right|_{x=0}=\frac{q_{\mathrm{w}}}{\lambda}$$

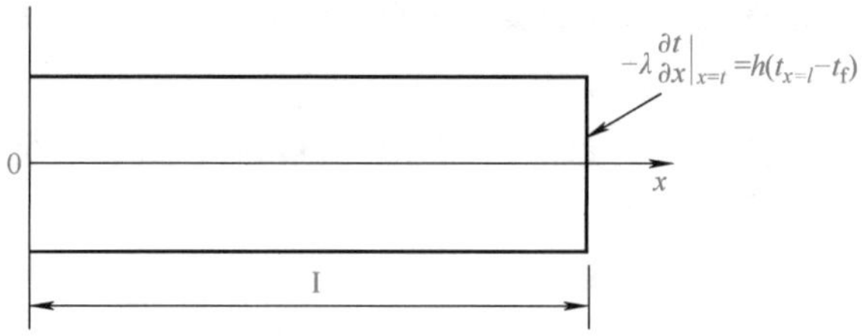

图 1-13　肋片的第二、三类边界条件

若某一个边界面 s 是绝热的，根据傅里叶定律，该边界面上温度变化率数值为零，即

$$\left.\frac{\partial t}{\partial n}\right|_{\mathrm{s}}=0 \tag{1-36}$$

例如，对于以后将要讨论的肋片，由于肋片的温度沿着肋片高度而下降，所以对于很高的肋片，它的端部温度与周围空气的温度就很接近，可以近似地认为端部是绝热的，如图 1-13 所示，这时肋片端部的边界条件应写为

$$\left.\frac{\partial t}{\partial x}\right|_{x=l}=0$$

第三类边界条件是已知边界面周围流体温度 t_{f} 和边界面与流体之间的表面传热系数 h。根据牛顿冷却定律，物体边界面 s 与流体间的对流换热量可以写为

$$q=h(\left.t\right|_{\mathrm{s}}-t_{\mathrm{f}})$$

于是，第三类边界条件可以表示为

$$-\lambda\left.\frac{\partial t}{\partial n}\right|_{\mathrm{s}}=h(\left.t\right|_{\mathrm{s}}-t_{\mathrm{f}}) \tag{1-37}$$

如图 1-13 所示，若肋片端部与周围空气的对流换热不允许忽略，那么肋片端部的第三类边界条件可以表示为

$$-\lambda\left.\frac{\partial t}{\partial n}\right|_{x=l}=h(\left.t\right|_{x=l}-t_{\mathrm{f}})$$

对于稳态导热过程，h 和 t_{f} 不随时间而变化；对于非稳态导热过程，h 和 t_{f} 可以是时间的函数，这时还要给出它们和时间的具体函数关系。

应该注意的是，式（1-37）中已知的条件是 h 和 t_{f}，而 $\left.\frac{\partial t}{\partial n}\right|_{\mathrm{s}}$ 和 $\left.t\right|_{\mathrm{s}}$ 都是未知的，这正是第三类边界条件与第一类、第二类边界条件的区别所在。在确定某一个边界面的边界条件时，应根据物理现象本身在边界面的特点给定，不能对同一界面同时给出两种边界条件。

1.3　本章小结

本章从最基本的热传导、热辐射和热对流三种基本公式及原理出发，对传热学中的相关理论及使用范围进行了详细介绍，并列举出不同类型边界条件时的解析公式。

第 2 章

几何建模

ANSYS 2020 是 ANSYS 公司较新版本的多物理场分析平台，其中提供了大量全新的先进功能，有助于更好地掌握设计情况从而提升产品性能和完整性。将 ANSYS 2020 的新功能与 ANSYS Workbench 相结合，可以实现更加深入和广泛的物理场研究，并通过扩展满足客户不断变化的需求。

ANSYS 2020 采用的平台可以精确地简化各种仿真应用的工作流程。同时，ANSYS 2020 提供了多种关键的多物理场解决方案、前处理和网格剖分强化功能，以及一种全新的参数化高性能计算（HPC）许可模式，可以使设计探索工作更具扩展性。

知识点 ＼ 学习目标	了　解	理　解	应　用	实　践
ANSYS 2020 平台及各个模块的主要功能		√		
ANSYS Workbench 几何建模步骤			√	√
ANSYS Workbench 几何导入			√	√
ANSYS Workbench 草绘面板使用			√	√

2.1　Workbench 平台概述

在 Windows 系统下执行"开始"→"所有程序"→ANSYS 2020→Workbench 2020 命令，则可以启动 Workbench 2020。

2.1.1　平台界面

启动后的 Workbench 平台如图 2-1 所示。启动软件后，可以根据个人喜好设置下次启动是否同时开启导读对话框，如果不想启动导读对话框，取消勾选导读对话框底端的复选框即可。

ANSYS Workbench 平台界面主要由菜单栏、工具栏、工具箱（Toolbox）、工程项目窗口（Project Schematic）构成。

图 2-1 Workbench 软件平台

2.1.2 菜单栏

菜单栏包括 File（文件）、View（视图）、Tools（工具）、Units（单位）、Extensions（扩展）、Jobs（作业）及 Help（帮助）。下面对这六个菜单中包括的子菜单及命令详述如下。

1. File（文件）菜单

File（文件）菜单中的命令如图 2-2 所示，下面对 File（文件）菜单中的常用命令进行简单介绍。

- New：建立一个新的工程项目，在建立新工程项目前，Workbench 软件会提示用户是否需要保存当前的工程项目。
- Open：打开一个已经存在的工程项目，同样会提示用户是否需要保存当前工程项目。
- Save：保存一个工程项目，同时为新建立的工程项目命名。
- Save As：将已经存在的工程项目另存为一个新的项目名称。
- Import：导入外部文件，选择 Import 命令会弹出图 2-3 所示的对话框，在 Import 对话框的文件类型栏中可以选择多种文件类型。

图 2-2 File 文件菜单

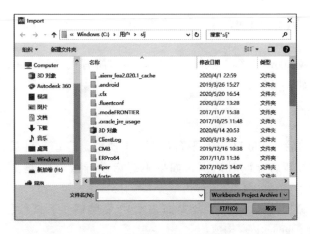

图 2-3 Import 支持文件类型

注：文件类型中的 HFSS Project File（∗.hfss）、Maxwell Project File（∗.mxwl）和 Simplorer Project File（∗.asmp）三个文件需要安装 ANSYS Electromagnetics Suite 电磁系列软件才会出现。

ANSYS Workbench 平台支持 ANSYS Electromagnetics Suite。

（1）Archive

将工程文件存档，如果项目工程文件没有保存，软件会提示先保存文件。选择 Archive 命令后，在弹出的图 2-4 所示的"另存为"对话框中单击"保存"按钮，在弹出的图 2-5 所示的 Archive Options 对话框中勾选所有复选框，并单击 Archive 按钮将工程文件存档。在 Workbench 平台的 File 菜单中选择 Restore Archive 命令即可将存档文件读取出来，这里不再赘述，请读者自己完成。

图 2-4 "另存为"对话框

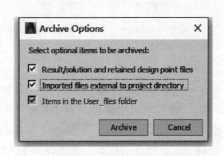

图 2-5 Archive Options 对话框

（2）Scripting

脚本语言，ANSYS Workbench 平台支撑的脚本语言有 Python（∗.py）及自带脚本（∗.wbjn）两种格式。选择 Scripting 时，此时会出现图 2-6 所示子菜单，子菜单中包括以下三个选项。

- Record Journal：录制脚本语言，选择此命令后开始对当对 Workbench 平台中的所有操作用脚本语言进行记录，脚本格式为 ∗.wbjn；
- Run Script File：运行一个已经存在的脚本语言，脚本包括 ∗.wbjn 和 ∗.py 两种格式，如图 2-7 所示
- Open Command Window：打开命令窗口，将弹出 Python 脚本语言对话框命令窗口，此时在窗口中输入如下代码。

```
print"Hello Workbench!"
```

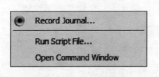

图 2-6 脚本命令

图 2-7 脚本格式

这时将在下行中显示"Hello Workbench!"字样，如图 2-8 所示。ANSYS Workbench 平台的脚本语言非常强大，通过 Workbench 平台可进行模块的建立、材料的添加等。

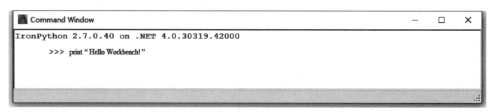

图 2-8　Python 脚本命令框

2. View（视图）菜单

View（视图）菜单中的相关命令如图 2-9 所示，下面对 View（视图）菜单中的常用命令进行简要介绍。

- Refresh（刷新）：刷新项目管理窗口。
- Reset Workspace（复原操作平台）：将 Workbench 平台复原到初始状态。
- Reset Window Layout（复原窗口布局）：如果平台的布局经过更改，通过此命令能将 Workbench 平台窗口布局复原到初始状态。
- Toolbox（工具箱）：选择是否隐藏左侧面的工具箱。Toolbox 前面有√，说明 Toolbox（工具箱）处于显示状态，单击 Toolbox 取消勾选该选项，Toolbox（工具箱）将被隐藏。
- Toolbox Customization（用户自定义工具箱）：选择此命令将在窗口中弹出图 2-10 所示的 Toolbox Customization 窗口，用户可通过单击各个模块前面的√来选择是否在 Toolbox 中显示该模块。

图 2-9　View 菜单

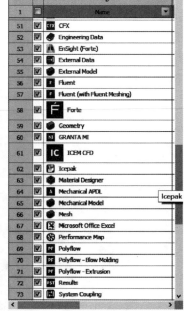

图 2-10　Toolbox Customization 窗口

- Project Schematic（项目管理）：通过此命令来确定是否在 Workbench 平台上显示项目管理窗口。
- Files（文件）：选择此命令时会在 Workbench 平台下侧弹出图 2-11 所示的 Files 窗口，窗口中显示了工程项目中所有的文件及文件路径等重要信息。

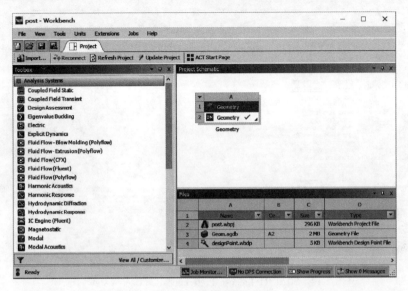

图 2-11　Files 窗口

- Properties（属性）：选择此命令后再单击 A7 Results 栏，此时会在 Workbench 平台右侧弹出图 2-12 所示的 Properties of Schematic A7：Results 对话框，对话框里面显示的是 A7 Results 栏中的相关信息，此处不再赘述。

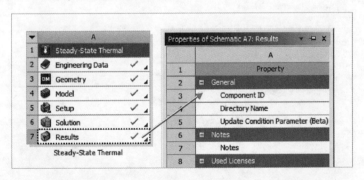

图 2-12　Properties of schematic A7：Results 窗口

3. Tools（工具）菜单

Tools（工具）菜单中的命令如图 2-13 所示，下面对 Tools 中的常用命令进行介绍。

（1）Refresh Project（刷新工程数据）

当上行数据中内容发生变化，需要刷新板块（更新也会刷新板块）。

（2）Update Project（更新工程数据）

数据已更改，必须重新生成板块的数据输出。

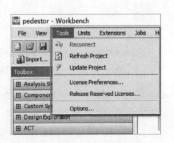

图 2-13　Tools 菜单

（3）License Preferences（参考注册文件）

选择此命令后，会弹出图 2-14 所示的 2020 R1 License Preferences for User XX 对话框。

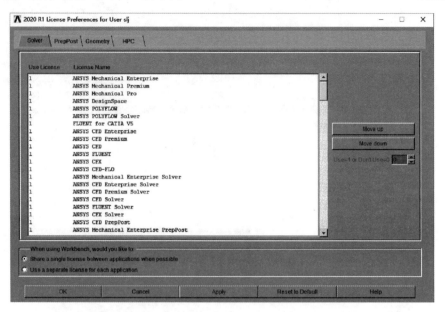

图 2-14　2020 R1 License Preferences for User XX 对话框

（4）Release Reserved Licenses（关联注册信息）

选择此命令后，将弹出图 2-15 所示的 Release Reserved Licenses 对话框，用于远程求解计算时的密码设置。

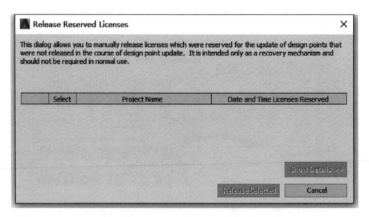

图 2-15　Release Reserved Licenses 对话框

（5）Options（选项）

选择 Option 命令，弹出 Options 对话框，对话框中主要包括以下选项卡。

1）Project Management（项目管理）选项卡：在图 2-16 所示的 Project Management 选项卡中可以设置 Workbench 平台启动的默认目录和计算时的临时文件的位置、是否启动导读对话框及是否加载新闻信息、项目工程文件压缩等级等参数。

2）Appearance（外观）选项卡：在图 2-17 所示的 Appearance 选项卡中可对 Workbench 平台中的部分软件模块的背景颜色、文字颜色、几何图形的边等进行颜色设置，同时也可以启动 Beta

（测试）选项等，图 2-18 所示为启动 Beta 选项前后 Toolbox 选项卡中的对比。

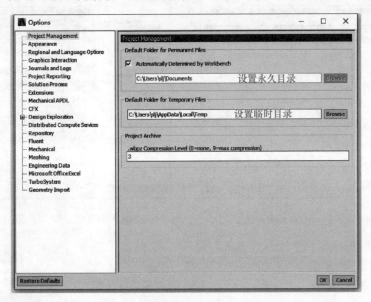

图 2-16　Project Management 选项卡

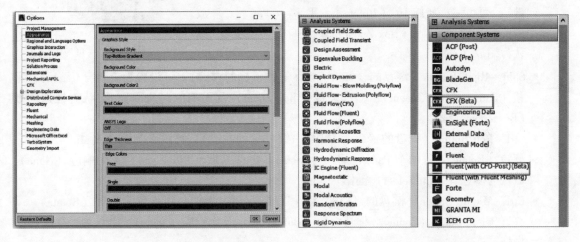

图 2-17　Appearance 选项卡　　　　　　图 2-18　Beta 选项开启与否

3）Regional and Language Options（区域和语言选项）选项卡：通过图 2-19 所示的选项卡可以设置 Workbench 平台的语言，其中包括德语、英语、法语及日语四种。

4）Graphics Interaction（几何图形交互）选项卡：在图 2-20 所示的选项卡中可以设置鼠标对图形的操作，如平移、旋转、放大、缩小、多体选择等操作，以常用的三键鼠标（见图 2-21）为例进行说明。

- Mouse Wheel（鼠标滚轮）：设置鼠标滚轮可以执行缩放（Zoom）操作或者无响应（None），默认为缩放（Zoom）操作。
- Middle Button（三键鼠标的中键）：可设置为旋转（Rotate）、平移（Pan）、缩放（Zoom）、框选缩放（Box Zoom）及无响应（None），默认为旋转（Rotate）操作。
- Right Button（三键鼠标的右键）：可设置为旋转（Rotate）、平移（Pan）、缩放（Zoom）、框选缩放（Box Zoom）及无响应（None），默认为框选缩放（Box Zoom）操作。

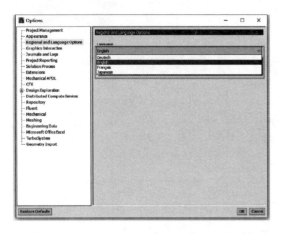

图 2-19 Regional and Language Options 选项卡

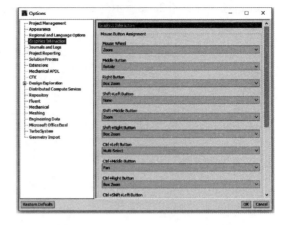

图 2-20 Graphics Interaction 选项卡

- Shift + Left Button（键盘的〈Shift〉键 + 三键鼠标的左键）：可设置为旋转（Rotate）、平移（Pan）、缩放（Zoom）、框选缩放（Box Zoom）及无响应（None），默认为无响应（None）。

- Shift + Middle Button（键盘的〈Shift〉键 + 三键鼠标的中键）：可设置为旋转（Rotate）、平移（Pan）、缩放（Zoom）、框选缩放（Box Zoom）及无响应（None），默认为缩放（Zoom）操作。

图 2-21 三键鼠标

- Shift + Right Button（键盘的〈Shift〉键 + 三键鼠标的右键）：可设置为旋转（Rotate）、平移（Pan）、缩放（Zoom）、框选缩放（Box Zoom）及无响应（None），默认为框选缩放（Box Zoom）操作。

- Ctrl + Left Button（键盘的〈Ctrl〉键 + 三键鼠标的左键）：可设置为多选（Multi-Select）、旋转（Rotate）、平移（Pan）、缩放（Zoom）、框选缩放（Box Zoom）及无响应（None），默认为多选（Multi-Select）操作。

- Ctrl + Middle Button（键盘的〈Ctrl〉键 + 三键鼠标的中键）：可设置为旋转（Rotate）、平移（Pan）、缩放（Zoom）、框选缩放（Box Zoom）及无响应（None），默认为平移（Pan）操作。

- Ctrl + Right Button（键盘的〈Ctrl〉键 + 三键鼠标的右键）：可设置为旋转（Rotate）、平移（Pan）、缩放（Zoom）、框选缩放（Box Zoom）及无响应（None），默认为框选缩放（Box Zoom）操作。

- Ctrl + Shift + Left Button（键盘的〈Ctrl + Shift〉组合键 + 三键鼠标的左键）：可设置为多选（Multi-Select）及无响应（None），默认为无响应（None）。

- Dynamic Viewing During Rotation（转动时动态视觉效果）：若勾选此复选框，当转动几何时，将可以动态观察视觉效果。

- Extend Selection Angle Limit（扩展选中角度限制）：默认为20°，读者可以根据几何特点更改此角度，以方便几何选择时的扩展应用。

- Angle Increment for Configure Tool（角度增量配置工具）：默认为10°，读者可根据需要调整角度增量值。

5）Journals and Logs（日志）选项卡：单击此选项卡，在右侧将显示录制脚本语言的默认文件路径，同时也可设置 Log（日志）文件路径及日志文件保存的时间，如图 2-22 所示。

6）Solution Process（求解过程）选项卡：设置求解过程中一些显示及处理，有如下几个命令，如图 2-23 所示。

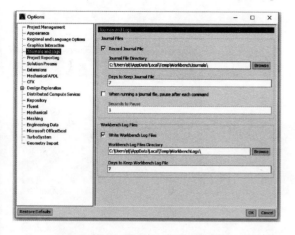

图 2-22　Journal and Logs 选项卡

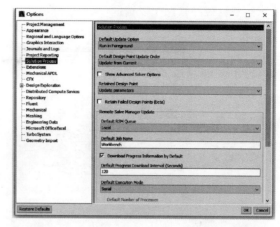

图 2-23　Solution Process 选项卡

- Default Update Option（默认更新选项）：包括 Run in Foreground（运行在前端）、Run in Background（运行在后台）及 Submit to Remote Solve Manager（提交远程求解管理器）三个选项，默认为 Run in Foreground（运行在前端）。
- Default Design Point Update Order（默认设计节点更新序列）：包括 Update from Current（从当前开始更新）及 Update Design Points in Order（按顺序更新设计点），默认为 Update from Current（从当前开始更新）。
- Show Advanced Solver Options（显示高级求解器选项）：是否显示高级求解器选项。
- Retained Design Point（保留设计点）：包括 Update parameters（更新参数）及 Update full project（更新所有项目文件）两个选项。
- Default Execution Mode（默认执行模式）：包括 Serial（顺序模式）和 Parallel（并行模式）两种类型，当选中并行模式后，下面的 Default Number of Processes（默认处理器数量）被激活，此时可根据 CPU 的数量设置并行计算所使用 CPU 的数量。

7）Extensions（扩展）选项卡：在扩展选项卡中用户可以将自己编写并编译成 *.wbex 格式的程序代码目录添加到 Additional Extension Folders（添加外部文件夹路径），如果有多个文件夹，则中间用分号（;）隔开即可，如图 2-24 所示，添加了一个文件路径；在 Save Binary Extensions with Project（将二进制扩展文件保存到工程项目），可以选择是否保存。这部分内容在后面有介绍，这里不再赘述。

8）Mechanical APDL（ANSYS APDL 分析平台）选项卡：在图 2-25 所示的选项卡中可以设置 Command Line Options（命令行选项）、Database

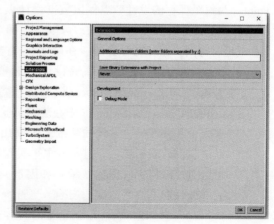

图 2-24　Extensions 选项卡

Memory（数据库内存大小）、Workspace Memory（工作目录内存使用量）、Processors（处理器个数）及是否开启 GPU 加速选项等。

9）CFX（CFX 流体动力学分析模块）选项卡：在 Solution Defaults（默认求解器设置）栏中有图 2-26 所示的 Keep Latest Solution Data Only（仅保持最近求解器数据）和 Cache Solution Data（求解数据缓冲）两个复选框。

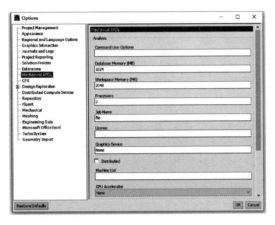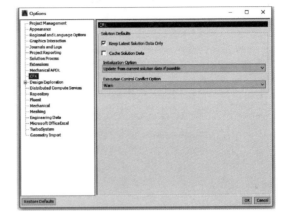

图 2-25　APDL 选项卡　　　　　　　　图 2-26　CFX 选项卡

在 Initialization Option（初始化选项）选择栏中可以设置初始化选项，即 Automatic（自动的）、Update from current solution data if possible（更新当前可用的结果数据）、Update from cache solution data if possible（更新缓冲区可用的结果数据）和 Update from initial condition（从初始化更新）四个选项。

在 Execution Control Conflict Option（执行控制冲突选项）选择栏中可以选择不同的方式来设置默认的执行命令，以控制冲突选项，包括 Warn（警告）、Use Setup Cell Execution Control（使用建立 Setup 执行控制）和 Use Solution Cell Execution Control（使用建立 Solution 执行控制）三个选项。

10）Design Exploration（设计开发）选项卡：如图 2-27 所示，选项卡中包括 Show Advanced Options（是否显示高级选项）；在 Design Points（设计点）下面有 Preserve Design Points After DX Run（在 DX 运行完成后是否保存设计节点），如果勾选，则 Retain Data for Each Preserved Design Point（为每个保存的设计节点保留数据设计点）将被激活；当 Retry All Failed Design Points（重试所有失败设计节点）被勾选时，可以在下面设置 Number of Retries（重试次数）和 Retry Delay（重试延时时间，单位为秒）等，在设计开发选项卡下面有三个子选项卡。

- Design of Experiments（试验设计）选项卡：在图 2-28 所示的试验设计选项卡中可以对 Design of Experiments Type（试验设计类型）进行选择，有如下四个选项。
- Central Composite Design（中心复合试验设计，简称 CCD）：中心复合试验设计是在二水平权因子和分部试验设计的基础上发展出来的一种试验设计方法，它是二水平全因子和分部试验设计的拓展。通过对二水平实验增加一个设计点（相当于增加了一个水平），从而可以对评价指标（输出变量）和因素间的非线性关系进行评估。它常用于在需要对因素的非线性影响进行测试的实验。当选择 CCD 时，下面的选项卡中有五种实验类型：Auto Defined（自动定义）、G-Optimality（G 优化设计）、VIF-Optimality（VIF 优化设计）、Rotatable（旋转性设计）和 Face-Centered（面心设计）。

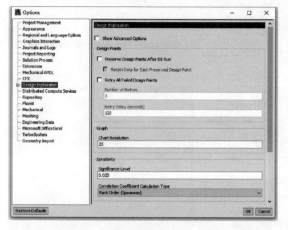

图 2-27　Design Exploration 选项卡

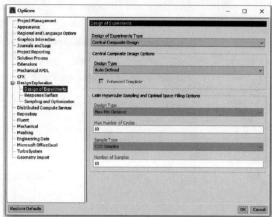

图 2-28　Design of Experiments 选项卡

- Optimal Space-Filling Design（最优空间填充设计）：在整个设计空间均匀分布，空间填充能力强，适用于后续的 Kriging、Non-parametric Regression、Neural Networks 的响应面类型，为了节省计算时间，可以指定样本数，样本有可能没有落在角落及中点；当选择 Optimal Space-Filling Design 选项时，下面的 Latin Hypercube Sampling and Optimal Space-Filling Design栏的类型中有如下三个选项：Max-Min Distance（最大-最小距离）、Centered L2（中心化 L2）和 Maximum Entropy（最大熵）；在样本类型栏中有以下五个样本类型选项：CCD Sample（中心复合试验设计样本）、Linear Model Samples（线性模型样本）、Pure Quadratic Model Samples（纯二次模型样本）、Full Quadratic Model Samples（完全二次模型样本）及 User Defined Samples（用户定义样本），最后一栏中设置样本数量。
- Box-Behnken Design（Box-Behnken 试验设计）：Box-Behnken 试验设计是可以评价指标和因素间非线性关系的一种试验设计方法。与中心复合设计（CCD）不同的是，它不需要连续进行多次实验，并且在因素数相同的情况下，Box-Behnken 实验的实验组合数比中心复合设计（CCD）少因而经济。Box-Behnken 试验设计常用于需要对因素的非线性影响进行研究的实验。
- Latin Hypercube Sampling Design（拉丁超立方抽样设计）：计算机实验中广泛采用的一种设计是拉丁超立方设计。一个包含 n 次试验和 m 个变量的拉丁超立方设计可以用一个 n × m 矩阵表示，其中每一列都是向量（1，2，…，n）的一个置换，称一个拉丁超立方设计为正交拉丁超立方设计。
● Response Surface（响应曲面）子选项卡：在图 2-29 所示的选项卡中可以设置相应曲面的类型，有 Standard Response Surface-Full 2nd Order Polynomials（标准响应曲面-完全二阶多项式模型）、Kriging（克里金模型）、Non-Parametric Regression（非参数回归模型）及 Neural Network（神经网络模型）；当选择 Kriging 时，下面的 Kriging Options（克里金选项）被激活，在 Kernel Variation Type（内核变量类型）中有 Variable Kernel Variation（变量内核变动）和 Constant Kernel Variation（常量内核变动）两种选项卡。
● Sampling and Optimization（抽样和优化）子选项卡：在图 2-30 所示的抽样和优化子选项卡中可以设置 Random Number Generation（随机数生成）是否为 Repeatability（可重复性），Weighted Latin Hypercube（加权拉丁超立方模型）的 Sampling Magnification（抽样放大率）的数量，在 Optimization（优化）栏中的 Constraint Handling（约束方式）栏中可以选择

Strict（精确的）和 Relaxed（非精确的）两种选项。

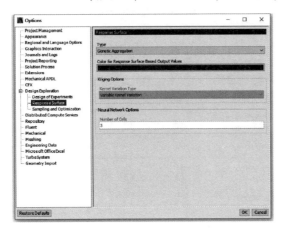

图 2-29 Response Surface 选项卡

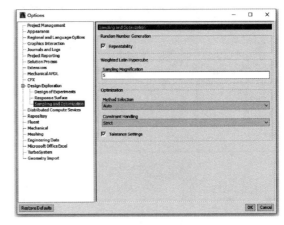

图 2-30 Sampling and Optimization 选项卡

11）Fluent（流体动力学）选项卡：在图 2-31 所示的 Fluent 分析模型软件设置选项卡中，可以完成 Fluent 软件的相关设置并设置为启动默认项。如在 General Options（一般选项中）可以设置在编辑计算时是否显示一些警告、启动新的计算时是否自动删除原来的结果。在 Default Options for New Fluent System（新建 Fluent 系统的默认设置）中可以设置在启动程序的时候显示启动栏、读完数据后是否显示网格、是否将 Fluent 的 GUI 界面嵌入到窗口中、是否应用 Workbench 统一的颜色方案及是否同时启动 UDF 编译环境。同时也可以设置 Precision（计算精度）是 Single Precision（单精度）还是 Double Precision（双精度）。在 Setup Cell 中选择是否同时产生输出的 Case 文件，在 Solution Cell 中选择显示求解过程中的监视及是否产生一个可以被改写的文件。

12）Mechanical 选项卡：在图 2-32 所示的 Mechanical 选项卡中可以设置关联几何数据模型后是否自动删除接触、并行计算的最大使用内核数量等。

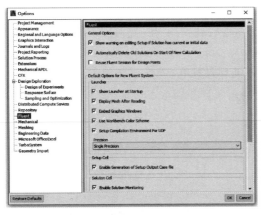

图 2-31 Fluent 选项卡

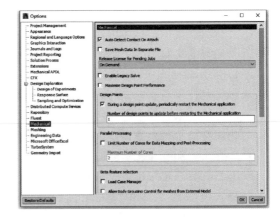

图 2-32 Mechanical 选项卡

13）Microsoft OfficeExcel 选项卡：在图 2-33 所示的 Microsoft OfficeExcel 选项卡中可以设置变量数据名的前缀过滤格式。

14）Geometry Import（几何导入）选项卡：在图 2-34 所示的选项卡中可以选择几何建模工具，即 Designmodeler 和 SpaceClaim Direct Modeler；SpaceClaim Preferences（SpaceClaim 偏好设置）可以设置是否将 SpaceClaim 直接建模软件作为外部 CAD 软件。

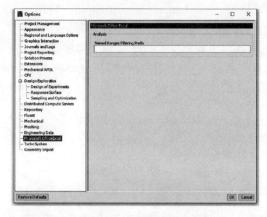

图 2-33　Microsoft OfficeExcel 选项卡

图 2-34　Geometry Import 选项卡

这里仅仅对 Workbench 平台与建模及分析相关并且常用的选项进行简单介绍，其余选项请读者参考帮助文档的相关内容。

4. Units（单位）菜单

如图 2-35 所示，在此菜单中可以设置国际单位、米制单位、美制单位及用户自定义单位，选择 Unit Systems（单位设置系统）选项，在弹出的图 2-36 所示的 Unit Systems 对话框中可以制定用户喜欢的单位格式。

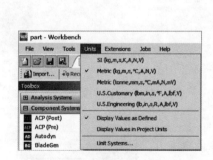

图 2-35　Units 菜单

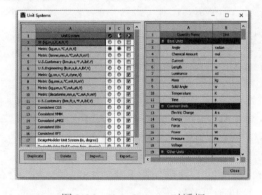

图 2-36　Unit Systems 对话框

5. Extensions（扩展）菜单

如图 2-37 所示，在该菜单中可以添加 ACT（ANSYS 客户化工具）。

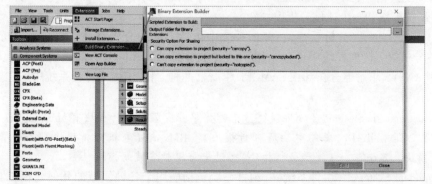

图 2-37　扩展菜单

单击 ACT Start Page 选项，弹出图 2-38 所示的窗口，单击 Launch Wizards 按钮，将出现通过向导导入已经建立好的 ACT 插件格式的模块；单击 Manage Extensions（插件管理器）按钮，将弹出管理器窗口，在窗口中单击未激活的插件（颜色为灰色，将鼠标放置于按钮上将显示"Click to load extension"提示信息）按钮，此时灰色的按钮将变成绿色，表示该插件模块已经被成功加载。如果读者想加载新的插件模块，单击 Manage Extensions 窗口中右侧的"＋"即可，如果想建立新的文件夹目录，单击"＋"右侧的 ⚙ 按钮即可。

6. Jobs（作业）**菜单**

通过作业菜单，可以设置远程提交的作业文件及检测显示等信息。

7. Help（帮助）**菜单**

在帮助菜单中，软件可实时地为用户提供软件操作及理论上的帮助。

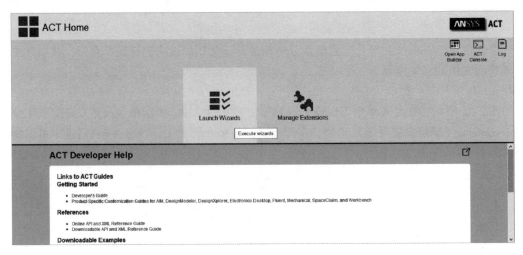

图 2-38　ACT 控制

2.1.3　工具栏

Workbench 的工具栏如图 2-39 所示，命令已经在前面菜单中出现，这里不再赘述。

图 2-39　工具栏

2.1.4　工具箱

Toolbox（工具箱）位于 Workbench 平台的左侧，图 2-40 所示为 Toolbox（工具箱）中包括四个基本分析系统模块和一个插件分析模块。

- Analysis Systems（分析系统）：分析系统中包括不同的分析类型，如静力分析、热分析、流体分析等，同时模块中也包括用不同种求解器求解相同分析的类型，如静力分析就包括用 ANSYS 求解器分析和用 SAMCEF 求解器两种。图 2-41 为分析系统中所包含的分析模块的说明。

📂注：在 Analysis Systems（分析模块）中需要单独安装的分析模块有 Maxwell 2D（二维电磁场分析模块）、Maxwell 3D（三维电磁场分析模块）、RMxprt（电机分析模块）、Simplorer（多领域系统分析模块）及 nCode（疲劳分析模块）。读者可单独安装此模块。

- Component Systems（组件系统）：组件系统包括应用于各种领域的几何建模工具及性能评估工具，组件系统包括的模块如图 2-42 所示。

图 2-40 Toolbox（工具箱）

- Custom Systems（用户自定义系统）：在图 2-43 所示的用户自定义系统中，除了有软件默认的几个多物理场耦合分析工具外，Workbench 平台还允许用户自己定义常用的多物理场耦合分析模块。

- Design Exploration（设计优化）：图 2-44 所示为设计优化模块，在设计优化模块中允许用户利用五种工具对零件产品的目标值进行优化设计及分析。

图 2-41 Analysis Systems（分析系统）

图 2-42 Component Systems（组件系统）

图 2-43 Custom Systems（用户自定义系统）

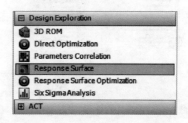

图 2-44 Design Exploration（设计优化）

- ACT（ANSYS 客户化工具）：Workbench 分析平台以其易用性及良好的兼容性，除了被广大用户广泛学习和使用外，还被一些程序生产厂商作为一个接口平台，将程序集成到 Workbench 平台中进行扩展分析。
- 法国达索公司的 SIMULIA Tosca Structure 无参数结构优化软件开发了基于 Workbench 平台的接口程序—Tosca Extension for ANSYS Workbench，仅需要通过 Extension 接口即可将 Tosca Structure 外接程序接口集成到 Workbench 平台中进行结构的优化分析。
- 英国的 DEM—Solutions 公司为其主打的离散元计算程序开发了基于 Workbench 平台的插件程序 EDEM Add-In for ANSYS Workbench，通过此接口模块能将离散元 EDEM 程序计算的粒子与 Workbench 平台中的结构分析模块进行单向耦合受力分析。
- Workbench LS-DYNA（显示动力学分析模块）：在显示动力学分析模块中程序将使用 LS-DYNA 求解器对模型进行显示动力学分析，这个模块需要用户单独安装插件。

下面用一个简单的实例来说明如何在用户自定义系统中建立用户自己的分析模块。

Step1：启动 Workbench 后，单击左侧 Toolbox（工具箱）→Analysis System（分析系统）中的 Fluid Flow（Fluent）（流体分析模块）不放，直接拖动到 Project Schematic（工程项目管理窗口）中，如图 2-45 所示，此时会在 Project Schematic（工程项目管理窗口）中生成一个如同 Excel 表格一样的 Fluid Flow（Fluent）分析流程图表。

- A2：Geometry 得到模型几何数据。
- A3：Mesh，进行网格的控制与剖分。
- A4：Setup，进行边界条件的设定与载荷的施加。
- A5：Solution，进行分析计算。

📂注：Fluid Flow（Fluent）分析图表显示了执行 Fluid Flow（Fluent）流体分析的工作流程，其中每个单元格命令代表一个分析流程步骤。根据 Fluid Flow（Fluent）分析流程图标从上往下执行每个单元格命令，就可以完成流体的数值模拟工作，具体流程如下。

Step2：双击 Analysis Systems（分析系统）中的 Geometry（几何）模块和 Static Structural（结构分析）模块，此时会在 Project Schematic（工程项目管理窗口）中生成项目 B 和项目 C，如图 2-46 所示。

📂注意：此时模块单元的排列顺序将发生变化，请读者自己对比。

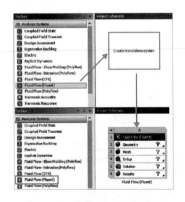

图 2-45　创建流场分析项目

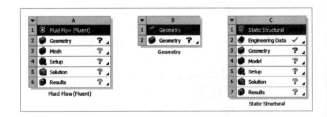

图 2-46　创建结构分析项目

Step3：创建好三个模块后，单击 A2：Geometry 不放，直接拖动到 B2：Geometry 中，如图 2-47 所示。

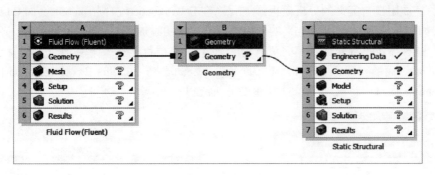

图 2-47　工程数据传递

Step4：同样操作，将 B2：Geometry 拖动到 C3：Setup，将 A5：Solution 拖动到 C5：Setup，操作完成后项目连接形式如图 2-48 所示，此时在项目 A 和项目 C 中的 Solution 表中的图标变成了 ，即实现了项目 A 和项目 C 的双向耦合计算。

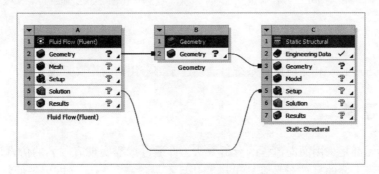

图 2-48　快捷菜单

　　注：在工程分析流程图表之间如果存在 ＼■（一端是小正方形），表示数据共享；工程分析流程图表之间如果存在 ⁄⁄（一端是小圆点），表示实现数据传递。

Step5：在 Workbench 平台的 Project Schematic（工程项目管理窗口）中右击，在弹出的图 2-49 所示的快捷菜单中选择 Add to Custom（添加到用户）命令。

Step6：在弹出的图 2-50 所示的 Add Project Template（添加工程模版）对话框中输入名称为 "Fluent Flow to Static Structuralfor 2 ways Solution" 并单击 OK 按钮。

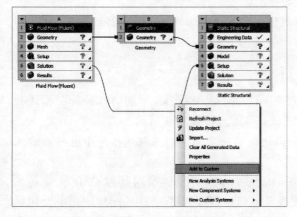

图 2-49　Add Project Template 对话框

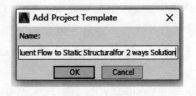

图 2-50　Add Project Template 对话框

Step7：完成用户自定义的分析模板添加后，单击 Workbench 左侧 Toolbox 下面 Custom Systems 前面的 +，如图 2-51 所示，刚才定义的分析模板已被成功添加到 Custom Systems 中。

Step8：选择 Workbench 平台 File 菜单中的 New 命令，新建立一个空项目工程管理窗口，然后双击 Toolbox 下面的 Custom System→Fluent Flow to Static Structuralfor 2 ways Solution 模板，此时 Project Schematic 窗口中将出现图 2-52 所示的分析流程。

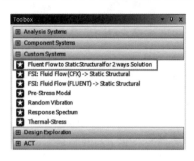

图 2-51　用户定义的分析流程模板

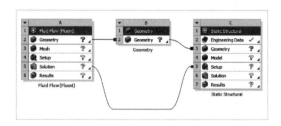

图 2-52　加载自定义模板

　注：分析流程图表模板建立完成后，要想进行分析还需要添加几何文件及边界条件等，以后章节——介绍，这里不再赘述。

ANSYS Workbench 安装完成后，系统自动创建了部分用户自定义系统。

2.2　几何建模

早期的有限元都是采用面向流程的分析方法，即通过编程实现有限元的仿真计算，这种方法不仅效率低下，最重要的是它非常容易出错，并且不易检查，一旦分析出来的结果出现了错误，需要逐行代码进行分析，浪费了大量的时间。

随着计算机技术的进步，可视化技术也得到了飞速的发展，现在的有限元分析方法均采用界面友好、可视化程度极高的面向对象的结构，不仅省去了编程的痛苦，还可以通过对绘图窗口中的操作步骤显示，对每一步的操作进行检查校准；有限元分析的一般过程也由原来单调的编程升级到现在的几何建模、材料设置、网格划分、边界条件选择、计算及后处理。

有限元分析的第一个重要的工程就是几何建模，几何建模直接影响到最后一步计算结果的正确性，是一个合理有限元分析过程中的重中之重。一般在整个有限元分析的过程中，几何建模的工作量占据了非常多的时间，同时也是非常重要的一步。

本节将着重讲述利用 ANSYS Workbench 自带的几何建模工具——DesignModeler 进行几何建模。

2.2.1　DesignModeler 几何建模平台

在 ANSYS Workbench 平台中，依次选择 Toolbox→Component Systems 下面的 Geometry 模块并双击，此时在右侧的 Project Schematic 中出现 Geometry 单元，如图 2-53 所示。

　注：在 Analysis Systems 下面双击任意一个模块选项出现的分析流程选项卡中也可以建立 Geometry。

右击 A2：Geometry 进入图 2-54 所示的 DesignModeler 平台界面，如同其他 CAD 软件（如 Creo、SolidWorks、UG、SolidEdge、CAXA 实体建模及 CATIA 等）一样，DesignModeler 平台包括以下几个关键部分：菜单栏、工具栏、绘图窗口、模型树、属性窗口等。在几何建模之前先对常用的命令及菜单进行详细介绍。

　　📁注：DesignModeler 平台虽然具有与其他 CAD 软件相似的几何建模功能，但是读者需要了解的一个重点是：DesignModeler 的强大之处在于它对几何的修复，这也是其他 CAD 建模工具所无法比拟的重要特点，DesignModeler 对其他 CAD 建模的模型通过中间格式（如 *.igs、*.step、*.x_t 等）进行导入，当模型很复杂时，在中间的格式转化时会出现模型缺陷，这时需要通过 DesignModeler 平台中的工具对几何模型进行修复，以保证后期有限元分析的正确性。

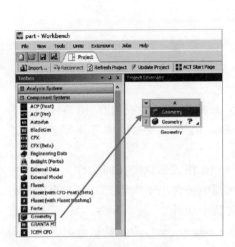

图 2-53　Geometry 创建

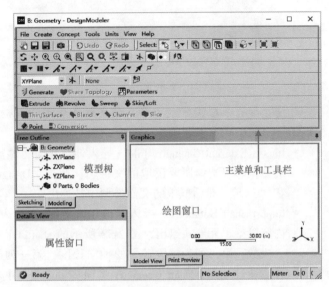

图 2-54　DesignModeler 平台

2.2.2　菜单栏

　　菜单栏中包括 File（文件）、Create（创建）、Concept（概念）、Tools（工具）、Units（单位）、View（视图）及 Help（帮助）七个基本菜单。

　　1. File（文件）菜单

　　File（文件）菜单中的命令如图 2-55 所示，下面对 File（文件）菜单中的常用命令进行简单介绍。

- Refresh Input（刷新输入）：当几何数据发生变化时，选择此命令可以保持几何文件同步。
- Start Over（新建一个绘图）：如果当前绘图程序里面有几何模型，将提示是否清理模型并重新启动程序，单击 Yes 按钮，则启动一个新的建模程序，单击 No 按钮，则留在当前界面。
- Load DesignModeler Database（载入 DesignModeler 数据文件）：弹出对话框用以加载 DesignModeler 建立的几何模型。
- Save Project（保存工程文件）：选择此命令保存工程文件，如果是新建立未保存的工程文件，Workbench 平台会提示输入文件名。
- Export（几何输出）：选择 Export 命令后，DesignModeler 平台会弹出图 2-56 所示的"另存为"对话框，在对话框的保存类型中，读者可以选择喜欢的几何数据类型。
- Attach to Active CAD Geometry（动态链接开启的 CAD 几何）：选择此命令后，DesignModeler 平台会将当前活动的 CAD 软件中的几何数据模型读入图形交互窗口中。

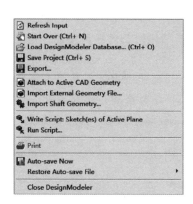

图 2-55 File 菜单   图 2-56 "另存为"对话框

📁注：如果在 CAD 中建立的几何文件未保存，DesignModeler 平台无法读取当前处于打开状态 CAD 软件的几何文件模型。

- Import External Geometry File（导入外部几何文件）：选择此命令，在弹出的图 2-57 所示的对话框可以选择所要读取的文件名，此外，DesignModeler 平台支持的所有外部文件格式在"打开"对话框中的文件类型中被列出。
- Import Shaft Geometry（导入轴类几何文件）：导入 *.txt 格式的轴类几何文件，文件中的内容以梁单元形式给出，图 2-58 所示的 shaft.txt 文档中包含以下内容，第一列为转子的分段数，第二列为每段转子的轴向长度，第三列为转子的外直径，第四列为转子的内直径。通过 Import Shaft Geometry 选项将 shaft.txt 导入 Geometry 平台后，显示截面实体模型后的效果如图 2-58 下图所示。

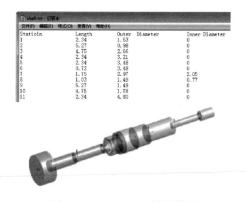

图 2-57 "打开"对话框   图 2-58 shaft.txt 和转子模型

- Write Script：Sketch(es) of Active Plane（写脚本）：单击此选项，此时弹出保存脚本文件名对话框，默认格式为 *.js（java script），另外还可以选择 *.anf（ANSYS Neural File）格式。在 XY 平面上建立一个草绘，如正六边形（见图 2-59），建立完成后选择 Write Script：Sketch(es) of Active Plane 选项，并将文件名保存为 script_ex1.js，打开 script_ex1.js 文件后可以查看在 XY 平面上建立正六边形过程的脚本记录，如图 2-60 所示。
- Run Script（运行脚本）：单击此选项后，将弹出运行已经保存的脚本文件，如果运行成功，将会读入脚本中的相关操作，如将上例的脚本导入 Geometry 平台中的操作为：选择 Run Script 选项，在弹出的"打开"对话框中选择 script_ex1.js 文件，单击"打开"按钮，此时会把正六边形的草绘导入 Geometry 平台中。

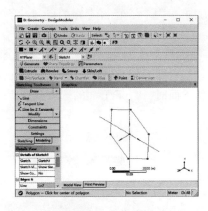

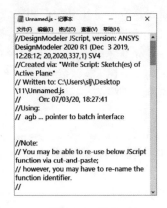

图 2-59　草绘　　　　　　　　　　　图 2-60　脚本

📂注：操作多次 Run Script 命令，Geometry 将会把每一次的 Run Script 都导入 Geometry 中，所以执行 Run Script 操作时，读者务必注意。

其余命令这里不再讲述，请读者参考帮助文档的相关内容。

2. Create（创建）菜单

Create（创建）菜单如图 2-61 所示，Create 菜单中包含对实体操作的一系列命令，包括实体拉伸、倒角、放样等操作，下面对 Create（创建）菜单中的实体操作命令进行简单介绍。

（1）New Plane（创建新平面）

选择此命令后，会在 Details View 窗口中出现图 2-62 所示的平面设置面板，在 Details of Plane4→Type 中显示了 8 种设置新平面的类型。

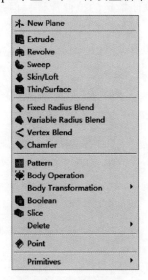

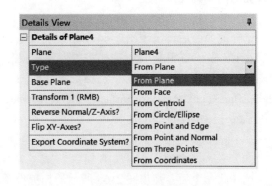

图 2-61　Create 菜单　　　　　　　　图 2-62　新建平面设置面板

- From Plane（以平面）：从已有的平面中创建新平面。
- From Face（以一个表面）：从已有的表面中创建新平面。
- From Centroid（以几何中心）：从一个已有几何的中心创建新平面。
- From Circle/Ellipse（以圆形/椭圆形）：从已有的圆形或者椭圆形创建新平面。
- From Point and Edge（以一点和一条边）：从已经存在的一条边和一个不在这条边上的点创建新平面。

- From Point and Normal（以一点和法线方向）：从一个已经存在的点和一条边界方向的法线创建新平面。
- From Three Points（以三点）：从已经存在的三个点创建一个新平面。
- From Coordinates（以坐标系）：通过设置与坐标系相对位置来创建新平面。

当选择以上 8 种中的任何一种方式来建立新平面时，Type 下面的选项会有所变化，具体请参考帮助文档。

（2）Extrude（拉伸）

本命令可以将二维平面图形拉伸成三维立体图形，即对已经草绘完成的二维平面图形沿着二维图形所在平面的法线方向进行拉伸操作。

如图 2-63 所示，在 Operation 选项中可以选择两种操作方式。

- Add Material（添加材料）：与常规的 CAD 拉伸方式相同，这里不再赘述。
- Add Frozen（添加冻结）：添加冻结零件，后面会提到。

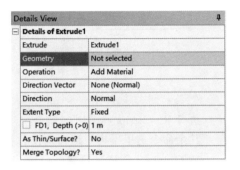

图 2-63　拉伸设置面板

在 Direction 选项中有四种拉伸方式可以选择。

- Normal（普通方式）：默认设置的拉伸方式。
- Reversed（相反方向）：此拉伸方式与 Normal 方向相反。
- Both-Symmetric（双向对称）：沿着两个方向同时拉伸指定的拉伸深度。
- Both-Asymmetric（双向非对称）：沿着两个方向同时拉伸指定的拉伸深度，但是两侧的拉伸深度不相同，需要在下面的选项中设定。

在 As Thin/Surface? 选项中选择拉伸是否薄壳拉伸，如果在选项中选择 Yes，则需要分别输入薄壳的内壁和外壁厚度。

（3）Revolve（旋转）

选择此命令后，出现图 2-64 所示旋转设置面板。

在 Geometry（几何）中选择需要做旋转操作的二维平面几何图形；在 Axis（旋转轴）中选择二维几何图形旋转所需要的轴线；Operation、As Thin/Surface、Merge Topology 选项参考 Extrude 命令相关内容。

在 Direction 栏输入旋转角度。

（4）Sweep（扫掠）

选择此命令后，弹出图 2-65 所示的扫掠设置面板。

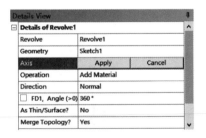

图 2-64　旋转设置面板

在 Profile（截面轮廓）中选择二维几何图形作为要扫掠的对象；在 Path（扫掠路径）中选择直线或者曲线来确定二维几何图形扫掠的路径；在 Alignment（扫掠调整方式）中选择按 Path Tangent（沿着路径切线方向）或者 Global Axes（总体坐标轴）两种方式；在 FD4, Scale（>0）中输入比例因子来扫掠比例。

在 Twist Specification（扭曲规则）中选择扭曲的方式，有 No Twist（不扭曲）、Turns（圈数）及 Pitch（螺距）三种选项。

- No Twist（不扭曲）：即扫掠出来的图形是沿着扫掠路径的。

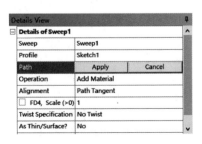

图 2-65　扫掠设置面板

- Turns（圈数）：在扫掠过程中设置二维几何图形绕扫掠路径旋转的圈数；如果扫掠的路径是闭合环路，则圈数必须是整数；如果扫掠路径是开路，则圈数可以是任意数值。
- Pitch（螺距）：在扫掠过程中设置扫掠的螺距大小。

（5）Skin/Loft（蒙皮/放样）

选择此命令后，弹出图 2-66 所示的蒙皮/放样设置面板。

在 Profile Selection Method（轮廓文件选择方式）栏中可以用 Select All Profiles（选择所有轮廓）或者 Select Individual Profiles（选择单个轮廓）两种方式选择二维几何图形；选择完成后，会在 Profiles 下面出现所选择的所有轮廓几何图形名称。

（6）Thin/Surface（抽壳）

选择此命令后，弹出图 2-67 所示的抽壳设置面板。在 Selection Type（选择方式）栏中可以选择以下三种方式。

- Faces to Keep（保留面）：选择此选项后，对保留面进行抽壳处理。
- Faces to Remove（去除面）：选择此选项后，对选中面进行去除操作。
- Bodies Only（仅体）：选择此选项后，将对选中的实体进行抽壳处理。

在 Direction（方向）栏中可以通过以下三种方式对抽壳进行操作。

- Inward（内部壁面）：选择此选项后，抽壳操作对实体进行壁面向内部抽壳处理。
- Outward（外部壁面）：选择此选项后，抽壳操作对实体进行壁面向外部抽壳处理。
- Mid-Plane（中间面）：选择此选项后，抽壳操作对实体进行中间壁面抽壳处理。

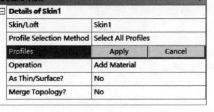

图 2-66　蒙皮/放样设置面板　　　　　　图 2-67　抽壳设置面板

（7）Fixed Radius Blend（确定半径倒圆角）

选择此命令，弹出图 2-68 所示的圆角设置面板。在 FD1，Radius（>0）栏输入圆角的半径；在 Geometry 栏选择要圆角的棱边或者平面，如果选择的是平面，圆角命令将平面周围的几条棱边全部进行圆角处理。

（8）Variable Radius Blend（变化半径倒圆角）

选择此命令，弹出图 2-69 所示的圆角设置面板。在 Transition（过渡）选项栏中可以选择 Smooth（平滑）和 Linear（线性）两种，在 Edges（棱边）选项中选择要倒角的棱边后单击 Apply 按钮。然后在 FD2，Start Radius（>=0）栏输入初始半径大小，在 FD3，End Radius（>=0）栏输入尾部半径大小。

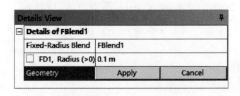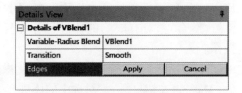

图 2-68　确定半径圆角设置面板　　　　　图 2-69　变化半径圆角设置面板

（9） Chamfer（倒角）

选择此命令会弹出图 2-70 所示的倒角设置面板。在 Geometry 栏选择实体棱边或者表面，当选择表面时，将表面周围的所有棱边全部倒角。

在 Type（类型）栏中有以下三种数值输入方式。

- Left-Right（左-右）：选择此选项后，在下面的栏输入两侧的长度。
- Left-Angle（左-角度）：选择此选项后，在下面的栏输入左侧长度和一个角度。
- Right-Angle（右-角度）：选择此选项后，在下面的栏输入右侧长度和一个角度。

（10） Pattern（阵列）

选择此命令会弹出图 2-71 所示的阵列设置面板。在 Pattern Type（阵列类型）栏中可以选择以下三种阵列样式。

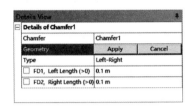

图 2-70　倒角设置面板

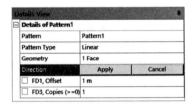

图 2-71　阵列设置面板

- Linear（线性）：选择此选项后，阵列的方式将沿着某一方向阵列，需要在 Direction（方向）栏选择要阵列的方向及偏移距离和阵列数量。
- Circular（圆形）：选择此选项后，阵列的方式将沿着某根轴线阵列一圈，需要在 Axis（轴线）栏选择轴线及偏移距离和阵列数量。
- Rectangular（矩形）：选择此选项后，阵列方式将沿着两条相互垂直的边或者轴线阵列，需要选择两个阵列方向及偏移距离和阵列数量。

（11） Body Operation（体操作）

选择此命令会弹出图 2-72 所示的体操作设置面板。在 Type（类型）栏中有以下几种体操作样式。

- Mirror（镜像）：对选中的体进行镜像操作，选择此命令后，需要在 Bodies（体）栏选择要镜像的体，在 Mirror Plane（镜像平面）栏选择一个平面，如 XYPlane 等。
- Move（移动）：对选中的体进行移动操作，选择此命令后，需要在 Bodies（体）栏选择要移动的体，在 Source Plane（源平面）栏选择一个平面作为初始平面，如 XYPlane 等；在 Destination Plane（目标平面）栏选择一个平面作为目标平面，两个平面可以不平行，本操作主要应用于多个零件的装配。
- Delete（删除）：对选中平面进行删除操作。
- Scale（缩放）：对选中实体进行等比例放大或者缩小操作，选中此命令后，在 Scaling Origin（缩放原点）栏中可以选择 World Origin（全局坐标系原点）、Body Centroids（实体的质心）及 Point（点）三个选项；在 FD1, Scaling Factor（>0）栏输入缩放比例。
- Sew（缝合）：对有缺陷的体进行补片复原后，再利用缝合命令对复原部位进行实体化操作。
- Simplify（简化）：对选中材料进行简化操作。
- Cut Material（切材料）：对选中的体进行去除材料操作。
- Imprint Faces（表面印记）：对选中体进行表面印记操作。

- Slice Material（材料切片）：需要在一个完全冻结的体上执行操作，对选中材料进行材料切片操作。
- Clean Body（清除体）：对选中实体进行清除操作。
- Convert to NURBS（转化成 NURBS 曲线）：对选中实体进行实体转化操作。

（12）Boolean（布尔运算）

选择此命令会弹出图 2-73 所示的布尔运算设置面板。在 Operation（操作）选项中有以下四种操作选项。

图 2-72　体操作设置面板

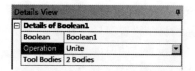

图 2-73　布尔运算设置面板

- Unite（并集）：将多个实体合并到一起，形成一个实体，此操作需要在 Tools Bodies（工具体）栏中选中所有进行体合并的实体。
- Subtract（差集）：用一个实体（Tools Bodies）从另一个实体（Target Bodies）中去除；需要在 Target Bodies（目标体）中选择所要切除材料的实体，在 Tools Bodies（工具体）栏选择要切出的实体工具。
- Intersect（交集）：将两个实体相交部分取出来，其余的实体被删除。
- Imprint Faces（表面印记）：生成一个实体（Tools Bodies）与另一个实体（Target Bodies）相交处的面；需要在 Target Bodies（目标体）和 Tools Bodies（工具体）栏中分别选择两个实体。

（13）Slice（切片）

增强了 DesignModeler 的可用性，可以产生用来划分映射网格的可扫掠分网的体。当模型完全由冻结体组成时，此命令才可用。选择此命令会弹出图 2-74 所示的切片设置面板。

在 Slice Type（切片类型）选项中有以下几种方式对体进行切片操作。

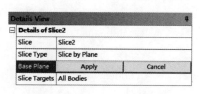

图 2-74　切片设置面板

- Slice by Plane（用平面切片）：利用已有的平面对实体进行切片操作，平面必须经过实体，在 Base Plane（基准平面）栏选择平面。
- Slice off Faces（用表面偏移平面切片）：在模型上选中一些面，这些面大概形成一定的凹面，本命令将切开这些面。
- Slice by Surface（用曲面切片）：利用已有的曲面对实体进行切片操作，在 Target Face（目标面）栏选择曲面。
- Slice off Edges（用边做切片）：选择切分边，用切分出的边创建分离体。
- Slice By Edge Loop（用封闭棱边切片）：在实体模型上选择一条封闭的棱边来创建切片。

（14）Delete（删除）

包含删除体、删除面和删除线三个子选项。此命令用于"撤销"倒角和去材料等操作，可以将倒角、去材料等特征从体上移除。选择其中的 Face Delete（删除面）时会弹出图 2-75 所示的删除面设置面板。

在 Healing Method（处理方式）栏中有以下几种方式来实现删除面的操作。

- Automatic（自动）：选择此命令后，在 Face 栏选择要去除的面，即可将面删除。
- Natural Healing（自然处理）：对几何体进行自然复原处理。
- Patch Healing（修补处理）：对几何实体进行修补处理。
- No Healing（不处理）：不进行任何修复处理。

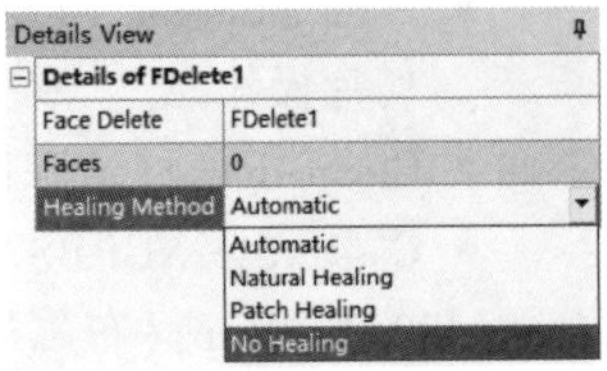

图 2-75　删除面设置面板

（15）Primitives（原始图形）

通过此可以创建一些简单的基本的图形，如球、箱体、圆柱及金字塔等。

- Sphere（球）：选择 Sphere 选项后，下面的 Details View 详细设置属性框中出现图 2-76 所示的详细设置窗口，在窗口中可设置球心三个方向的坐标值、球的半径，如果是空心球还可设置球的厚度等。
- Box（箱体）：选择 Box 选项后，下面的 Details View 详细设置属性框中出现图 2-77 所示的详细设置窗口，在窗口中可设置箱体第一点坐标值、对角线在三个方向的坐标值（或者第二点坐标值）及是否创建为薄壁零件等参数。

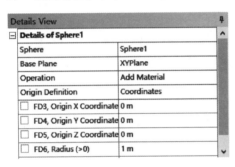

图 2-76　球参数

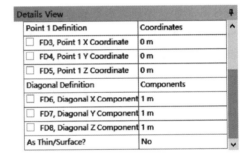

图 2-77　箱体参数

- Parallelepiped（平行六面体）：如图 2-78 所示，通过输入原始坐标和三个方向的坐标建立平行六面体。
- Cylinder（圆柱体）：如图 2-79 所示，通过输入原始坐标、轴向坐标及半径来建立圆柱体。

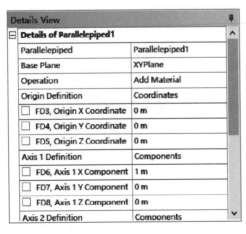

图 2-78　平行六面体参数

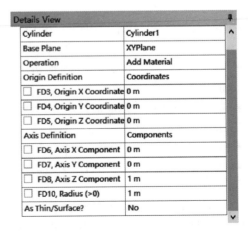

图 2-79　圆柱体参数

3. Concept（概念）菜单

图 2-80 所示为 Concept（概念）菜单，Concept 菜单中包含对线体和面操作的一系列命令，包括线体的生成与面的生成等。

4. Tools（工具）菜单

图 2-81 所示为 Tools（工具）菜单，Tools 菜单中包含对线、体和面操作的一系列命令，包括冻结、解冻、选择命名、属性、包含、填充等命令。

图 2-80　Concept 菜单

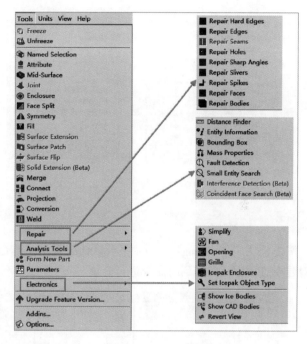

图 2-81　Tools 菜单

下面对一些常用的工具命令进行简单介绍。

- Freeze（冻结）：DesignModeler 平台会默认地将新建的几何体和已有的几何体合并起来保持为单个体，如果想将新建立的几何体与已有的几何体分开，需要将已有的几何体进行冻结处理。

📁注：冻结特征可以将所有的激活体转到冻结状态，但是在建模过程中除切片操作以外，其他命令都不能用于冻结体。

- Unfreeze（解冻）：冻结的几何体可以通过本命令解冻。
- Named Selection（选择命名）：用于对几何体中的节点、边线、面、体等进行命名。
- Mid-Surface（中间面）：用于将等厚度的薄壁类结构简化成"壳"模型。
- Enclosure（包含）：在体附近创建周围区域以方便模拟场区域，此命令主要应用于流体动力学（CFD）及电磁场有限元分析（EMAG）等计算的前处理，通过 Enclosure 操作可以创建物体的外部流场或者绕组的电场或磁场计算域模型。
- Fill（填充）：与 Enclosure（包含）命令相似，Fill 命令主要为几何体创建内部计算域，如管道中的流场等。

5. Units（单位）菜单

图 2-82 所示为 Units（单位）菜单，长度单位设置菜单中包括单位的选择，如国际单位制中的米、厘米、毫米、微米及英制单位的英尺、英寸六种。

还可以设置是否支持超大模型，默认为不支持；角度的单位可以设置成角度或者弧度两种；还可以设置模型的公差等级。

6. View（视图）菜单

图 2-83 所示为 View（视图）菜单，视图菜单各个命令主要对几何体显示的操作，这里不再赘述。

7. Help（帮助）菜单

图 2-84 所示为 Help（帮助）菜单，帮助菜单提供了在线帮助等功能。

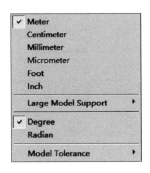

图 2-82　Units 菜单

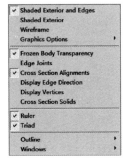

图 2-83　View 菜单

图 2-84　Help 菜单

2.2.3　工具栏

图 2-85 所示为 DesignModeler 平台默认的常用工具命令，这些命令在菜单栏中均可找到，下面对建模过程中经常用到的命令进行介绍。

图 2-85　工具栏

重点强调一下 ![icon]（相邻选择）命令，选择此命令后，出现五个下拉选项，如图 2-86 所示。

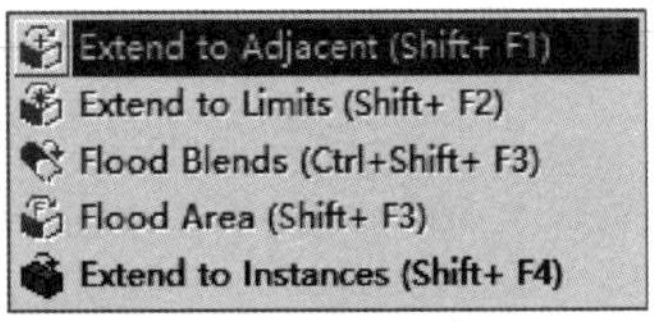

以三键鼠标为例，鼠标左键实现基本控制，包括几何的选择和拖动，此外与键盘部分按钮结合使用实现不同操作。

- 〈Ctrl〉+鼠标左键：执行添加/移除选定几何实体。
- 〈Shift〉+鼠标中键：执行放大/缩小几何实体操作。
- 〈Ctrl〉+鼠标中键：执行几何体平移操作。

图 2-86　批量处理操作

另外，按住鼠标右键框选几何实体，可以实现几何实体的快速缩放操作，在绘图区域右击可以弹出快捷菜单，以完成相关的操作，如图 2-87 所示。

1. 选择过滤器

在建模过程中，经常需要选择实体的某个面、某个边或者某个点等，可以在工具栏中相应的过滤器中进行选择切换，如图 2-88 所示。如果想选择图形中的某个面，首先单击工具栏中的 ![icon]

按钮使其处于凹陷状态，然后选择所关心的面即可。如果想要选择线或者点，则只需选中工具栏中的🔲或者🔲按钮，然后点选所关心的线或者点即可。

如果需要对多个面进行选择，则需要单击工具栏中 🔖 按钮，在弹出的菜单中选择 🔖 Box Select 命令，然后单击🔲按钮，在绘图区域中框选所关心的面即可。

线或者点的框选与面类似，这里不再赘述。

框选的时候有方向性，具体说明如下。

- 鼠标从左到右拖动：选中所有完全包含在选择中的对象。
- 鼠标从右到左拖动：选中包含于或经过选择框的对象。

利用鼠标还能直接对几何模型进行控制。

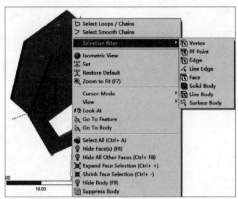

图 2-87　快捷菜单

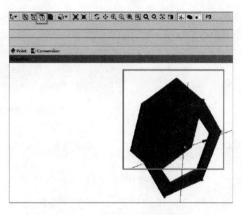

图 2-88　面选择过滤器

2. 窗口控制

DesignModeler 平台的工具栏上有各种控制窗口的快捷按钮，通过单击不同按钮，可实现图形控制，如图 2-89 所示。

- 🔄按钮用来实现几何旋转操作。
- ✛按钮用来实现几何平移操作。
- 🔍按钮用来实现图形的放大缩小操作。
- 🔍按钮用来实现窗口的缩放操作。
- 🔍按钮用来实现自动匹配窗口大小操作。
- 🔍放大镜用来放大几何局部特征。
- 🔍用来切换到上一视图操作。
- 🔍用来切换到下一视图操作。
- 🔍用来切换到等轴侧视图操作。
- 🔲用来显示剖面。
- ✳用来显示平面。
- 🔷用来显示模型。
- ▫用来显示点。
- 🔳用来正视观察。

利用鼠标还能直接在绘图区域控制图形。当鼠标位于图形的中心区域时，相当于 ⟳ 操作，当鼠标位于图形之外时为绕 Z 轴旋转操作，当鼠标位于图形界面的上下边界附近时为绕 X 轴旋转操作，当鼠标位于图形界面的左右边界附近时为绕 Y 轴旋转操作。

图 2-89　窗口控制

2.2.4　常用命令栏

图 2-90 所示为 DesignModeler 平台默认的常用命令，这些命令在菜单栏中均可找到，这里不再赘述。

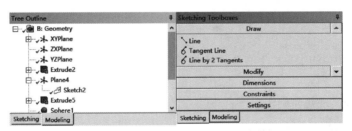

图 2-90　常用命令栏

2.2.5　Tree Outline（模型树）

图 2-91 所示的模型树中包括两个模块：Modeling（实体模型）和 Sketching（草绘），下面对 Sketching（草绘）模块中的命令进行详细介绍。

图 2-91　Tree Outline

Sketching（草绘）模块主要由以下几个部分组成。

1）Draw（草绘）：图 2-92 所示为 Draw（草绘）下拉菜单，菜单中包括了二维草绘需要的所有工具，如直线、圆、矩形、椭圆等，操作方法与其他 CAD 软件一样。

2）Modify（修改）：图 2-93 所示为 Modify（修改）下拉菜单，菜单中包括了二维草绘修改需要的所有工具，如圆角、倒角、裁剪、延伸、分割等，操作方法与其他 CAD 软件一样。

3）Dimensions（尺寸标注）：图 2-94 所示为 Dimensions（尺寸标注）下拉菜单，菜单中包括了二维图形尺寸标注需要的所有工具，如通用、水平标注、垂直标注、长度/距离标注、半径直径标注、角度标注等，操作方法与其他 CAD 软件一样。

4）Constraints（约束）：图 2-95 所示为 Constraints（约束）下拉菜单，菜单中包括了二维图形约束需要的所有工具，如固定、水平约束、竖直约束、垂直约束、相切约束、对称约束、平行约束、同心约束、等半径约束、等长度约束等，操作方法与其他 CAD 软件一样。

5）Settings（设置）：图 2-96 所示为 Settings（设置）下拉菜单，主要用于完成草绘界面的栅格大小及移动捕捉步大小的设置任务。

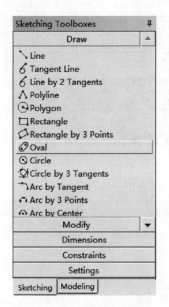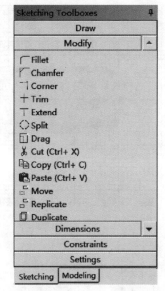

图 2-92　Draw 下拉菜单　　　图 2-93　Modify 下拉菜单

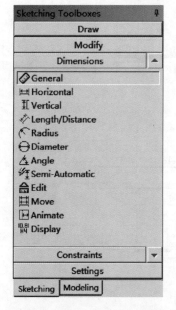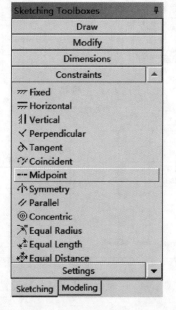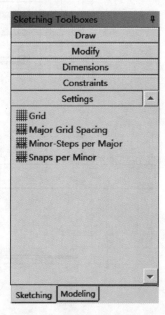

图 2-94　Dimensions 下拉菜单　　图 2-95　Constraints 下拉菜单　　图 2-96　Settings 下拉菜单

- Grid 命令：使 Grid 图标处于凹陷状态同时在后面生成 Show in 2D 和 Snap 复选框，勾选这两个复选框，此时用户交互窗口出现图 2-97 所示的栅格。
- Major Grid Spacing 命令：使 Major Grid Spacing 图标处于凹陷状态同时在后面生成 `10 mm`，在此文本框中输入主栅格的大小，默认为 10，将此值改成 20 后，在用户交互窗口出现图 2-98 右侧所示的栅格。
- Minor-Steps per Major 命令：使 Minor-Steps per Major 图标处于凹陷状态同时在后面生成 `10`，在此文本框中输入每个主栅格上划分的网格数，默认为 10，将此值改成 15 后，在用户交互窗口出现图 2-99 右侧所示的栅格。

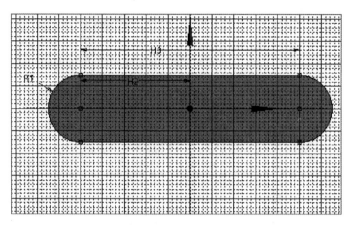

图 2-97　Grid 栅格

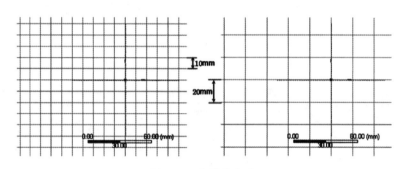

图 2-98　主栅格大小

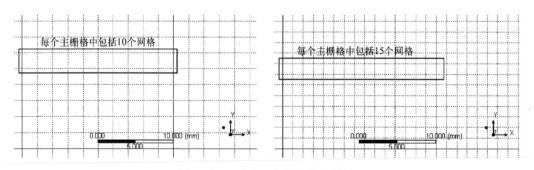

图 2-99　主栅格中小网格数量设置

- Snaps per Minor 命令：使 Snaps per Minor 图标处于凹陷状态同时在后面生成 1 ⬚，
  在此文本框中输入每个小网格上捕捉的次数，默认为 1，将此值改成 2 后，选择草绘直线
  命令，在用户交互窗口中单击直线第一点，然后移动鼠标，此时吸盘会在每个小网格四
  条边的中间位置被吸一次，如果值是默认的 1，则在四个角点被吸住。

2.3　几何建模实例

前面几节简单介绍了 DesignModeler 平台界面，本节开始将利用上述工具对稍复杂的几何模型
进行建模。

2.3.1 连接板几何建模

本实例将创建一个图 2-100 所示的连接板模型，在模型的建立过程中使用了拉伸、去材料创建平面、投影及冻结实体等命令。

模型文件	无
结果文件	Chapter02 \ char02-1 \ post. wbpj

Step1：启动 Workbench 软件后，在左侧的 Toolbox→Component Systems 选项卡中双击 Geometry 选项，新创建一个项目 A，然后在项目 A 的 A2：Geometry 中右击，选择 New DesignModeler Geometry 命令，如图 2-101 所示。

Step2：启动 DesignModeler 平台，选择 Units 菜单下面的 Millimeter，确定绘图单位制为 mm。

图 2-100　模型

图 2-101　启动 DesignModeler 平台

Step3：单击 Tree Outline 中 B：Geometry 下的 XYPlane 选项，如图 2-102 所示，然后单击 图标，这时 XYPlane 草绘平面将自动旋转到正对着平面。

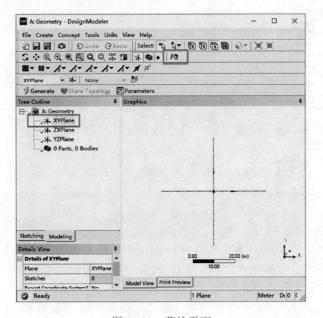

图 2-102　草绘平面

Step4：通过选择左侧 Tree Outline 栏中的 Sketching 选项卡，切换到 Sketching 草绘模式，选择 Draw→Oval 命令，在绘图区域绘制图 2-103 所示的两端圆角的椭圆，椭圆的中心在坐标原点上。

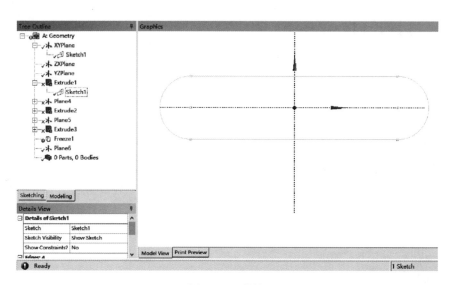

图 2-103　草绘

Step5：选择 Dimensions→General 命令，然后单击图 2-104 所示标注，标注其长度，在 Details View 面板的 Dimensions：3 中的 H2 栏输入 50mm，R1 栏输入 15mm，H3 栏输入 100mm，并按〈Enter〉键确定。

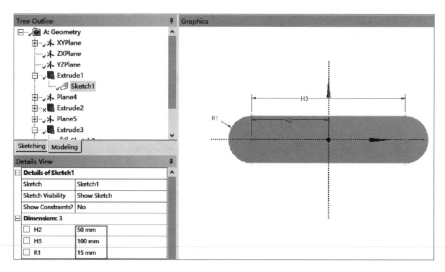

图 2-104　标注长度

👉注：General 工具除了能对长度进行标注外，还可以对距离、半径等尺寸进行智能标注，另外也可以使用 Horizontal 对水平方向尺寸进行标注，使用 Vertical 对竖直方向尺寸进行标注，使用 Radius 对圆形进行半径标注。

Step6：切换到 Modeling 模式，在工具栏选择 Extrude 命令，如图 2-105 所示，在下面出现的 Details View 面板中，确保 Geometry 栏中的 Sketch1 被选中；在 FD1，Depth（>0）栏输入 10mm，并单击 Generate 确定拉伸。

Step7：单击工具栏中的 按钮关闭草绘平面的显示，效果如图 2-106 所示。

Step8：创建圆柱。在工具栏中单击 按钮，切换到面选择器，单击图 2-107 所示的平面，使其处于加亮显示状态。然后单击工具栏中的 按钮，使加亮平面正对屏幕。

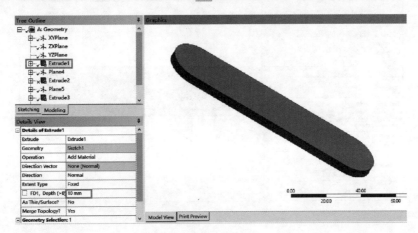

图 2-105　拉伸

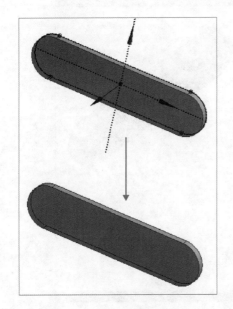

图 2-106　模型平面显示切换

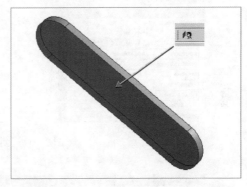

图 2-107　确定草绘平面

Step9：切换到 Sketching 草绘模式，选择 Draw→Circle 命令，在绘图区域绘制图 2-108 所示的圆，然后对圆进行标注，在 Details View 面板的 D5 栏输入 15mm，在 H6 栏输入 50mm，在 L7 栏输入 15mm，并按〈Enter〉键确认输入。

Step10：选择工具栏中的 命令，如图 2-109 所示，在 Details View 面板的 Geometry 栏中确保 Sketch2 被选中；在 Operation 栏选择 Add Material 选项；在 Extent Type 栏选择 Fixed 选项；在 FD1，Depth（>0）栏输入 10mm。选择图示的加亮面，此时 Target Faces 栏中会显示数字 1，表面已有一个面被选中，其余选项默认即可，单击工具栏中的 按钮，完成拉伸的创建。

Step11：创建对称平面。单击工具栏中的 按钮，在图 2-110 所示的 Details View 面板的 Type 栏选择 From Centroid 选项；在 Base Entities 栏中确保实体被选中；其余选项保持默认即可，单击工具栏中的 按钮生成平面。

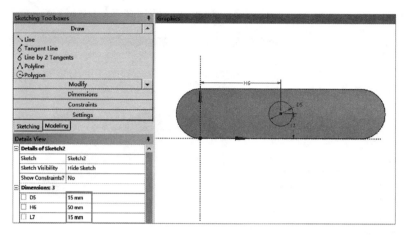

图 2-108　创建圆

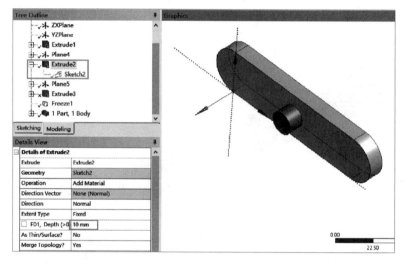

图 2-109　创建拉伸

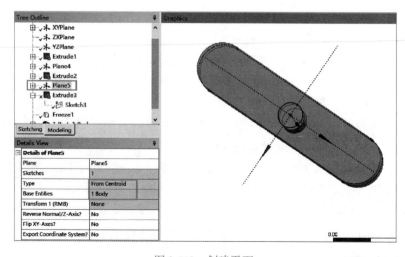

图 2-110　创建平面

Step12：实体投影。右击 Plane5，在图 2-111 所示的快捷菜单中依次选择 Insert→Sketch Projection 选项。

Step13：在弹出的图 2-112 所示的 Details View 面板中进行如下设置。

在 Geometry 栏中确保一侧的半圆柱面被选中，单击 Generate 按钮，此时在 Plane5 平面上创建了一个投影草绘，如图 2-113 所示。

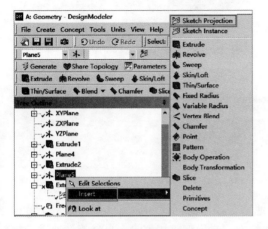

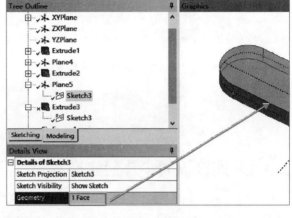

图 2-111　快捷菜单　　　　　　　　　　　　　图 2-112　选择

Step14：切割实体。选择工具栏中的 Extrude 命令，在图 2-114 所示的 Details View 面板中做如下设置：在 Geometry 栏中确保 Sketch3 被选中；在 Operation 栏选择 Cut Material 选项；在 Direction 栏选择 Reversed 选项；在 Extent Type 栏选择 Through All 选项；其余选项默认即可，然后单击工具栏中的 Generate 按钮，生成去材料命令。

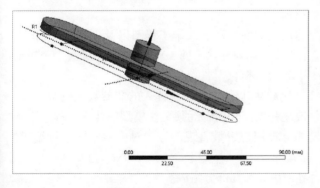

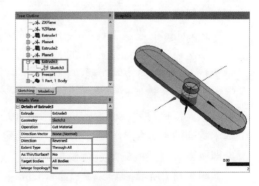

图 2-113　投影草绘　　　　　　　　　　　　　图 2-114　去材料

Step15：冻结实体。选择 Tree Outline 中的"1Part，1Body"下面的 Solid，然后选择菜单 Tools→Freeze 命令，如图 2-115 所示。此时几何实体变成透明状，如图 2-116 所示。

Step16：单击工具栏中的 按钮，在弹出的"保存"对话框中输入 post。关闭 DesignModeler 程序。单击右上角的 按钮关闭程序。

DesignModeler 除了能对几何体进行建模外，还能对多个几何进行装配操作，由于篇幅限制，本实例简单介绍了 DesignModeler 平台几何建模的基本方法，并未对复杂几何进行讲解，请读者根据以上操作及 ANSYS 帮助文档进行学习。

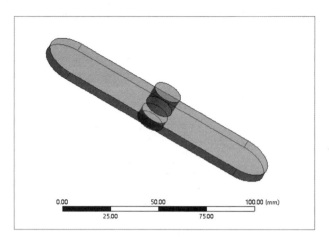

图 2-115　冻结设置　　　　　　　　　　　图 2-116　冻结

2.3.2　连接板同步几何建模

利用 SpaceClaim，用户可以比以往任何时候更快地进行模型的创建和编辑。不同于基于特征的参数化 CAD 系统，SpaceClaim 能够让用户以最直观的方式对模型直接编辑，自然流畅地进行模型操作而无须关注模型的建立过程。

SpaceClaim 使得设计和工程团队能更好地协同工作，能降低项目成本并加速产品上市周期。SpaceClaim 让用户按自己的意图修改已有设计，不用在意它的创建过程，也无须深入了解它的设计意图，更不会困扰于复杂的参数和限制条件。

CAD 模型在用于模具设计、CAE 网格划分、数控加工等操作之前，都需要进行模型的清理工作，去除不需要的孔、小的圆角、倒角、凸台等，通常这些工作会需要很多的时间，SpaceClaim 软件的几何模型清理方法则可以快速完成这些清理工作。

SpaceClaim 的建模工具可以在零件或装配的任意截面视图、二维工程图以及任意 3D 视图下工作，甚至可以在 SpaceClaim 的 3D 标注环境下工作。用户在熟悉的 2D 设计视图下通过一个布局或对 2D 元素进行回转、对称等操作即可轻松得到三维部件。

对于直接建模技术，不管模型是否有特征（比如从其他 CAD 系统读入的非参数化模型），用户都可以直接进行后续模型的创建，不管是修改还是增加几何都无须关注模型的建立过程。不同于基于特征的参数化 3D 设计系统，直接建模能够让用户以最直观的方式对模型直接进行编辑，所见即所得，自然流畅地进行模型操作。

如图 2-117 所示，ANSYS SpaceClaim 平台界面由以下几部分组成。

（1）工具栏

最上端的一行，其中有打开文件、保存几何、向前重做及向后操作四个默认按钮，读者通过单击右侧的下拉按钮可以对工具栏中的工具进行添加和删除操作。

（2）菜单选项卡

ANSYS SpaceClaim 平台的菜单选项卡中有以下一些菜单选项。

1）文件（F）：单击"文件"选项卡，此时将弹出图 2-118 所示的菜单，在菜单中有"新建""打开""保存""另存为""共享""打印""关闭""SpaceClaim"选项及"退出 Space-Claim"等操作命令。单击"新建"按钮后，在右侧将出现新建的类型，包括设计、工程图纸、清空工程图纸、设计并绘制图纸及三维标记。

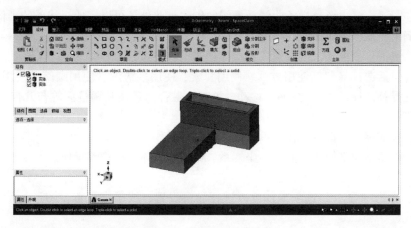

图 2-117　SpaceClaim 平台

单击"打开"按钮，将弹出图 2-119 所示的"Open"对话框，在文件类型中可以看出 ANSYS SpaceClaim 平台支持的几何文件类型非常多，这里不再一一介绍，请读者自己操作并理解。

图 2-118　"文件"菜单　　　　　　　　图 2-119　"Open"对话框

SpaceClaim 选项中可以对 ANSYS SpaceClaim 平台中的网格尺寸、渲染程度及保存格式等进行设置。

2）设计：单击"设计"选项卡后，将出现图 2-120 所示的"设计"选项卡，在选项卡中有剪切板、定向、草图、模式、编辑、相交、创建及主体 8 个子选项。

图 2-120　"设计"选项卡

- 剪切板：通过选择几何然后单击"复制"和"粘贴"按钮可以完成几何的复制粘贴操作；其中的"格式刷"可以对一个几何体实现与另一个几何体一样的视觉效果。
- 定向：可以实现对几何体进行平移、旋转、回位及缩放等操作；其中"平面图"用于单击几何的一个平面后，再单击平面图，将几何旋转到选择平面与屏幕平行的位置，方便读者进行几何绘制。
- 草图：这部分相当于 DesignModeler 平台中的 Sketching 操作，可以完成点、直线、矩形、圆形、圆弧、多边形、样条曲线及虚线的创建，此外还可以完成对线条的延伸、剪裁、投影、倒角、缩放等操作。

- **模式**：包括草图模式、剖面模式及实体模式三种类型。
- **编辑**：包括选择（包括使用方框、使用套索、使用多边形、使用画笔、使用边界、全选、取消选择及选择组件）、拉伸、移动、填充、融合、替换及调整面等与几何实体操作相关的命令；
- **相交**：包括组合、拆分主体、拆分面、投影等操作。
- **创建**：包括创建平面、中心线、坐标系、偏移、壳体、镜像等操作。
- **主体**：其中包括方程、圆柱及球等操作。

3）显示：单击"显示"选项卡，可以进行涂层设置、线粗细设置、图形显示设置等操作，如图 2-121 所示。

图 2-121　"显示"选项卡

4）组件：单击"组件"选项卡，可以进行相切设置、对齐设置、定向设置等操作，如图 2-122 所示。

图 2-122　"组件"选项卡

5）测量：单击"测量"选项卡，可以进行几何长度测量、质量计算、检查几何体、曲线、体积、法线、栅格、曲率、拔模等操作，如图 2-123 所示。

图 2-123　"测量"选项卡

6）刻面：单击"刻面"选项卡，可以进行壳体、突出、厚度等操作，如图 2-124 所示。

图 2-124　"刻面"选项卡

7）修复：单击"修复"选项卡，可以进行几何缺陷的检查、修补、边线的拟合修复等工作，如图 2-125 所示。

图 2-125　"修复"选项卡

8）准备：单击"准备"选项卡，如图 2-126 所示，可以完成体积抽取、中间面提取，设置外壳、压印、干涉检查、梁单元的轮廓（截面形状），还可以将几何模型通过 ANSYS Workbench 平台及 ANSYS AIM 平台打开等。

图 2-126　"准备"选项卡

9）Workbench：单击"Workbench"选项卡，在选项卡中可以进行识别对象、开口等设置，如图 2-127 所示。

图 2-127　"Workbench"选项卡

10）详细：单击"详细"选项卡，可以完成尺寸标注、字体设置、公差标注等操作，如图 2-128 所示。

图 2-128　"详细"选项卡

11）钣金：单击"钣金"选项卡，如图 2-129 所示，可对大部分结构的钣金件进行操作，包括接合、止裂槽、形状、拆分、弯曲、展开等。

图 2-129　"钣金"选项卡

12）工具：单击"工具"选项卡，如图 2-130 所示，可以完成标准孔、识别孔等设置。

图 2-130　"工具"选项卡

13）KeyShot：单击 KeyShot 选项卡，如果未安装 KeyShot，将显示图 2-131 所示的选项，此时单击"下载 KeyShot"按钮，即可通过 KeyShot 官方网址下载适用于当前 SpaceClaim 版本的 Key-Shot 程序；如果安装了 KeyShot，便可以对几何进行渲染操作。渲染操作不是本书的讲解范围，这里不再赘述。

📁注：KeyShot 软件是收费软件，需要单独的 license 支持。

图 2-131　KeyShot 选项卡

本实例将创建一个图 2-132 所示几何模型，在模型的建立过程中使用了自下而上的建模方式，即由点到线、由线到面、由面到体的建模思路，此外还使用了抽壳命令。

模型文件	无
结果文件	Chapter02 \ char02-2 \ pedestor. wbpj

Step1：启动 Workbench 软件后，在左侧的 Toolbox→Component Systems 选项卡中双击 Geometry 选项，新创建一个项目 A。然后在项目 A 的 A2：Geometry 中右击，选择 New SpaceClaim Geometry 命令，如图 2-133 所示。

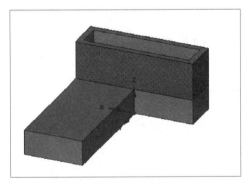

图 2-132　几何

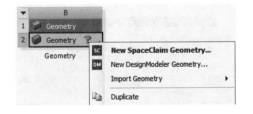

图 2-133　右键快捷菜单

Step2：启动 ANSYS SpaceClaim 平台，打开图 2-117 所示的几何创建平台，由于 ANSYS SpaceClaim 默认的单位为 mm，所以这里不需要对单位进行设置。

Step3：选择工具栏中的"设计"选项卡，在其中单击🔲平面图按钮，可将绘图平面切换到屏幕，如图 2-134 所示，此时的绘图平面为 XZ 平面。

Step4：选择工具栏中的"设计"选项卡，在其中的"草图"栏选择🔲图标，在坐标原点绘制一个边长分别为 100 和 50 的长方形，如图 2-135 所示。

Step5：选择工具栏中的"设计"选项卡，单击🔲按钮，此时长方形变成了如图 2-136 所示的矩形图。

Step6：单击平面中的任何一个位置不放，然后往上拖曳鼠标，此时平面将被拉伸成实体，如图 2-136 所示。

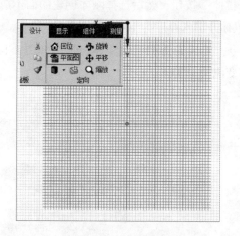

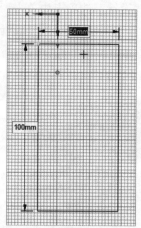

图 2-134　绘图平面　　　　　　图 2-135　创建长方形

Step7：在自动弹出的输入框中输入拉伸厚度为 20，如图 2-137 所示，此时完成了长方体的创建。

Step8：选择工具栏中的"设计"选项卡，单击 按钮，在坐标原点绘制一个点，如图 2-138 所示。

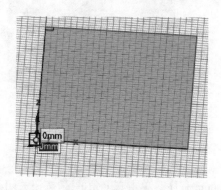

图 2-136　长方形　　　　　图 2-137　长方形实体　　　　　　图 2-138　创建点

Step9：在"设计"选项卡中单击"拉伸"按钮，然后选择刚才创建的点不放，并拖动鼠标，如图 2-139 所示，此时将从点创建一条直线，输入拉伸长度为 30。

Step10：单击刚创建的直线不放，拖动鼠标，并在拉伸的长度中输入 50，如图 2-140 所示。

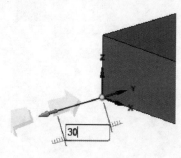

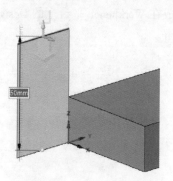

图 2-139　点拉伸成线　　　　　　　　　图 2-140　线拉伸成面

Step11：在"设计"选项卡中单击"拉伸"按钮，然后选择刚才创建的面不放，并选中左侧工具栏中的 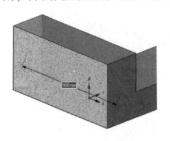 命令进行双面拉伸，拖动鼠标并输入厚度为 100，如图 2-141 所示。

Step12：选择工具栏中的 🍱 拆分主体命令，然后先选中几何实体，再选择图 2-142 所示的面进行几何分割，分割完成后由分割面将几何变成两个实体。

图 2-141　面拉伸成体

图 2-142　几何分割

Step13：在"设计"选项卡中单击 🛢️壳体 按钮，然后选中上面的长方体上表面，在弹出的"厚度"对话框中输入 5，如图 2-143 所示。

Step14：单击绘图窗口中的 ✔️ 按钮，完成几何抽壳，如图 2-144 所示。

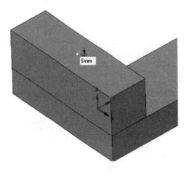

图 2-143　厚度设置

图 2-144　几何抽壳

Step15：单击工具栏中的 💾 按钮，在弹出的"保存"对话框中输入 pedestor。关闭 Space-Claim 程序。单击右上角的 ❎ 按钮关闭程序。

2.4　本章小结

本章是有限元分析中的第一个关键过程——几何建模，介绍了 ANSYS Workbench 几何建模的方法及集成在 Workbench 平台上的 DesignModeler 几何建模工具的建模方法，并通过一个应用实例进行了讲解。

第3章

网 格 划 分

在有限元计算中只有网格的节点和单元参与计算,从求解开始,Meshing 平台会自动生成默认的网格,用户可以使用默认网格,并检查网格是否满足要求,如果自动生成的网格不能满足工程计算的需要,则需要人工划分网格,细化网格和不同的网格对结果影响比较大。

网格的结构和疏密程度直接影响到计算结果的精度,但是网格加密会增加 CPU 的计算时间且需要更大的存储空间。理想的情况下,用户需要的是结果不再随网格的加密而改变的网格密度,即当网格细化后,解没有明显改变;如果可以合理地调整收敛控制选项,同样可以达到满足要求的计算结果,但是,细化网格不能弥补不准确的假设和输入引起的错误,这一点需要读者注意。

知识点 \ 学习目标	了 解	理 解	应 用	实 践
ANSYS Workbench 网格划分的原理		√		
ANSYS Workbench 网格质量检查方法			√	√
ANSYS Workbench 不同求解域网格划分			√	√
ANSYS Workbench 外部网格导入与导出			√	√

3.1 网格划分方法及设置

3.1.1 网格划分适用领域

Meshing 平台网格划分可以根据不同的物理场需求提供不同的网格划分方法,图 3-1 所示为 Mesh 平台的物理场参照类型(Physics Preference)。

* Mechanical:为结构及热力学有限元分析提供网格划分。
* Nonlinear Mechanical:为线性力学有限元分析提供网格划分。
* Electromagnetics:为电磁场有限元分析提供网格划分。
* CFD:为计算流体动力学分析提供网格划分,如 CFX 及 Fluent 求解器。
* Explicit:为显式动力学分析软件提供网格划分,如

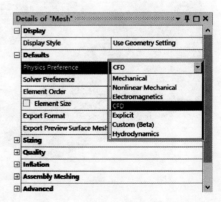

图 3-1 网格划分物理参照设置

AUTODYN 及 LS-DYNA 求解器。

- Custom（Beta）：为用户自定义有限元分析提供网格划分。
- Hydrodynamics：为流体动力学有限元分析提供网格划分。

3.1.2　网格划分方法

对于三维几何来说，ANSYS Mesh 有以下几种不同的网格划分方法，点击 Mesh—Insert-Method，则弹出网格划分方法选择框，具体如下。

1）Automatic（自动网格划分）。

2）Tetrahedrons（四面体网格划分）：当选择此选项时，网格划分方法又可进一步细分。

- Patch Conforming 法（Workbench 自带功能）：默认时考虑所有的面和边（尽管在收缩控制和虚拟拓扑时会改变且默认损伤外貌基于最小尺寸限制）；适度简化 CAD（如 native CAD、Parasolid、ACIS 等）；在多体部件中可能结合使用扫掠方法生成共形的混合四面体/棱柱和六面体网格；有高级尺寸功能；表面网格→体网格。
- Patch Independent 法（基于 ICEM CFD 软件）：对 CAD 有长边的面、许多面的修补和短边等有用；内置 defeaturing/simplification 基于网格技术；体网格→表面网格。

3）Hex Dominant（六面体主导网格划分）：当选择此选项时，Mesh 将采用六面体单元划分网格，但是会包含少量的金字塔单元和四面体单元。

4）Sweep（扫掠法）。

5）MultiZone（多区法）。

6）Catesion（Beta）（笛卡儿 β 法）。

对于二维几何体来说，ANSYS Mesh 有以下几种不同的网格划分方法。

1）Quad Dominant（四边形主导网格划分）。

2）Triangles（三角形网格划分）。

3）Uniform Quad/Tri（四边形/三角形网格划分）。

4）Uniform Quad（四边形网格划分）。

图 3-2 所示为采用 Automatic 网格划分方法得出的网格分布。

图 3-3 所示为采用 Tetrahedrons 及 Patch Conforming 网格划分方法得出的网格分布。

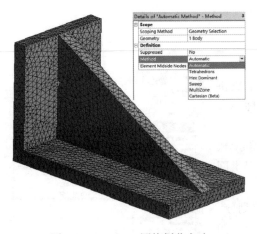

图 3-2　Automatic 网格划分方法

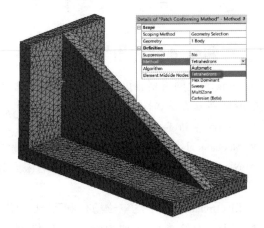

图 3-3　Tetrahedrons 及 Patch Conforming 网格划分方法

图 3-4 所示为采用 Patch Independent 网格划分方法得出的网格分布。

图 3-5 所示为采用 Hex Dominant 网格划分方法得出的网格分布。

图 3-6 所示为采用 Sweep 法划分的网格模型。

图 3-7 所示为采用 MultiZone 划分的网格模型。

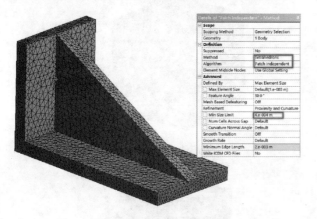

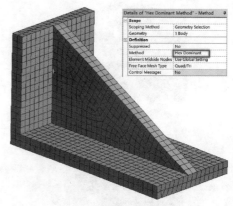

图 3-4　Patch Independent 网格划分方法　　　　　图 3-5　Hex Dominant 网格划分方法

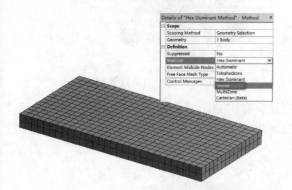

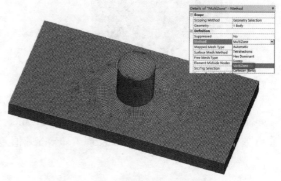

图 3-6　Sweep 网格划分方法　　　　　　　图 3-7　MultiZone 网格划分方法

图 3-8 所示为采用 Inflation 划分的网格模型。

图 3-8　Inflation 网格划分方法

3.1.3　网格默认设置

Meshing 网格设置可以在 Mesh 下进行操作，单击模型树中的 🔹 Mesh 图标，在出现的 Details of "Mesh" 参数设置面板的 Defaults 中进行物理模型选择和相关性设置。

图 3-9 ~ 图 3-12 为 1×1×1 的立方体在默认网格设置情况下，结构计算（Mechanical）、电磁场计算（Electromagnetics）、流体动力学计算（CFD）及显式动力学分析（Explicit）四个不同物理模型的节点数和单元数。

从中可以看出，在程序默认情况下，单元数量由小到大的顺序为：流体动力学分析 = 结构分

析 < 显式动力学分析 = 电磁场分析；节点数量由小到大的顺序为：流体动力学分析 < 结构分析 < 显式动力学分析 < 电磁场分析。

图 3-9　结构计算网格

图 3-10　电磁计算网格

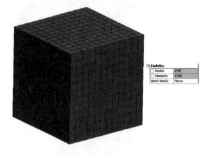

图 3-11　流体计算网格

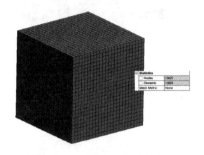

图 3-12　显式动力学计算网格

当物理模型确定后，可以通过 Relevance 选项来调整网格疏密程度，图 3-13 ~ 图 3-16 为在 Mechanical（结构计算物理模型）时，Relevance 分别为 – 100、0、50、100 所对应的单元数量和节点数量，对比这四张图可以发现 Relevance 值越大，则节点和单元划分的数量 越多。

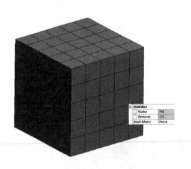

图 3-13　Relevance = – 100

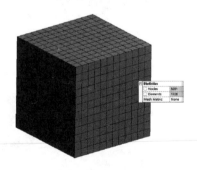

图 3-14　Relevance = 0

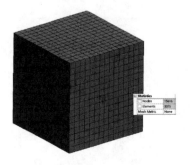

图 3-15　Relevance = 50

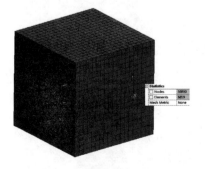

图 3-16　Relevance = 100

3.1.4　网格尺寸设置

单击模型树中的 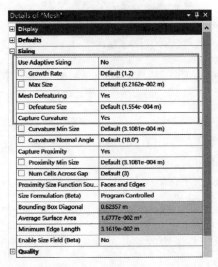 Mesh 图标，在出现的 Details of "Mesh" 参数设置面板的 Sizing（尺寸）中进行网格尺寸的相关设置。图 3-17 所示为 Sizing（尺寸）设置面板。

1）Use Adaptive Sizing（使用适应网格划分方式）：网格细化的方法，此选项默认为 NO，单击后面的 ▼ 下拉按钮，选择 Yes，则代表使用网格自适应的方式进行网格划分。

2）在当 Use Adaptive Sizing 为 No 时，则可以进行 Capture Curvature 和 Capture Proximity 设置。其二者的选项为 Yes 时，则面板会增加（曲率和接近）网格控制设置，如图 3-18 所示。

图 3-17　Sizing（尺寸）设置面板

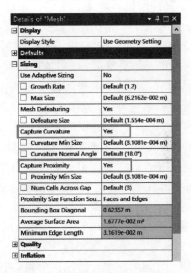

图 3-18　Capture Curvature 及 Capture Proximity 设置

针对 Capture Curvature 和 Capture Proximity 选项的设置，Meshing 平台根据几何模型的尺寸，均有相应的默认值，读者亦可以结合工程需要对其下各个选项进行修改与设置，以满足工程仿真计算的要求。

3）Element Size（单元尺寸）：在此选项后面输入网格尺寸大小，可以控制几何尺寸网格划分的粗细程度。图 3-19 ~ 图 3-21 为 Element Size 设置为默认、Element Size = 1. e-004m、Element Size = 5. e-004m 三种情况下的节点数量及单元数量。

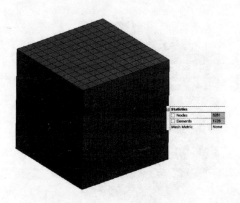

图 3-19　Element Size 设置为默认时
的节点和单元数量

图 3-20　Element Size ＝1. e-004m 时
的节点和单元数量

从图 3-19 ~ 图 3-21 可以看出，网格划分可以通过设置网格单元尺寸的大小来控制。

4）Initial Size Seed（初始化尺寸种子）：此选项用来控制每一个部件的初始网格种子，如果单元尺寸已被定义，则会被忽略，在 Initial Size Seed 栏中有两种选项可供选择：Assembly（装配体）及 Part（零件）。下面对这两种选项分别进行讲解。

- Assembly（装配体）：基于这个设置，初始种子放入所有装配部件，不管抑制部件的数量有多少，抑制部件网格不改变。
- Part（零件）：基于这个设置，初始种子在网格划分时放入个别特殊部件，抑制部件网格不改变。

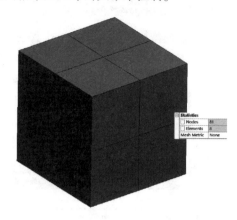

图 3-21　Element Size ＝5. e-004m 时的节点和单元数量

5）Smoothing（平滑度）：平滑网格是通过移动周围节点和单元的节点位置来改进网格质量的。下列三个选项是对不同分析领域进行了限值的默认设置。

- 低（Low）：主要应用于结构计算，即 Mechanical。
- 中（Medium）：主要应用于流体动力学和电磁场计算，即 CFD 和 Electromagnetics。
- 高（High）：主要应用于显式动力学计算，即 Explicit。

6）Transition（过渡）：过渡是控制邻近单元增长比的设置选项，有以下两种设置。

- 快速（Fast）：在 Mechanical 和 Electromagnetics 网格中产生网格过渡。
- 慢速（Slow）：在 CFD 和 Explicit 网格中产生网格过渡。

7）Span Angle Center（跨度中心角）：跨度中心角设定基于边的细化的曲度目标，网格在弯曲区域细分，直到单独单元跨越这个角。有以下几种选择：

- 粗糙（Coarse）：角度范围为 −90° ~ 60°。
- 中等（Medium）：角度范围为 −75° ~ 24°。
- 细化（Fine）：角度范围为 −36° ~ 12°。

📁注：Span Angle Center 功能只能在 Advanced Size Function 选项关闭时可以使用。

图 3-22 和图 3-23 所示为当 Span Angle Center 选项分别设置为 Coarse 和 Fine 时的网格，从图中可以看出，当 Span Angle Center 选项设置由 Coarse 到 Fine 的过程中，中心圆孔的网格剖分数量增多，网格角度变小。

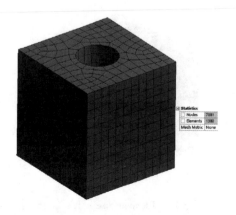

图 3-22　Span Angle Center ＝ Coarse 时的网格

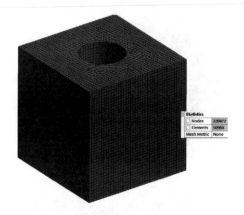

图 3-23　Span Angle Center ＝ Fine 时的网格

3.1.5 网格膨胀层设置

Meshing 网格设置可以在 Mesh 下进行操作，单击模型树中的  Mesh 图标，在出现的 Details of "Mesh" 参数设置面板的 Inflation 中进行网格膨胀层的相关设置，图 3-24 所示为 Inflation（膨胀层）设置面板。

图 3-24　膨胀层设置

1）Use Automatic Inflation（使用自动控制膨胀层）：有三个可选择的选项，默认为 None（不使用自动控制膨胀层）。

- None（不使用自动控制膨胀层）：程序默认选项，即不需要人工控制程序自动进行膨胀层参数控制。
- Program Controlled（程序控制膨胀层）：人工控制生成膨胀层的方法，通过设置总厚度、第一层厚度、平滑过渡等来控制膨胀层生成的方法。
- All Faces in Chosen Named Selection（以命名选择所有面）：通过选取已经被命名的面来生成膨胀层。

2）Inflation Option（膨胀层选项）：膨胀层选项对于二维分析和四面体网格划分的默认设置为 Smooth Transition（平滑过渡），除此之外膨胀层选项还有以下几项可以选择。

- Total Thickness（总厚度）：需要输入网格最大厚度值（Maximum Thickness）。
- First Layer Thickness（第一层厚度）：需要输入第一层网格的厚度值（First Layer Height）。
- First Aspect Ratio（第一个网格的宽高比）：默认值为 5，读者可以根据需要对其进行修改。
- Last Aspect Ratio（最后一个网格的宽高比）：需要输入第一层网格的厚度值（First Layer Height）。

3）Transition Ratio（平滑比率）：程序默认值为 0.272，读者可以根据需要对其进行更改。

4）Maximum Layers（最大层数）：程序默认值为 5，读者可以根据需要对其进行更改。

5）Growth Rate（生长速率）：相邻两侧网格中内层与外层的比例，默认值为 1.2，读者可根据需要对其进行更改。

6）Inflation Algorithm（膨胀层算法）：包括 Pre（前处理）和 Post（后处理）两种算法。

- Pre（前处理）：基于 Tgrid 算法，所有物理模型的默认设置。首先表面网格膨胀，然后生成体网格，可应用扫掠和二维网格的划分，但是不支持邻近面设置不同的层数。
- Post（后处理）：基于 ICEM CFD 算法，使用一种在四面体网格生成后作用的后处理技术，后处理选项只对 patching conforming 和 patch independent 四面体网格有效。

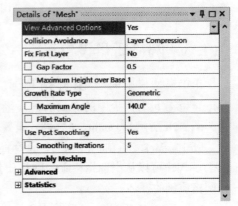

图 3-25　膨胀层高级选项

7）View Advanced Options（显示高级选项）：当此选项为 Yes（开）时，Inflation（膨胀层）设置会增加图 3-25 所示的选项。

3.1.6 网格 Assembly Meshing 选项

单击模型树中的  Mesh 图标，在出现的 Details of "Mesh" 参数设置面板的 Assembly Meshing

中进行网格的相关设置，如图 3-26 所示。

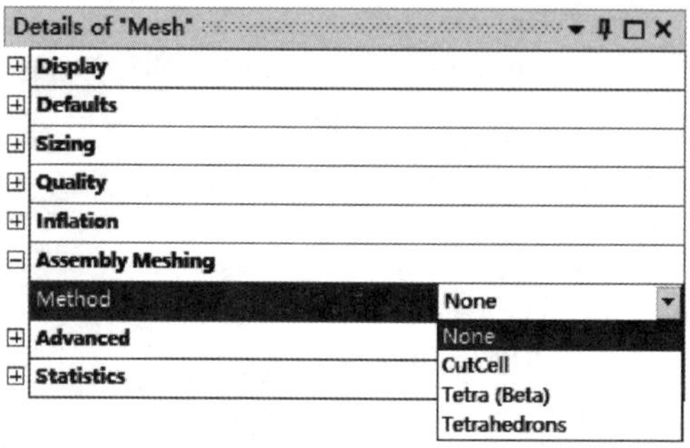

图 3-26　Assembly Meshing 设置

3.1.7　网格高级选项

单击模型树中的 Mesh 图标，在出现的 Details of "Mesh" 参数设置面板的 Advanced 中进行网格高级选项的相关设置，图 3-27 所示为 Advanced（高级选项）设置面板。

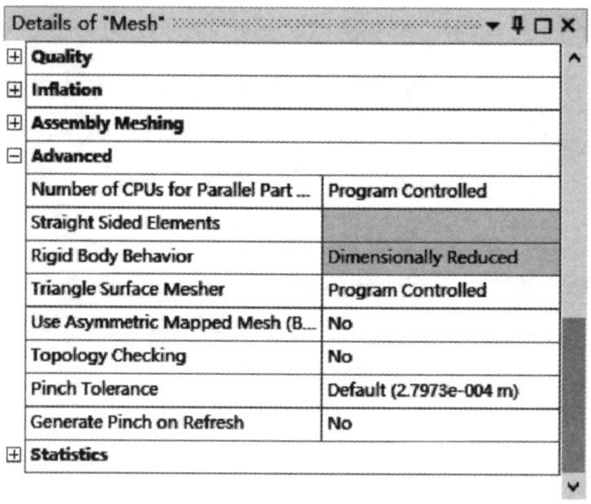

图 3-27　高级选项设置

3.1.8　网格质量设置

单击模型树中的 Mesh 图标，在出现的 Details of "Mesh" 参数设置面板中的 Quality（质量）栏进行网格质量设置，图 3-28 所示为 Quality（质量）设置面板。

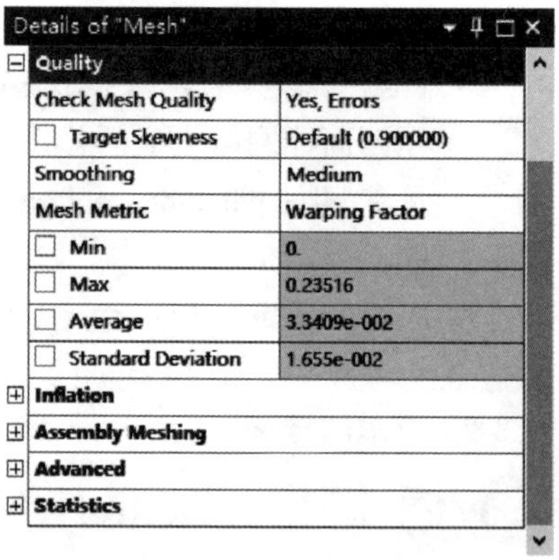

图 3-28　Quality（质量）设置面板

其中，Mesh Metric（网格质量检查准则）默认为 None（无），用户可以从中选择相应的网格质量检查工具来检查划分网格质量的好坏。

（1）Element Quality（单元质量检验）

选择单元质量选项后，此时在信息栏中会出现图 3-29 所示的 Mesh Metrics 窗口，在窗口内显示了网格质量划分图表。

图中横坐标由 0 到 1，网格质量由坏到好，衡量准则为网格的边长比；图中纵坐标显示的是网格数量，网格数量与矩形条成正比；Element Quality 图表中的值越接近于 1，说明网格质量越好。

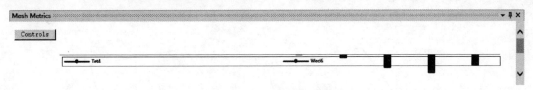

图 3-29　Element Quality 图表

单击图表中的 Controls 按钮，此时弹出图 3-30 所示的单元质量控制图表，在图表中可以进行单元数及最大最小单元设置。

（2）Aspect Ratio（网格纵横比检验）

选择此选项后，在信息栏中会出现图 3-31 所示的 Mesh Metrics 窗口，在窗口内显示了网格质量划分图表。

1）对于三角形网格来说，按法则判断。如图 3-32 所示，首先从三角形的一个顶点引出对边的中线，另外两边中点相连，构成线段 *KR* 和 *ST*，然后分别做 2 个矩形：以中线 *ST* 为平行线，分别过点 *R*、*K* 构造矩形的两条对边，另外两条对边分别过点 *S*、*T*；以中线 *RK* 为平行线，分别过点 *S*、*T* 构造矩形的两条对边，另两条对边分别过点 *R*、*K*。对另外两个顶点也

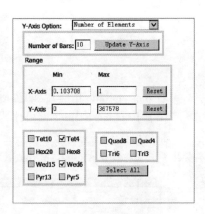

图 3-30　单元质量控制图表

按照上述步骤绘制矩形，共 6 个矩形。找出各矩形长边与短边之比并开立方，数值最大者即为该三角形的 Aspect Ratio 值。

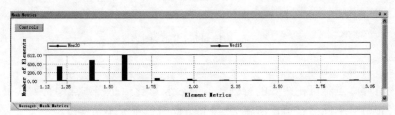

图 3-31　Aspect Ratio 图表

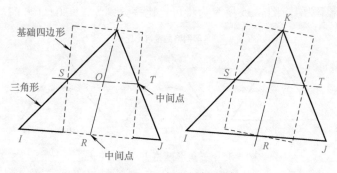

图 3-32　三角形判断法则

若 Aspect Ratio 值 =1，三角形 *IJK* 为等边三角形，此时说明划分的网格质量最好。

2）对于四边形网格来说，按法则判断：如图 3-33 所示，如果单元不在一个平面上，各个节

点将被投影到节点坐标平均值所在的平面上；画出两条矩形对边中点的连线，相交于一点 O；以交点 O 为中心，分别过 4 个中点构造两个矩形；找出两个矩形长边和短边之比的最大值，即为四边形的 Aspect Ratio 值。

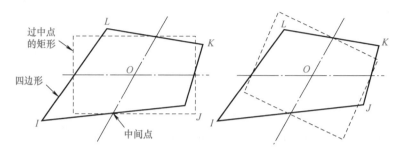

图 3-33　四边形判断法则

若 Aspect Ratio 值 = 1，四边形 *IJKL* 为正方形，此时说明划分的网格质量最好。

（3）Jacobian Ratio（雅可比比率检验）

雅可比比率适应性较广，一般用于处理带有中节点的单元。选择此选项后，此时在信息栏中会出现图 3-34 所示的 Mesh Metric 窗口，在窗口内显示了网格质量划分图表。

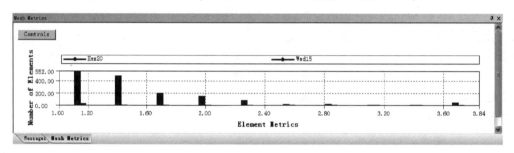

图 3-34　Jacobian Ratio 图表

Jacobian Ratio 计算法则如下。

计算单元内各样本点雅可比矩阵的行列式值 R_j；雅可比值是样本点中行列式最大值与最小值的比值；若两者正负号不同，雅可比值将为 −100，此时该单元不可接受。

1）三角形单元的雅可比比率。如果三角形的每个中间节点都在三角形边的中点上，那么这个三角形的雅可比比率为 1。图 3-35 所示为雅可比比率分别为 1、30、100 时的三角形网格。

图 3-35　三角形网格 Jacobian Ratio

2）四边形单元的雅可比比率。任何一个矩形单元或平行四边形单元，无论是否含有中间节点，其雅可比比率都为 1，如果垂直一条边的方向向内或者向外移动这一条边上的中间节点，可以增加雅可比比率，如图 3-36 所示为，为雅可比比率分别为 1、30、100 时的四边形网格。

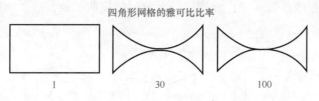

图 3-36　四边形网格 Jacobian Ratio

3）六面体单元雅可比比率。满足以下两个条件的四边形单元和六面体单元的雅可比比率为1：所有对边都相互平行；任何边上的中间节点都位于两个角点的中间位置。

如图 3-37 所示为雅可比比率分别为 1、30、100 时的四边形网格，此四边形网格可以生成雅可比比率为 1 的六面体网格。

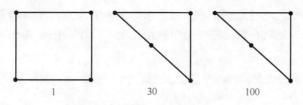

图 3-37　四边形网格 Jacobian Ratio

（4）Warping Factor（扭曲系数检验）

用于计算或者评估四边形壳单元、含有四边形面的块单元楔形单元及金字塔单元等，高扭曲系数表明单元控制方程不能很好地控制单元，需要重新划分。选择此选项后，此时在信息栏中会出现图 3-38 所示的 Mesh Metrics 窗口，在窗口内显示了网格质量划分图表。

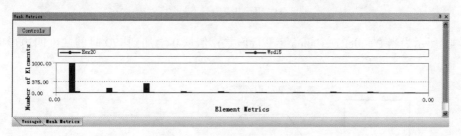

图 3-38　Warping Factor 图表

图 3-39 所示的是二维四边形壳单元的扭曲系数逐渐增加的二维网格变化图形，从图中可以看出随着扭曲系数由 0.0 增大到 5.0，网格扭曲程度也在逐渐增加。

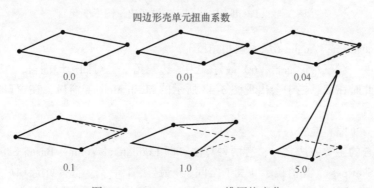

图 3-39　Warping Factor 二维网格变化

对于三维网格的扭曲系数来说，分别比较六个面的扭曲系数，从中选择最大值作为扭曲系数，如图 3-40 所示。

块单元扭曲系数

0.0   0.2   0.4

图 3-40　Warping Factor 三维块网格变化

（5）Parallel Deviation（平行偏差检验）

计算对边矢量的点积，通过点积中的余弦值求出最大的夹角。平行偏差为 0 最好，此时两对边平行。选择此选项后，此时在信息栏中会出现图 3-41 所示的 Mesh Metrics 窗口，在窗口内显示了网格质量划分图表。

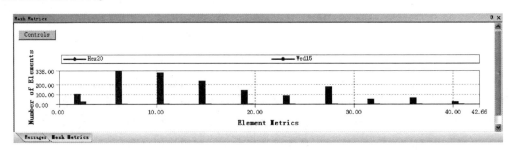

图 3-41　Parallel Deviation 图表

图 3-42 所示为当 Parallel Deviation（平行偏差）值从 0 增加到 170 时的二维四边形单元变化图形。

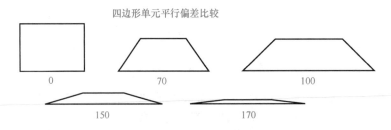

四边形单元平行偏差比较

0   70   100

150   170

图 3-42　Parallel Deviation 二维四边形图形变化

（6）Maximum Corner Angle（最大壁角角度）

计算最大角度。对三角形而言，60°最好，为等边三角形。对四边形而言，90°最好，为矩形。选择此选项后，此时在信息栏中会出现图 3-43 所示的 Mesh Metrics 窗口，在窗口内显示了网格质量划分图表。

（7）Skewness（偏斜检验）

网格质量检查的主要方法之一，有两种算法，即 Equilateral-Volume-Based Skewness 和 Normalized Equiangular Skewness。其值位于 0 和 1 之间，0 最好，1 最差。选择此选项后，此时在信息栏中会出现图 3-44 所示的 Mesh Metrics 窗口，在窗口内显示了网格质量划分图表。

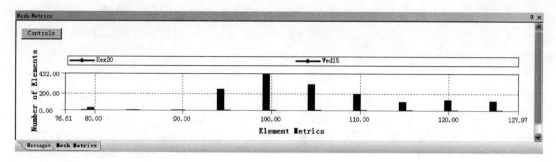

图 3-43　Maximum Corner Angle 图表

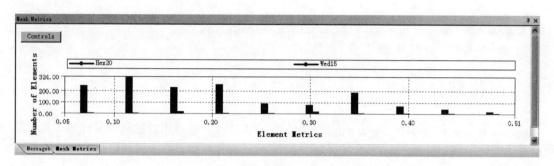

图 3-44　Skewness 图表

（8）Orthogonal Quality（正交品质）

网格质量检查的主要方法之一，其值位于 0 和 1 之间，0 最差，1 最好。选择此选项后，此时在信息栏中会出现图 3-45 所示的 Mesh Metrics 窗口，在窗口内显示了网格质量划分图表。

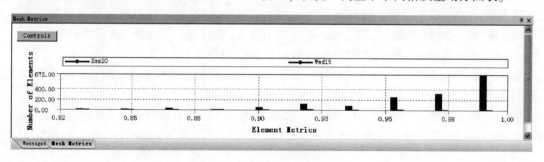

图 3-45　Orthogonal Quality 图表

除了上述的网格划分方法外，ANSYS Mechanical 平台还有以下两种方法。

- Match Control（面匹配网格划分）：面匹配网格划分用于在对称面上划分一致的网格，尤其适用于旋转机械（也称为透平机械）的旋转对称分析。因为旋转对称所使用的约束方程，其连接的截面上节点的位置除偏移外必须一致。
- Virtual Topology（虚拟拓扑工具）：虚拟拓扑工具允许为了更好地进行网格划分而合并面，Virtual Cell（虚拟单元）就是把多个相邻的面定义为一个面。虚拟单元可以把小面缝合到一个大的平面中，属于虚拟单元原始面上的内部线，不再影响网格划分，所以划分这样的拓扑结构可能和原始几何体会有所不同，对于其他操作（如加载面）就不被承认，而用虚拟单元代替。虚拟单元通常用于删除小特征，从而在特定的面上减小单元密度，或删除有问题的几何体，如长缝或是小面，从而避免网格划分失败。但是，要注意，虚拟单元改变了原有的拓扑模型，因此内部的特征如果有加载、支撑及求解等，将不再被考虑进去。

3.1.9 网格评估统计

单击模型树中的 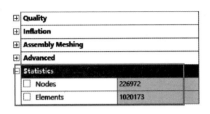 Mesh 图标，在出现的 Details of "Mesh" 参数设置面板的 Statistics（统计）中进行网格统计及质量评估的相关设置，图 3-46 所示为 Statistics（统计）设置面板。

- Nodes（节点数）：当几何模型的网格划分完成后，此处会显示节点数量。
- Elements（单元数）：当几何模型的网格划分完成后，此处会显示单元数量。

图 3-46　Statistics（统计）设置面板

3.2　网格划分实例

以上简单介绍了 ANSYS Meshing 网格划分的基本方法及一些常用的网格质量评估工具，下面通过几个实例简单介绍一下 ANSYS Meshing 网格划分的操作步骤及常见的网格格式的导入方法。

3.2.1　网格尺寸控制

模型文件	Chapter03 \ char03-1 \ PIPE_model. stp
结果文件	Chapter03 \ char03-1 \ PIPE_model. wbpj

图 3-47 所示为模型（含流体模型），本实例主要讲解网格尺寸和质量的全局控制及局部控制，包括高级尺寸功能中 Curvature、Proximity 和 Inflation 的使用。下面对其进行网格划分。

Step1：在 Windows 系统下启动 ANSYS Workbench，进入主界面。

Step2：双击主界面 Toolbox（工具箱）中的 Component Systems→Mesh（网格）选项，在 Project Schematic（项目管理区）创建分析项目 A，如图 3-48 所示。

Step3：右击项目 A 中的 A2：Geometry，如图 3-49 所示，在弹出的快捷菜单中选择 Import Geometry→Browse 命令。

图 3-47　模型

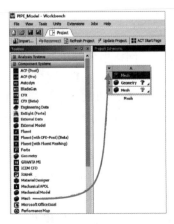

图 3-48　创建分析项目 A

Step4：在弹出的"打开"对话框中选择 PIPE_model. stp 格式文件，然后单击"打开"按钮，如图 3-50 所示。

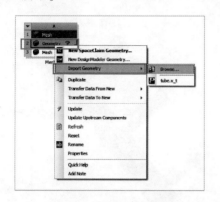

<table>
<tr><td>图 3-49　加载几何文件</td><td>图 3-50　选择文件并打开</td></tr>
</table>

Step5：右击项目 A 中的 A2：Geometry 栏，选择 Edit Geometry in DesignModeler 命令，此时会弹出图 3-51 所示的 A：Mesh-DesignModeler 窗口。

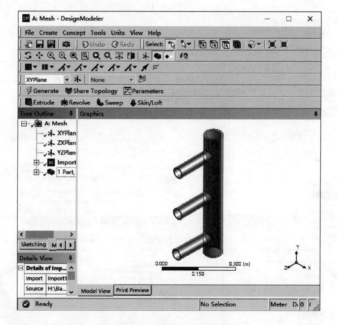

图 3-51　显示几何模型

Step6：填充操作。依次选择菜单栏中的 Tools→Fill 命令，在图 3-52 所示的 Details View 面板中进行如下操作：在 Faces 栏中确保模型的所有内表面被选中；单击工具栏中的 ⚙Generate 按钮生成实体。

Step7：实体命名。右击模型树中图 3-53 所示的 Solid，在弹出的快捷菜单中选择 Rename 命令，在命名区域中输入名字为 pipe。

Step8：以同样的操作将另外一个实体命名为 water，命名完成后如图 3-54 所示。

Step9：单击 DesignModeler 窗口右上角的 ❌ 按钮，关闭 DesignModeler 窗口。

Step10：回到 Workbench 主窗口，如图 3-55 所示，单击 A3（Mesh）栏，在弹出的快捷菜单中选择 Edit 命令。

Step11：Mesh 网格划分平台被加载，如图 3-56 所示。

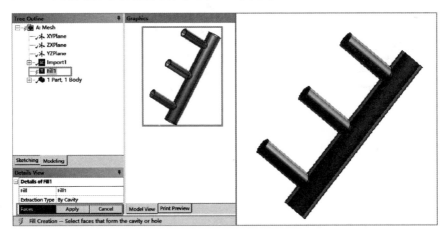

图 3-52　填充

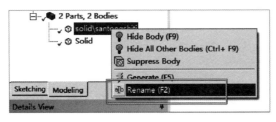

图 3-53　命名操作 1

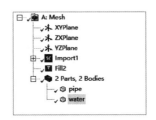

图 3-54　命名操作 2

图 3-55　载入 Mesh

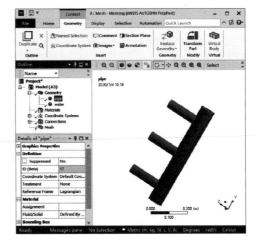

图 3-56　Mesh 平台中几何模型

Step12：选择 Outline 中的 Project→Model（A3）→Geometry→pipe 选项，在图 3-57 所示的 Details of "pipe" 面板中做如下设置。

在 Material→Fluid/Solid 栏中将默认的 Defined By Geometry（Solid）修改为 Solid。

Step13：以同样的操作，将 water 的 Material 属性从默认的 Defined By Geometry（Solid）修改为 Fluid，如图 3-58 所示。

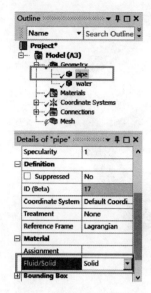

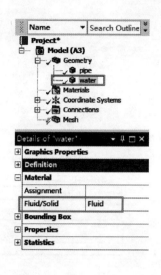

图 3-57　更改属性 1　　　　　　　　　　　图 3-58　更改属性 2

Step14：右击 Outline→Project→Mesh 选项，在弹出的图 3-59 所示的快捷菜单中选择 Insert→Method 命令，此时在 Mesh 下面会出现 Automatic Method 命令。

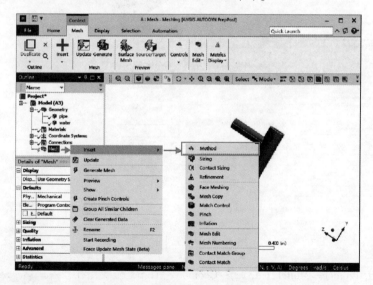

图 3-59　插入 Method 命令

Step15：在图 3-60 所示的 Details of "Automatic method"面板中，在绘图区选择 pipe 实体，然后单击 Geometry 栏中的 Apply 确定选择，此时 Geometry 栏中显示 1Body，表示一个实体被选中；在 Definition→Method 栏选择 Tetrahedrons（四面体网格划分）；在 Algorithm 栏选择 Patch Conforming 选项。

📂**注意**：当以上选项选择完毕后，Details of "Automatic Method" 会变成 Details of "Patch Conforming Method"-Method，以后操作都会出现类似情况，不再赘述。

Step16：右击 Outline→Project→Mesh 选项，在弹出的图 3-61 所示快捷菜单中选择 Insert→Inflation 命令，此时在 Mesh 下面会出现 Inflation 选项。

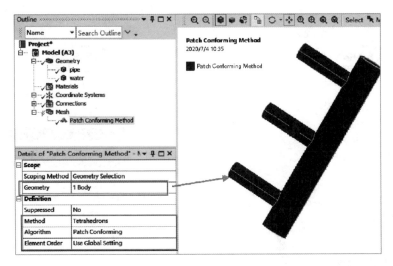

图 3-60　网格划分方法

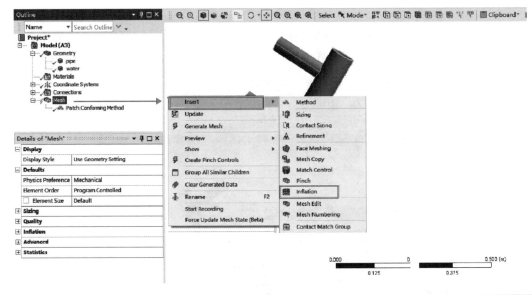

图 3-61　网格划分方法

Step17：右击 Project→Model（A3）→Geometry→pipe 选项，在弹出的图 3-62 所示的快捷方式中选择 Hide Body 命令或者按〈F9〉键，隐藏 pipe 几何。

Step18：选择 Outline 中的 Inflation 命令，如图 3-63 所示，在下面出现的 Details of "Inflation2" 面板中进行如下设置：选择 water 几何实体，然后在 Scope→Geometry 栏中单击 Apply；选择三圆柱的外表面，然后在 Definition→Boundary 栏中单击 Apply；其余选项默认即可，完成 Inflation（膨胀）面的设置。

图 3-62　隐藏几何实体

Step19：右击 Project→Model（A3）→Mesh 选项，此时弹出图 3-64 所示的快捷菜单，在菜单中选择 Generate Mesh 命令。

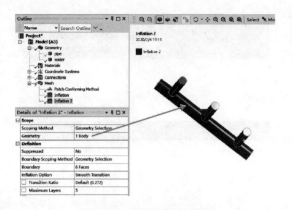

图 3-63　膨胀层设置

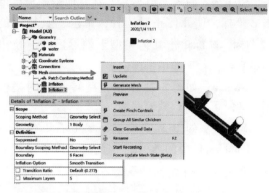

图 3-64　划分网格

Step20：此时会弹出图 3-65 所示的网格划分进度栏，进度栏中显示出网格划分的进度条。

(47%) Meshing Completed on... 1/2 Parts

图 3-65　网格划分进度条

Step21：划分完成的网格如图 3-66 所示。

Step22：如图 3-67 所示，在 Details of "Mesh" 面板的 Statistics 中可以看到节点数和单元数以及扭曲程度。

Step23：如图 3-68 所示，将物理参照改为 CFD，其余设置不变，划分网格。

Step24：划分完成的网格及网格统计数据如图 3-69 所示。

图 3-66　网格模型

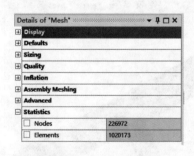

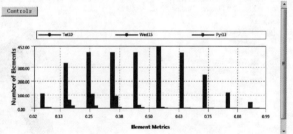

图 3-67　网格数量统计

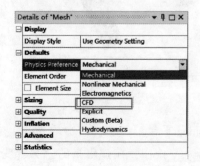

图 3-68　修改物理参照

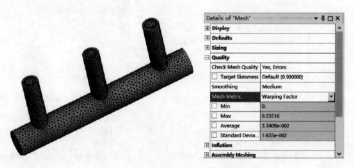

图 3-69　CFD 中的网格及数量

Step25：如图 3-70 所示，在几何绘图窗口单击 Z 坐标，使几何正对读者，单击工具栏中的 图标，鼠标单击几何模型上端然后向下拉出一条直线，在下端单击确定。

Step26：如图 3-71 所示，旋转几何网格模型，此时可以看到截面网格。

Step27：如图 3-72 所示，单击右下角 Section Plane 面板中的 图标，此时可以显示截面网格的完整网格。

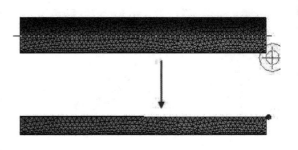

图 3-70　创建截面

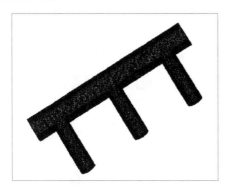

图 3-71　截面网格

图 3-72　截面完整网格显示

Step28：如图 3-73 所示，在 Details of "Mesh" 面板中将 Size Function 选项改为 On：Proximity and Curvature 后，划分完成后的网格。

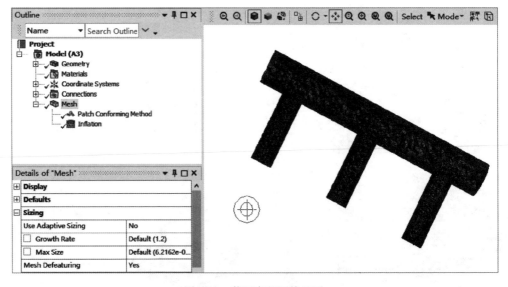

图 3-73　截面完整网格显示

Step29：单击 Meshing 平台上的"关闭"按钮，关闭 Meshing 平台。

Step30：返回到 Workbench 平台，单击工具栏中的 Save As... 按钮，在弹出来的"另存为"对话框中输入名字为 PIPE_Model，单击"保存"按钮。

3.2.2 扫掠网格划分

本实例主要讲解通过扫掠网格的映射面划分的使用，下面对其进行网格剖分（见图3-74）。

模型文件	Chapter03 \ char03-2 \ PIPE_SWEEP. stp
结果文件	Chapter03 \ char03-2 \ PIPE_SWEEP. wbpj

Step1：启动 ANSYS Workbench，进入主界面。

Step2：双击主界面 Toolbox（工具箱）中的 Component Systems→Mesh（网格）选项，即可在 Project Schematic（项目管理区）创建分析项目 A，如图 3-75 所示。

图 3-74 模型

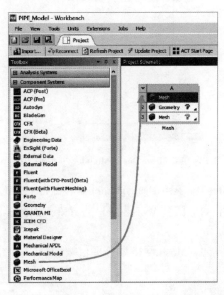

图 3-75 创建分析项目 A

Step3：右击项目 A 中的 A2：Geometry，如图 3-76 所示，在弹出的快捷菜单中选择 Import Geometry→Browse。

Step4：如图 3-77 所示，在弹出的"打开"对话框的文件类型栏中选择 STEP 格式；选择 PIPE_SWEEP. stp 格式文件，然后单击"打开"按钮。

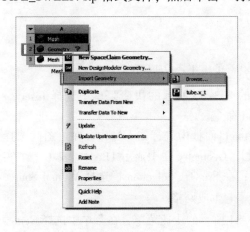

图 3-76 加载几何文件

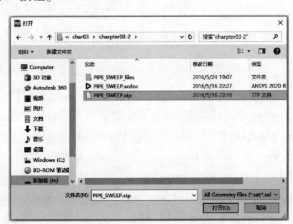

图 3-77 选择文件名

Step5：双击项目 A 中的 A2：Geometry 栏，此时会弹出图 3-78 所示的 A：Mesh-DesignModeler 平台，单击 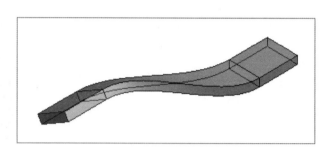 按钮。

Step6：此时将生成图 3-79 所示的几何实体。

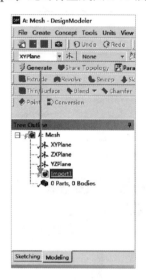

图 3-78　A：Mesh-DesignModeler 平台　　　　　　　图 3-79　几何模型

Step7：单击 DesignModeler 平台右上角的 ✕ 按钮，关闭 DesignModeler 平台。

Step8：回到 Workbench 主窗口，如图 3-80 所示，单击 A3：Mesh 栏，在弹出的快捷菜单中选择 Edit 命令。

Step9：Mesh 网格划分平台被加载，如图 3-81 所示。

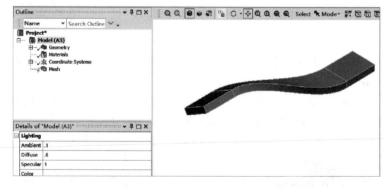

图 3-80　载入 Mesh　　　　　　　　　　图 3-81　Mesh 平台中几何模型

Step10：右击 Model（A3）→Mesh 选项，在弹出的图 3-82 所示的快捷菜单中选择 Insert→Method 命令，此时在 Mesh 下面会出现 Automatic Method 命令。

Step11：在图 3-83 所示的 Details of "Automatic Method" 面板中进行如下操作：在绘图区选择 1 实体，然后单击 Geometry 栏中的 Apply 确定选择，此时 Geometry 栏中显示 1Body，表示一个实体被选中；在 Definition→Method 栏选择 Sweep（扫掠）；在 Src/Trg Selection 栏选择 Manual Source 选项；在 Source 栏中确保一个端面被选中，单击 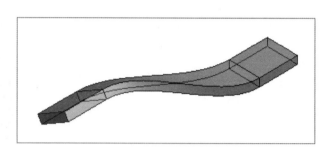 生成网格。

Step12：右击 Model（A3）→Mesh 选项，弹出图 3-84 所示的快捷菜单，在菜单中选择 Generate Mesh 命令。

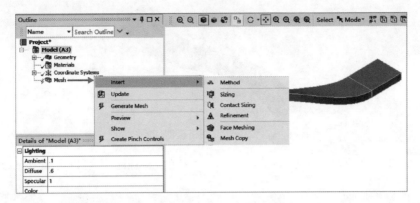

图 3-82　插入 Method 命令

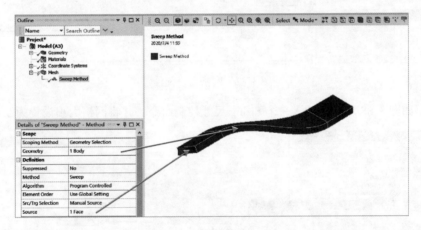

图 3-83　网格划分方法

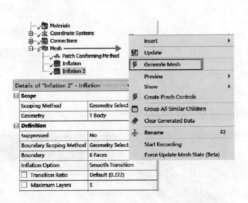

图 3-84　划分网格

Step13：此时会弹出图 3-85 所示的网格划分进度栏，进度栏中显示出网格划分的进度条。

图 3-85　网格划分进度条

Step14：划分完成的网格如图 3-86 所示。

图 3-86 网格模型

Step15：如图 3-87 所示，在 Details of "Mesh" 面板的 Statistics 中可以看到节点数和单元数以及扭曲程度。

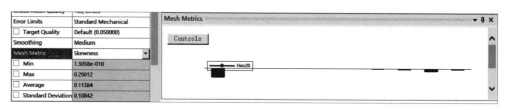

图 3-87 网格数量统计

Step16：如图 3-88 所示，插入一个 Sizing 尺寸控制命令，并将网格大小设置为 5. e-003m。

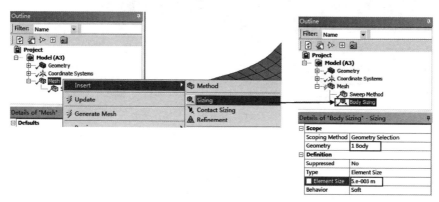

图 3-88 设置体网格大小

Step17：划分完成的网格及网格统计数据如图 3-89 所示。

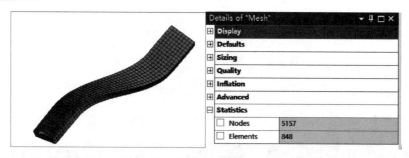

图 3-89 CFD 中的网格及数量

Step18：单击 Meshing 平台上的关闭按钮，关闭 Meshing 平台。

Step19：返回到 Workbench 平台，单击工具栏中的 Save As... 按钮，在弹出的"另存为"对话框中输入名字为 PIPE_SWEEP，单击"保存"按钮。

3.2.3 多区域网格划分

模型文件	Chapter03 \ char03-3 \ MULTIZONE. x_t
结果文件	Chapter03 \ char03-3 \ MULTIZONE. wbpj

图 3-90 所示为某三通管道模型，本实例主要讲解多区域方法的基本使用，对于具有膨胀层的简单几何生成六面体网格，在生成网格的时候，多区扫掠网格划分器自动选择源面。下面对其进行网格剖分。

Step1：启动 ANSYS Workbench，进入主界面。

Step2：双击主界面 Toolbox（工具箱）中的 Component Systems→Mesh（网格）选项，即可在 Project Schematic（项目管理区）创建分析项目 A，如图 3-91 所示。

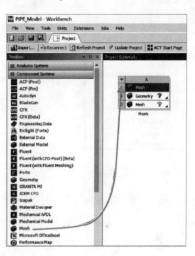

图 3-90　三通管道模型　　　　　　　　　　图 3-91　创建分析项目 A

Step3：右击项目 A 中的 A2：Geometry，如图 3-92 所示，在弹出的快捷菜单中选择 Import Geometry→Browse。

Step4：如图 3-93 所示，在弹出的"打开"对话框中选择 MULTIZONE. stp 文件，然后单击"打开"按钮。

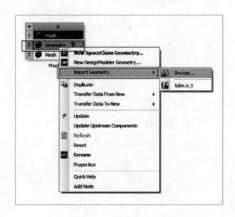

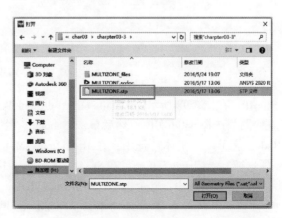

图 3-92　加载几何文件　　　　　　　　　　图 3-93　选择文件

Step5：双击项目 A 中的 A2：Geometry 栏，此时会弹出图 3-94 所示的 DesignModeler 平台。

Step6：单击 DesignModeler 平台右上角的 ✖ 按钮，关闭 DesignModeler 平台。

Step7：回到 Workbench 主窗口，如图 3-95 所示，单击 A3：Mesh 栏，在弹出的快捷菜单中选择 Edit 命令。

Step8：Mesh 网格划分平台被加载，如图 3-96 所示。

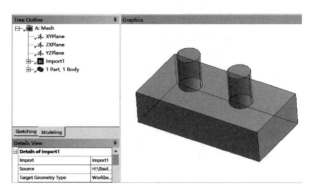

图 3-94　显示几何模型

图 3-95　载入 Mesh

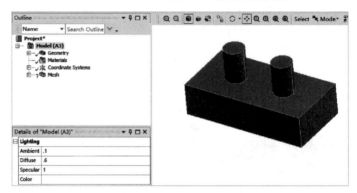

图 3-96　Mesh 平台中的几何模型

Step9：右击 Model（A3）→Mesh 选项，在弹出的图 3-97 所示的快捷菜单中选择 Insert→Method 命令，此时在 Mesh 下面会出现 Automatic Method 命令。

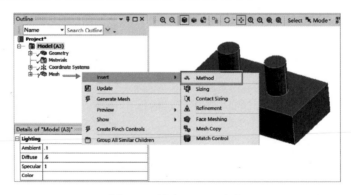

图 3-97　插入 Method 命令

Step10：在图 3-98 所示的 Details of "MultiZone"-Method 面板中进行如下操作。

在绘图区选择 Solid 实体，然后单击 Geometry 栏中的 Apply 确定选择，此时 Geometry 栏中显示 1Body，表示一个实体被选中；在 Definition→Method 栏选择 MultiZone（多区域）；在 Element Order 栏选择 Use Global Setting；在 Src/Trg Selection 栏选择 Manual Source 选项；在 Source 栏中确保图示的四个面被选中；其余选项保持默认即可。

▷注意：当以上选项选择完毕后，Details of "Automatic Method" 会变成 Details of "MultiZone"-Method，以后操作都会出现类似情况，不再赘述。

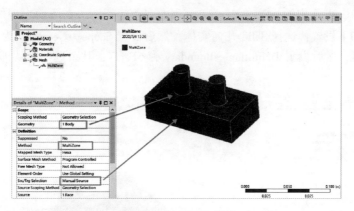

图 3-98　网格划分方法

Step11：右击 Model（A3）→Mesh 选项，此时弹出图 3-99 所示的快捷菜单，在菜单中选择 Generate Mesh 命令。

Step12：划分完成的网格如图 3-100 所示。

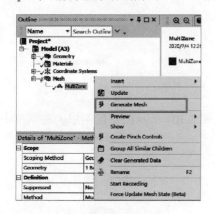

图 3-99　划分网格

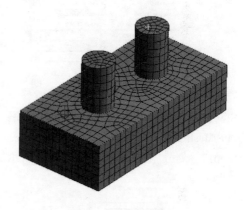

图 3-100　网格模型

Step13：右击 Model（A3）→Mesh→MultiZone 选项，在弹出的图 3-101 所示的快捷菜单中选择 Delete 命令，删除 MultiZone 节点。

Step14：右击 Model（A3）→Mesh 命令，在弹出的图 3-102 所示的快捷菜单中选择 Insert→Inflation 命令，此时在 Mesh 下面会出现 Inflation 选项。

图 3-101　删除 MultiZone 命令

图 3-102　网格划分方法

Step15：单击 Outline 中的 Inflation 选项，如图 3-103 所示，在下面出现的 Details of " Inflation"面板中进行如下设置：选择 Solid 几何实体，然后设置 Scope→Geometry 为 1Body；选择圆柱和长方体的外表面，然后设置 Definition→Boundary 为 6Faces；其余选项默认即可，完成 Inflation（膨胀）面的设置。

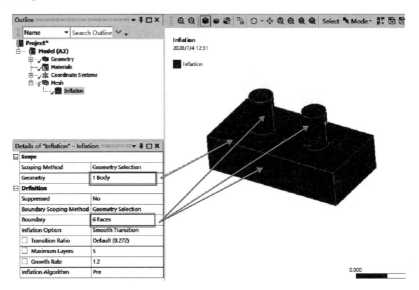

图 3-103 膨胀面设置

Step16：右击 Model（A3）→Mesh 选项，此时弹出图 3-104 所示的快捷菜单，在菜单中选择 Generate Mesh 命令。

Step17：划分完成的网格如图 3-105 所示。

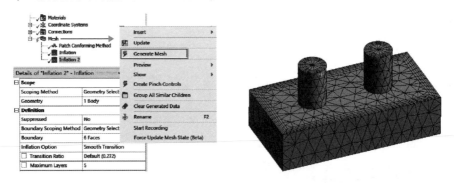

图 3-104 划分网格   图 3-105 膨胀层网格划分

Step18：单击 Meshing 平台上的"关闭"按钮，关闭 Meshing 平台。

Step19：返回到 Workbench 平台，单击工具栏中的 Save As... 按钮，在弹出的"另存为"对话框中输入名字为 MULTIZONE，单击"保存"按钮。

3.3 本章小结

本章详细介绍了 ANSYS Workbench 平台网格划分模块的一些相关参数设置和网格质量检测方法，并通过 3 个网格划分实例介绍了不同类型网格划分的方法及操作过程。

第 **4** 章

边界条件与后处理

边界条件是指在几何模型边界上方程组的解应该满足的条件，在热分析中边界条件指的是热对流、热辐射等。

后处理技术以其优秀的计算数据处理能力被众多有限元计算软件所应用。它是为了方便对计算数据的处理而产生的，减少了对大量数据的分析过程，可读性强，理解方便。

有限元计算的最后一个关键步骤为数据的后处理，通过后处理，使用者可以很方便地对结构的计算结果进行相关操作，以输出感兴趣的结果，如变形、应力、应变等。另外，对于一些高级用户，还可以通过简单的代码编写，输出一些特殊的结果。

ANSYS Workbench 平台的后处理功能非常丰富，可以完成众多类型的后处理，本章将详细介绍后处理的设置与操作方法。

知识点 \ 学习目标	了　解	理　解	应　用	实　践
ANSYS Workbench 后处理的意义		√		
ANSYS Workbench 后处理工具使用方法			√	√
ANSYS Workbench 用户自定义后处理			√	√
ANSYS Workbench 后处理数据判断方法			√	√

4.1 边界条件设置

ANSYS Workbench 热分析中常用的符号及单位表达式见表 4-1。

表 4-1　热分析符号及单位

名　称	国 际 单 位	英 制 单 位	ANSYS
长度 L	m	ft	Length
时间 t	s	s	Time
质量 m	kg	lbm	Mass
温度 T	℃	℉	Temperature
力 F	N	lbf	Force
能量（热量）J	J	BTU	Joule

（续）

名　称	国际单位	英制单位	ANSYS
功率（热流率）Q	W	BTU/s	Heat Flow
热流密度 q	W/m²	BTU/(s·ft²)	Heat Flux
生热速率 α_λ	W/m³	BTU/(s·ft³)	Internal Heat Generation
导热系数 ρ_λ	W/(m·℃)	BTU/(s·ft·℉)	Thermal Conductivity
对流系数 h	W/(m²·℃)	BTU/(s·ft²·℉)	Film Coefficient
密度 τ_λ	kg/m³	lbm/ft³	Density
比热容 c	J/(kg·℃)	BTU/(lbm·℉)	Specific Heat
焓 H	J/m³	BTU/ft³	Enthalpy

ANSYS Workbench 平台热分析中除了建立几何模型和网格划分外，作为一个完整的分析还必须有材料属性和接触设置（如果有）。

1. 材料属性

1）在稳态分析中，必须定义热传导系数。热传导系数可以是各向同性或各向异性，可以是常数或者与温度相关。

2）瞬态热分析中，必须定义热传导系数、密度和比热容。热传导系数可以各向同性或者各向异性，所有属性可以是常数或者与温度相关。

2. 接触设置（如果有）

当导入实体零件组成的装配体时，实体间的接触区将会被自动创建。面与面或面与边接触允许实体零件间的边界上有不匹配的网格。

每个接触区都能用到接触面和目标面的概念。接触区的一侧由接触面组成，另一侧面由目标面组成。当一侧为接触面而另一侧为目标面时，称为反对称接触；另一方面，如果两侧都被指定成接触面或者目标面，则称为对称接触。在热分析中，指定哪一侧是接触面，哪一侧是目标面并不重要。在接触的法向上允许有接触面和目标面间的热流。接触实现了装配体中零件间的传热。

热量在接触区沿着接触法向流动，不管接触定义如何，只要接触法向上有接触单元，热量就会流动。在接触面与目标界面中，不考虑热量的扩散；而在壳单元或者实体单元内的接触面或者目标面上，由于傅里叶定律，需要考虑热量扩散的作用。

如果零件初始有接触，零件间就会发生传热；如果零件初始不接触，零件间将不会互相传热。对于不同的接触类型，热量是否会在接触面和目标面间传递参见表 4-2。

表 4-2 接触区传热

接触类型	接触区是否传热		
	初始接触	弹球区内	弹球区外
绑定、不分离	是	是	否
粗糙、无摩擦、摩擦	是	否	否

接触的弹球（Pinball）区域自动设置为一个相对较小的值，以调和模型中可能出现的小间隙。对基于 MPC 的绑定接触，如果存在间隙，在搜索方向可使用弹球区以检测间隙外的接触，

如图4-1所示，MPC算法产生完全传热。对包含壳面或者实体边的接触，只能设置为绑定或不分离类型。包含壳面接触，只允许使用MPC算法的绑定接触行为。电焊为连接的壳装配体在离散点处传热提供了一种方法，如图4-2所示。

⬚注：MPC是Multi Point Constraint的缩写，是ANSYS接触设置中的多点约束，这种约束可减少两个几何中接触约束探测点，但必须在接触部位进行网格局部细化。

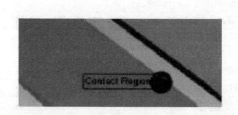

图4-1　接触弹球区域

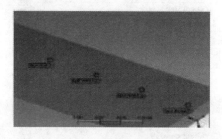

图4-2　电焊接触

3. 接触温差

默认时，在装配体的零件间会定义一个高的接触导热系数 T_{CC}，两个零件间的热流量由接触热通量 q 定义为

$$q = T_{CC}(T_t - T_c) \tag{4-1}$$

式中，T_c 是位于接触法向上某接触"节点"的温度，T_t 是相应的目标"节点"的温度。

默认时，T_{CC} 根据设定的接触模型中的最大热传导系数 λ_{max} 和装配体总体外边界对角线 Diag，被设为一个相对较"高"的值，即 $T_{CC} = \lambda_{max} \times 10000/\text{Diag}$，这最终提供了零件间完全的传热。

理想的零件间接触传热系数假定在接触界面上没有温度降低。接触热阻使接触的两个表面在穿过界面上有温度降低，如图4-3所示，这种温差是由两表面间的不良接触产生的，由此产生有限热传导，产生影响的因素包括表面的平面度、表面磨光、氧化物、残存流体、接触压力、表面温度、导热脂的使用等。

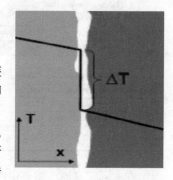

图4-3　接触温差

4. 分析设置

对于简单线性行为无须设置，但对于复杂分析则需要设置一些控制选项，以达到加快或者满足收敛的要求，分析设置命令及含义见表4-3。

（1）步长控制（Step Controls）

非线性热分析时，步长控制用于控制时间步长，步长控制也用于创建多个载荷步。

（2）求解器控制（Solver Controls）

求解器控制中有直接（Direct）和迭代（Iterative）两种求解器可以使用，求解器是自动选取的。求解器类型（Solver Type）下设置默认选项，直接求解器（Direct）在包含薄面和细长体的模型中是有用的，作为强有力的求解器，它可以处理任何情况。迭代求解器（Iterative）在处理体积大的模型时十分有效，但它对梁和壳来说不是很有效。

（3）非线性控制（Nonlinear Controls）

非线性控制可以修改收敛准则和其他的一些求解控制选项。只要运算满足收敛判断，程序就认为收敛。收敛判据可以基于温度，也可以基于热流率，或者二者都有。

表 4-3　分析设置命令说明

命 　 令	分析设置命令说明
	步长控制
	时步数：1（默认）
	当前时步：1（默认）
	时步结束时间：1s（默认）
	自动时间步设置：程序控制（默认）
	求解控制
	求解类型：程序控制（默认）
	非线性控制
	热收敛准则：程序控制（默认）
	温度收敛准则：程序控制（默认）
	线性搜索：程序控制（默认）
	输出控制
	是否计算热通量：是（默认）
	计算结果输出：在所有时间点（默认）
	分析数据管理
	求解器工作路径：工作路径（默认）
	后续分析类型：无（默认）
	获取求解文件：无（默认）
	是否保存 ANSYS DB 文件：否（默认）
	是否删除不需要的文件：是（默认）
	是否非线性求解：否（默认）
	求解器单位：当前活动系统（默认）
	求解器单位系统：nks（默认）
	可视化
	温度：显示
	对流：显示

　　在实际定义时，需要说明一个典型值（Value）和收敛容差（Tolerance），程序将二者的乘积视为收敛判据。例如，说明温度的典型值为 500，容差为 0.001，那么收敛判据则为 $500 \times 0.001 = 0.5℃$。对于温度，ANSYS 将连续两次平衡迭代之间节点上温度的变化量与收敛准则进行比较来判断是否收敛。如果在某两次平衡迭代间，每个节点的温度变化都小于 0.5℃，那么当前求解的问题就达到收敛效果。

　　对于热流率，ANSYS 比较不平衡载荷矢量和收敛准则，不平衡载荷矢量表示所施加的热流与内部计算热流率之间的差值。ANSYS（Value）值由默认值确定，收敛容差为 0.5%。

　　线性搜索（Line Search）选项可以使 ANSYS 用 Newton-Raphson（牛顿-拉夫逊）方法进行线性搜索。

　　（4）输出控制（Output Controls）

　　输出控制允许在结果后处理中得到需要的时间点结果，尤其是在非线性分析中，设置关键时刻的结果是很重要的。

　　（5）分析数据管理（Analysis Data Management）

　　分析数据管理保存稳态热分析结果文件用于其他的分析系统，如稳态热分析的结果作为瞬态分析的初始条件，因此可以将稳态热分析结果随后的分析（Future Analysis）设置为瞬态热分析（Transient Thermal），用于后面的瞬态分析。

5. 载荷与边界条件

载荷与边界条件可以直接在实体模型（点、线、面、体）上施加，可以是单值，也可以用表格或函数的方式来定义复杂的热载荷，ANSYS Workbench 平台热分析的载荷与边界条件如图 4-4 所示。

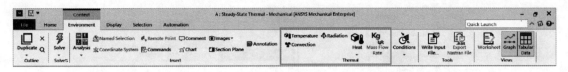

图 4-4 热分析载荷

（1）恒定温度（Temperature）

通常作为自由度约束施加于温度已知的边界上。对于 3D 分析和 2D 平面应力及轴对称分析，如图 4-5 所示。

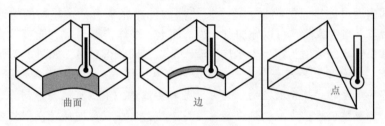

图 4-5 恒定温度

（2）对流（Convection）

$$q = \frac{Q}{A} = h(T_s - T_f) \tag{4-2}$$

用于 3D 分析和 2D 平面应力及轴对称分析，对流通过与流体接触面发生对流换热，只能施加到表面上，对流使 "环境温度" 与表面温度相关。对流热通量 q 与对流换热系数 h、表面积 A、表面温度 T_f 有关，如图 4-6 所示，对流换热系数 h 可以是常量或温度的变量，即与温度相关的对流条件。

首先确定 $h(T)$ 使用什么样的温度，温度可以是：

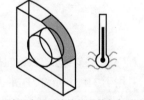

■ 环境温度 ■ 对流换热系数和表面温度

图 4-6 对流

- 平均膜温度（Average Film Temperature）：$T = \frac{1}{2}(T_s + T_f)$。
- 表面温度（Surface Temperature）：$T = T_s$。
- 环境温度（Bulk Temperature）：$T = T_f$。
- 表面与环境温度差（Difference of Surface and Bulk Temperature）：$T = T_s - T_f$。

在对流详细信息窗口中选择（Film Coefficient）→Tabular（Temperature）选项，在出现的表数据中输入温度和对流换热系数，如图 4-7 所示。

（3）辐射（Radiation）

施加到 3D 表面或者 2D 模型的边，仅提供向周围环境的辐射设置，不包括两个或者多个面之间的相互辐射（需要通过在 Workbench 下编程实现），形状系数假定为 $F_{12} = 1$，于是有：

$$Q = \varepsilon_1 A_1 \sigma F_{12}(T_1^4 - T_2^4) \tag{4-3}$$

式中，σ 为斯特藩-玻尔兹曼常数，并且自动由采用的单位制决定，辐射属性中设置热辐射效率

（黑度）ε_1 和环境温度 T_2。

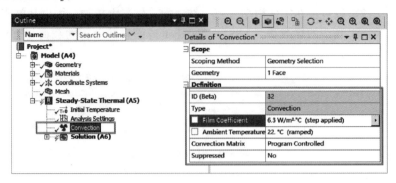

图 4-7　输入变量对流换热系数

（4）热流率（Heat Flow）

指单位时间内通过传热面的热量。整个换热器的传热速率表征换热器的生产能力，单位为 W。热流率作为节点集中载荷，可以施加点、边、面上，线体模型通常不能直接施加对流和热流的密度载荷。如果输入的数值为正，表示热流流入节点，即获得热量，如图 4-8 所示。

⬛注：如果在实体单元的某一个节点上施加热流率，则此节点周围的单元应该密一些，特别是与该节点相连的单元的导热系数差别很大时，尤其要注意，不然可能会得到异常的温度值。因此，只要可能，都应该使用热生成或热流密度边界条件，这些载荷即使是在网格较为粗糙的时候也能得到较好的结果。

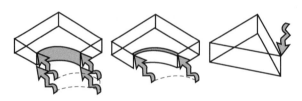

图 4-8　热流率

（5）完全绝热（Perfectly Insulated）

用于 3D 分析和 2D 平面应力及轴对称分析，完全绝热条件施加到表面上，可认为是加载热流率，在热分析中，当不施加任何载荷时，它实际上就是自然产生的边界条件。

通常情况下，不需要给面上施加完全绝热条件，因为这是一个规则表面的默认状态。因此，这种加载通常用于删除某一个特定面上的载荷。例如，可以先在所有面上施加热通量或对流，然后用完全绝热条件有选择性地"删除"某些面上的载荷（比如与其他零件相接触的面等），此时要方便简单得多。

（6）热流密度（Heat Flux）

指单位时间通过单位传热面积所传递的热量，即 $q = \dfrac{Q}{A}$。在一定的热流量下，q 越大，所需的传热面积越小。因此，热通量是反映传热强度的指标，又称为热流密度，单位为 W/m^2，如图 4-9 所示。

- 内部热生成（Internal Heat Generation）：用于 3D 分析和 2D 平面应力及轴对称分析，内部热生成作为体载荷只能施加到体上，可以模拟单元内的热生成，比如化学反应生热或电流生热。它的单位是单位

图 4-9　热通量

体积的热流率 V。正的热负荷值将会向系统中添加能量，而且如果有多个载荷同时存在，其效果是累加的。

- CFD 导入温度（CFD Imported Temperature）：通过与流体耦合计算时将流体中壁面的温度作用到结构上。
- CFD 导入对流（CFD Imported Convection）：通过与流体耦合计算时将流体中壁面的对流换热系数作用到结构上。

4.2　后处理

Workbench 平台的后处理包括以下几部分内容：查看结果、显示结果（Scope Results）、输出结果、坐标系和方向解、结果组合（Solution Combinations）、应力奇异（Stress Singularities）、误差估计和收敛状况等。

4.2.1　查看结果

当选择一个结果选项时，文本工具框会显示该结果所要表达的内容，如图 4-10 所示。

图 4-10　结果选项卡

（1）显示方式

几何按钮控制云图显示方式，共有四种选项。

- Exterior：默认的显示方式并且是最常使用的方式，如图 4-11 所示。
- IsoSurface：对于显示相同的值域是非常有用的，如图 4-12 所示。

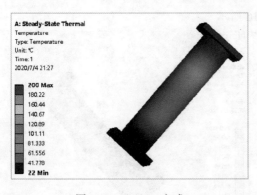

图 4-11　Exterior 方式

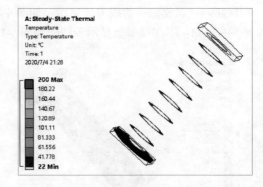

图 4-12　IsoSurface 方式

- Capped IsoSurface：指删除了模型的一部分之后的显示结果，删除的部分是可变的，高于或者低于某个指定值的部分被删除，如图 4-13 所示。
- Slice Planes：允许用户去真实地切模型，需要先创建一个界面然后显示剩余部分的云图。

📁注：对于稳态热分析该功能不可用。

（2）色条设置

Contour 按钮可以控制模型的显示云图方式。

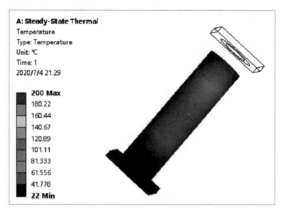

图 4-13　Capped IsoSurface 方式

- Smooth Contour：光滑显示云图，颜色变化过渡变焦光滑，如图 4-14 所示。
- Contour Bands：云图显示有明显的色带区域，如图 4-15 所示。

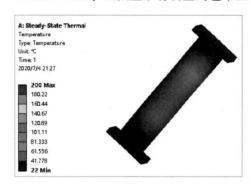

图 4-14　Smooth Contour 方式

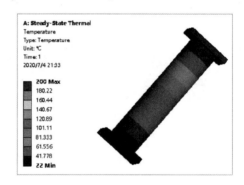

图 4-15　Contour Bands 方式

- Isolines：以模型等值线方式显示，如图 4-16 所示。
- Solid Fill：不在模型上显示云图，如图 4-17 所示。

图 4-16　Isolines 方式

图 4-17　Solid Fill 方式

（3）外形显示

Edge 按钮允许用户显示未变形的模型或者划分网格的模型。

- No WireFrame：不显示几何轮廓线，如图 4-18 所示。
- Show Underformed WireFrame：显示未变形轮廓，如图 4-19 所示。

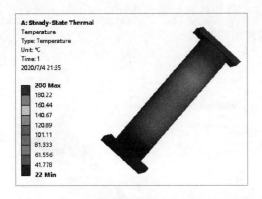

图 4-18　No WireFrame 方式

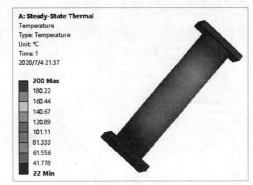

图 4-19　Show Underformed WireFrame 方式

- Show Underformed Model：显示未变形的模型，如图 4-20 所示。
- Show Element：显示单元，如图 4-21 所示。

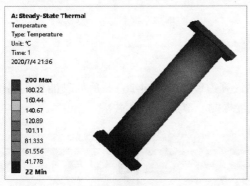

图 4-20　Show Underformed Model 方式

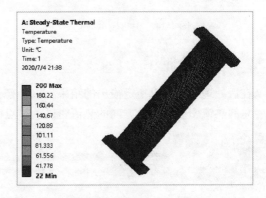

图 4-21　Show Element 方式

（4）最大值、最小值与探测工具

单击相应按钮后，在图形中将显示最大值、最小值和探测位置的数值。

- 最大值按钮：单击工具栏中的 图标，将在后处理显示最大值，如图 4-22 所示，显示当前分析的最大温度值及位置。
- 最小值按钮：单击工具栏中的 图标，将在后处理显示最小值，如图 4-23 所示，显示当前分析的最小温度值及位置。

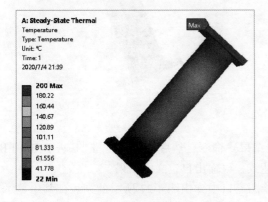

图 4-22　显示最大值

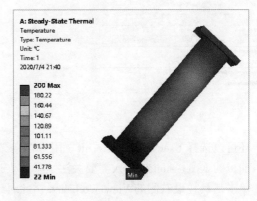

图 4-23　显示最小值

- 探测工具按钮：单击工具栏中的 **123 Probe** 图标，在后处理窗口中的几何上单击任意一点，此时将显示当前位置的温度值，如图4-24和图4-25所示。

📁**注意**：以上三种类型的按钮可以组合使用，以达到不同的效果，请读者自己完成，这里不再赘述。

图4-24　探测显示（1）

图4-25　探测显示（2）

4.2.2　结果显示

在后处理中，可以指定输出的结果，以稳态热计算为例（见图4-26），后处理能得到温度分布、总的热流密度、各个方向的热流密度、节点温度探测、节点热流探测等。

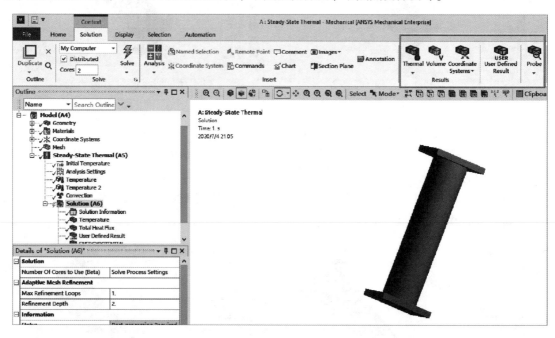

图4-26　后处理（1）

还可以选择 User Defined Result（用户自定义结果）命令，然后在 Details of "User Defined Result" 面板的 Expression 栏输入需要关注结果的表达式，以输出自定义的结果。

单击工具栏最右侧的 View-Worksheet，此时绘图窗口中弹出图4-27所示的列表，其中显示当前分析可用的、软件已经自定义好的后处理结果。

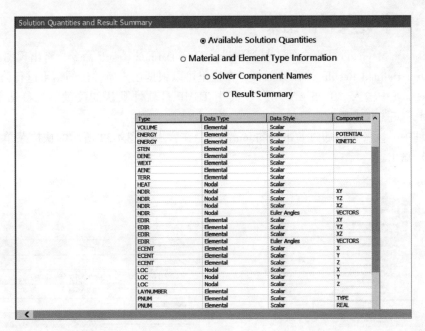

图 4-27 后处理（2）

4.2.3 温度结果显示

在 Workbench Mechanical 的温度仿真计算结果中，可以显示模型与温度相关的结果，主要包括 Temperature 、 Total Heat Flux 、 Directional Heat Flux 及 Error ，如图 4-28 所示。

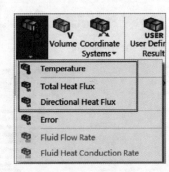

- Temperature （温度分布）：温度分布是一个标量，它由下式决定：

$$T = \sqrt{T_x^2 + T_y^2 + T_z^2}$$

- Total Heat Flux （总热流密度）：结构中总的热流密度分布，如图 4-29 所示。

图 4-28 热分析选项

- Directional Heat Flux （各方向热流密度）：Workbench 中可以给出各方向的热流密度矢量图，表明热流方向。

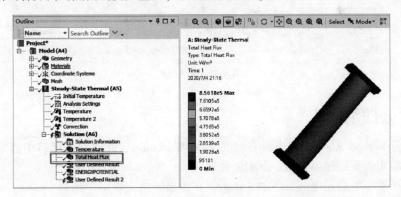

图 4-29 热流密度图

4.2.4 用户自定义输出结果

在 Workbench Mechanical 平台的工具栏中选择 User Defined Result 命令，将出现图 4-30 所示的 Details of "User Defined Result X"设置面板，在这里可以根据用户所关注的结果进行公式编辑。

在 Expression 中输入 "0.25 * TEMP"，其中 TEMP 是软件默认的关键字，参见图 4-31 中的 Expression 列，如图 4-31 所示。

在后处理中，读者可以通过右击 Solution 命令，在弹出的图 4-32 所示的快捷菜单中依次选择相关结果进行输出。

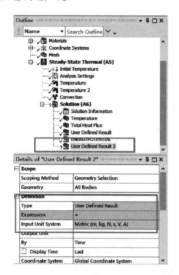

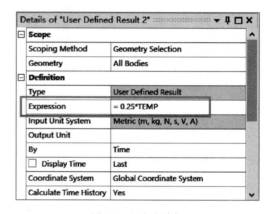

图 4-30　Details of "User Defined Result X"设置面板　　　　　图 4-31　公式编辑

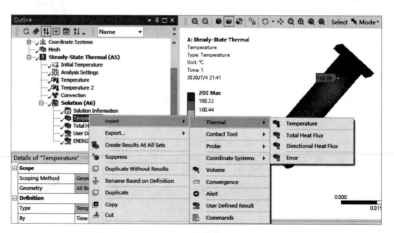

图 4-32　后处理

4.2.5 后处理结果

在 Workbench Mechanical 中单击最右侧的 View-Worksheet，此时绘图窗口中弹出图 4-33 所示的后处理操作菜单，下面简单介绍一下如何使用。

右键选中所关心的后处理结果，如 Energy，在弹出的快捷菜单中选择 Create User Defined Result 命令，然后计算，此时将显示图 4-34 所示的结果。

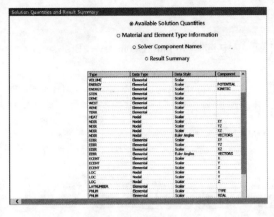

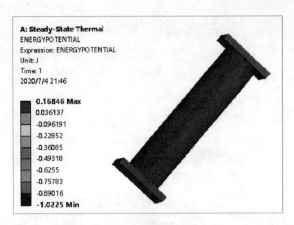

图 4-33　快捷菜单　　　　　　　　　　　　　　图 4-34　结果

4.3　分析实例

前面一节介绍了一般后处理的常用方法及步骤，下面通过一个简单的案例讲解一下前后处理的操作方法，以加深读者对热分析流程的理解。

学习目标	熟练掌握 ANSYS Workbench 平台中热分析的建模方法及求解过程，同时掌握热分析方法
模型文件	Chapter4 \ part. stp
结果文件	Chapter4 \ part. wbpj

4.3.1　问题描述

图 4-35 所示的某铝合金模型，请用 ANSYS Workbench 分析工件一端为 200℃、另一端为常温 22℃时，其温度分布，所有表面的对流换热系数为 6.3。

4.3.2　创建分析项目

Step1：在 Windows 系统下启动 ANSYS Workbench，进入主界面。

Step2：双击主界面 Toolbox（工具箱）中的 Analysis Systems→Steady-State Thermal（稳态热分析）选项，即可在 Project Schematic（项目管理区）创建分析项目 A，如图 4-36 所示。

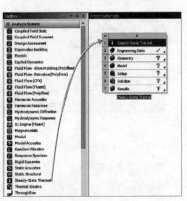

图 4-35　铝合金模型　　　　　　　　　　　　図 4-36　创建分析项目 A

4.3.3 导入创建几何体

Step1：在 A3：Geometry 上右击，在弹出的快捷菜单中选择 Import Geometry→Browse 命令，如图 4-37 所示，此时会弹出"打开"对话框。

Step2：在弹出的"打开"对话框中选择文件路径，导入 Part. stp 几何体文件，如图 4-38 所示，此时 A3：Geometry 后的 ❓ 变为 ✔，表示实体模型已经存在。

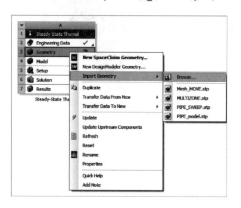

图 4-37 导入几何体

图 4-38 "打开"对话框

Step3：右击项目 A 中的 A3：Geometry，此时会进入到 DesignModeler 界面，选择单位为 mm，单击 OK 按钮，此时设计树中的 Import1 前显示 ，表示需要生成几何体，图形窗口中没有图形显示，如图 4-39 所示。

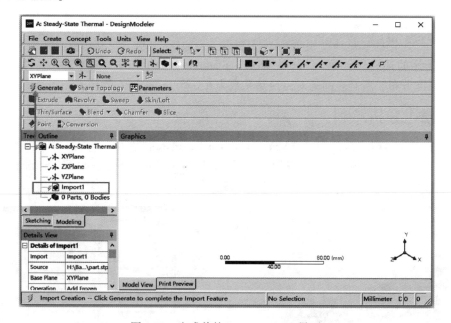

图 4-39 生成前的 DesignModeler 界面

Step4：单击 Generate（生成）按钮，即可显示生成的几何体，如图 4-40 所示，此时可在几何体上进行其他的操作，本例无须进行操作。

Step5：单击 DesignModeler 界面右上角的 ✕（关闭）按钮，退出 DesignModeler，返回到

Workbench 主界面。

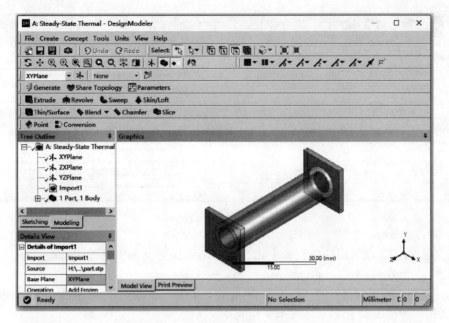

图 4-40　生成后的 DesignModeler 界面

4.3.4　添加材料库

Step1：双击项目 A 中的 A2：Engineering Data 项，进入图 4-41 所示的材料参数设置界面，在该界面下即可进行材料参数设置。

Step2：在界面的空白处右击，在弹出的快捷菜单中选择 Engineering Data Sources（工程数据源）命令，此时的界面会变为图 4-42 所示。原界面中的 Outline of Schematic A2：Engineering Data 消失，代之以 Engineering Data Sources 及 Outline of General Materials。

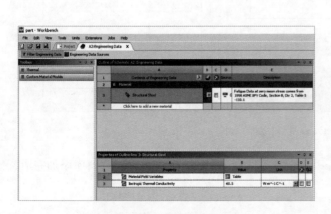

图 4-41　材料参数设置界面（1）

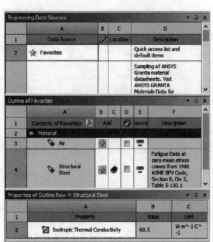

图 4-42　材料参数设置界面（2）

Step3：在 Engineering Data Sources 表中选择 A 列的 General Materials，然后单击 Outline of General Materials 表中 A 列 Aluminum Alloy（铝合金）后的 （添加）按钮，此时会显示

（使用中的）标识，表示材料添加成功，如图 4-43 所示。

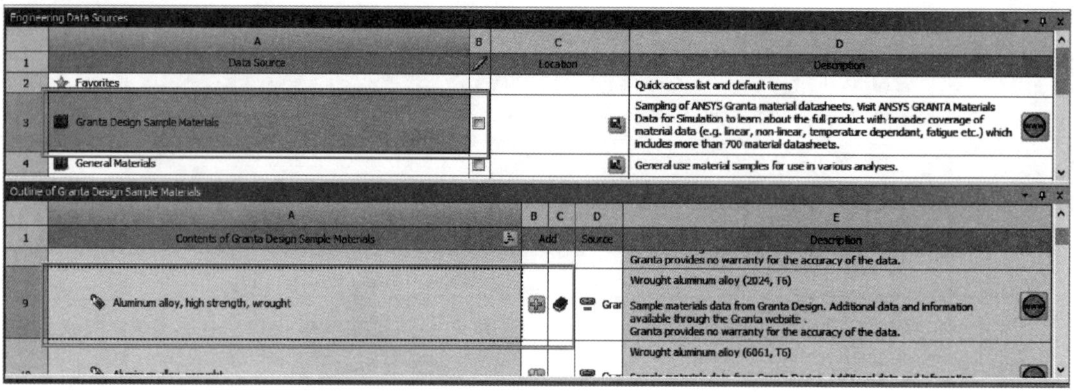

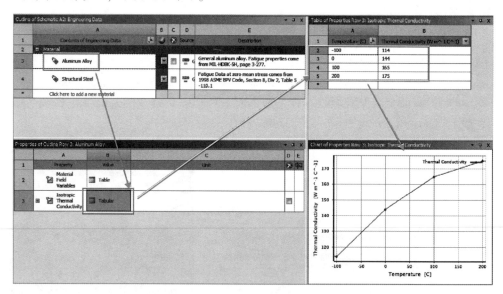

图 4-43　添加材料

Step4：同 Step2，在界面的空白处右击，在弹出的快捷菜单中选择 Engineering Data Sources（工程数据源）命令，返回到初始界面中。

Step5：根据实际工程材料的特性，在 Properties of Outline Row 3：Aluminum Alloy 表中可以修改材料的特性，如图 4-44 所示，本实例采用的是默认值。

☞提示：用户也可以通过在 Engineering Data 窗口中自行创建新材料添加到模型库中，这在后面的讲解中会有涉及，本实例不介绍。

图 4-44　材料属性窗口

Step6：单击工具栏中的 ← Return to Project 按钮，返回到 Workbench 主界面，材料库添加完毕。

4.3.5　添加模型材料属性

Step1：双击主界面项目管理区项目 A 中的 A4 栏 Model 项，进入图 4-45 所示的 Mechanical 界面，在该界面下进行网格的划分、分析设置、结果观察等操作。

☞提示：ANSYS Workbench 程序默认的材料为 Structural Steel。

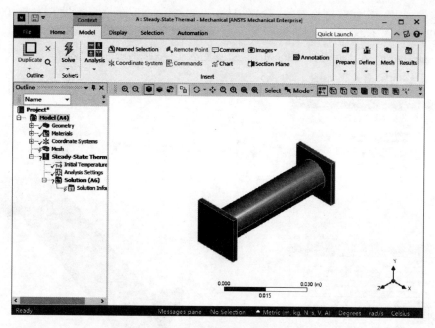

图 4-45　Mechanical 界面

Step2：选择 Mechanical 界面左侧 Outlines（分析树）中 Geometry 选项下的 1，此时即可在 Details of "1"（参数列表）中给模型添加材料，如图 4-46 所示。

Step3：单击参数列表中 Material 下 Assignment 区域后的 ▸，此时会出现刚刚设置的材料 Aluminum Alloy，选择即可将其添加到模型中。如图 4-47 所示，表示材料已经添加成功。

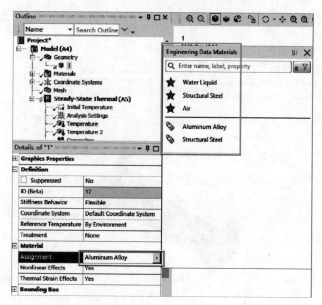

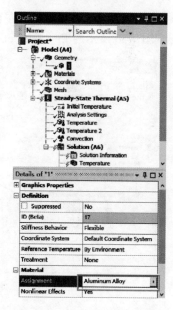

图 4-46　变更材料　　　　　　　　图 4-47　修改材料后的分析树

4.3.6　划分网格

Step1：选择 Mechanical 界面左侧 Outline（分析树）中的 Mesh 选项，此时可在 Details of

"Mesh"（参数列表）中修改网格参数，本例中将 Sizing 下的 Element Size 设置为 5e-004m，其余采用默认设置，如图 4-48 所示。

Step2：在 Outline（分析树）中的 Mesh 选项上右击，在弹出的快捷菜单中选择 ⚡ Generate Mesh 命令，最终的网格效果如图 4-49 所示。

图 4-48　生成网格

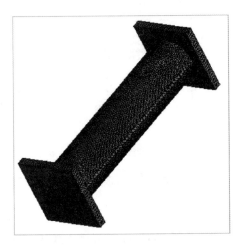

图 4-49　网格效果

4.3.7　施加载荷与约束

Step1：右击 Mechanical 界面左侧 Outline（分析树）中的 Steady-State Thermal（A5）选项，此时出现图 4-50 所示的 Environment 工具栏。

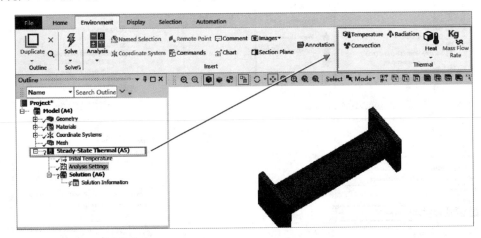

图 4-50　Environment 工具栏

Step2：选择 Environment 工具栏中的 Temperature（温度）命令，此时在分析树中会出现 Temperature 选项，如图 4-51 所示。

Step3：选中 Temperature，选择需要施加固定约束的面，单击 Details of "Temperature"（参数列表）中 Geometry 选项下的 Apply 按钮，在 Magnitude 栏输入 200℃，如图 4-52 所示。

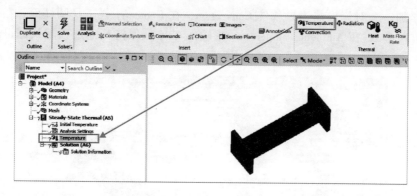

图 4-51　添加固定约束

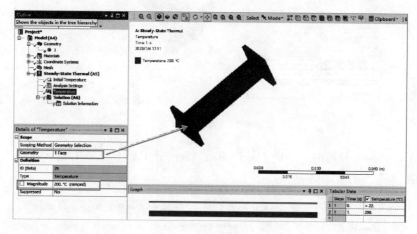

图 4-52　施加温度约束

Step4：同 Step2，选择 Environment 工具栏中的 Temperature 命令，此时在分析树中会出现 Temperature 2 选项，将温度设置为 22℃，如图 4-53 所示。

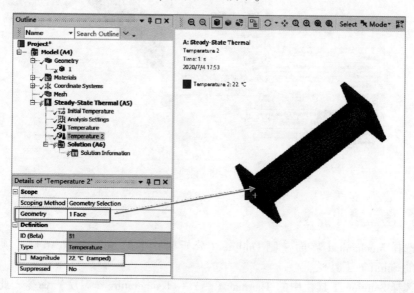

图 4-53　添加温度

Step5：添加一个对流换热边界条件 Convection，在 Geometry 栏选择圆柱面；在 Film Coeffi-cient 栏选择输入 6.3；在 Ambient Temperature 中输入 22℃，保持其他选项默认即可，如图 4-54 所示。

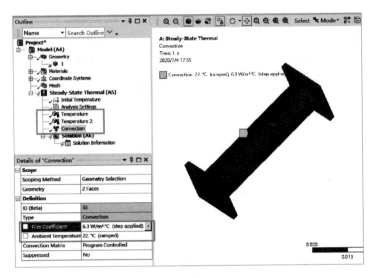

图 4-54　添加面载荷

Step6：在 Outline（分析树）中的 Steady-State Thermal（A5）选项右击，在弹出的快捷菜单中选择 Solve 命令，如图 4-55 所示。

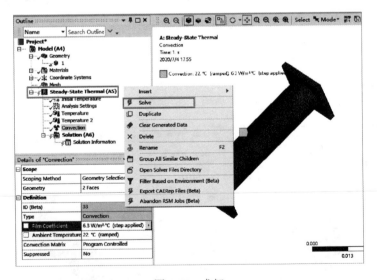

图 4-55　求解

4.3.8　结果后处理

Step1：选择 Mechanical 界面左侧 Outline（分析树）中的 Solution（A6）选项，此时出现图 4-56 所示的 Solution 工具栏。

Step2：选择 Solution 工具栏中的 Thermal（热）→Temperature（温度）命令，此时在分析树中会出现 Temperature（温度）选项，如图 4-57 所示。

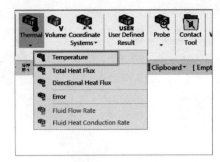

图 4-56　Solution 工具栏　　　　　　　　　　　图 4-57　添加温度选项

Step3：同 Step2，选择 Solution 工具栏中的 Thermal（热）→Total Heat Flux（热流密度）命令，如图 4-58 所示，此时在分析树中会出现 Total Heat Flux（热流密度）选项。

Step4：在 Outline（分析树）中的 Solution（A6）选项右击，在弹出的快捷菜单中选择 E-valuate All Results 命令，如图 4-59 所示。

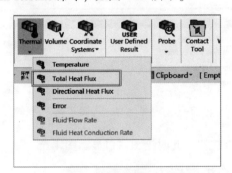

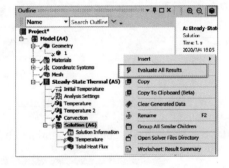

图 4-58　热流密度选项　　　　　　　　　　　图 4-59　快捷菜单

Step5：选择 Outline（分析树）中 Solution（A6）下的 Temperature 选项，此时会出现图 4-60 所示的温度分布云图。

Step6：选择 Outline（分析树）中 Solution（A6）下的 Total Heat Flux（热流密度）选项，此时会出现图 4-61 所示的应变分析云图。

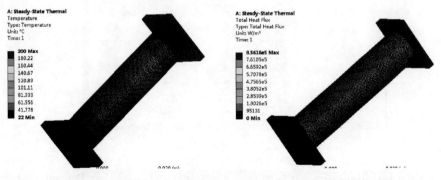

图 4-60　温度分布云图　　　　　　　　　　　图 4-61　热流密度云图

Step7：选择工具栏 ▤▾ 命令下的 ▤ Smooth Contours 命令，此时分别显示应力、应变及位移，如图 4-62 所示。

Step8：选择工具栏  命令下的 Isolines 命令，此时分别显示应力、应变及位移，如图 4-63 所示。

图 4-62 Smooth 云图

图 4-63 Isolines 云图

Step9：选择 Solution（A6）选项，选择工具栏中最右侧的 View-Worksheet，此时绘图窗口中弹出图 4-64 所示的列表。

图 4-64 后处理列表

Step10：选择 Available Solution Quantities 单选按钮，此时绘图窗口显示图 4-65 所示的列表。

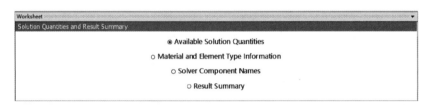

图 4-65 可列的后处理选项

Step11：右击 ENERGY 选项，在弹出的快捷菜单中选择 Create User Defined Result 选项，此时在 Outline 列表框中出现 ENERGYPOTENTIAL 选项，如图 4-66 显示。

Step12：右击 ENERGYPOTENTIAL 选项，在弹出的快捷菜单中选择 Equivalent All Results，此时绘图窗口显示图 4-67 所示的云图。

图 4-66　选择项

图 4-67　云图

Step13：选择 Solution（A6）选项，再选择工具栏中的 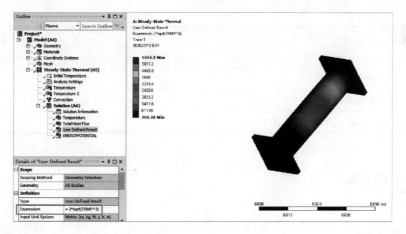命令，此时出现图 4-68 所示的 Details of "User Defined Result" 设置面板，在窗口的 Expression 栏输入 "= 2 * sqrt（TEMP^3）"，并进行计算，此时将显示图 4-68 所示的云图。

图 4-68　自定义云图

4.3.9　保存与退出

Step1：单击 Mechanical 界面右上角的 ✕（关闭）按钮，退出 Mechanical，返回到 Workbench 主界面。

Step2：在 Workbench 主界面中单击常用工具栏中的 ⊟ Save（保存）按钮，在文件名中输入 Part，保存包含有分析结果的文件。

Step3：单击右上角的 ✕（关闭）按钮，退出 Workbench 主界面，完成项目分析。

4.4　本章小结

本章主要介绍了边界条件设置和后处理，并通过实例讲解了 Workbench 平台的前后处理操作方法。

第 **5** 章

稳态热分析

本章主要以对稳态热分析的基础理论公式的简单推导为出发点，对稳态传热进行简单介绍，分别通过解析和仿真两种方法对同一个问题进行计算，并对比了计算结果，希望读者通过对每一个步骤的学习来体会有限元分析的方法。

知识点 ＼ 学习目标	了　解	理　解	应　用	实　践
稳态热分析理论	√	√		
稳态热有限元分析操作方法		√	√	√
传热的基本应用		√	√	√

5.1　稳态导热

在稳态导热过程中，物体的温度不随时间发生变化，即 $\frac{\partial t}{\partial \tau} = 0$。这时，若物体的热物性为常数，导热微分方程式具有下列形式：

$$\nabla^2 t + \frac{q_v}{\lambda} = 0 \tag{5-1}$$

在没有热源的情况下，上式简化为

$$\nabla^2 t = 0 \tag{5-2}$$

工程上的许多导热现象，可以归结为温度仅沿着一个方向变化且与时间无关的一维稳态导热过程，例如通过房屋墙壁和长热力管道管壁的导热等。

5.1.1　平壁导热理论

下面介绍平壁导热的第一类边界条件。

设一厚度为 δ 的单层平壁，如图 5-1a 所示，无内热源，材料的导热系数 λ 为常数。平壁两侧表面分别维持均匀稳定的温度 t_{w1} 和 t_{w2}。若平壁的高度与宽度远大于其厚度，则称为无限大平壁。

这时，可以认为沿高度与宽度两个方向的温度变化率很小，而只沿厚度方向发生变化，即一维稳态导热。通过实际计算证实，当高度和宽度是厚度的 10 倍以上时，可近似地作为一维导热问题处理。

对上述问题，式（5-2）可写成

$$\frac{\mathrm{d}^2 t}{\mathrm{d}x^2} = 0 \tag{5-3}$$

两个边界面都给出第一类边界条件，即已知

$$t|_{x=0} = t_{w1} \tag{5-4}$$

$$t|_{x=b} = t_{w2} \tag{5-5}$$

式（5-3）~式（5-5）给出了这一导热问题的完整数学描述。

对单层平壁，温度分布为

$$t = t_{w1} - \frac{t_{w1} - t_{w2}}{\delta}x \tag{5-6}$$

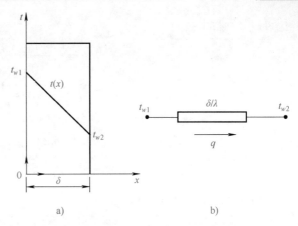

图 5-1　单层平壁的导热

已知温度分布后，由傅里叶定律式可得通过单层平壁的导热热流密度。

$$q = -\lambda \frac{\mathrm{d}t}{\mathrm{d}x} = \lambda \frac{t_{w1} - t_{w2}}{\delta} \mathrm{W/m}^2 \tag{5-7}$$

利用热阻的概念，式（5-7）可以改写成类似于电学中的欧姆定律的形式：

$$q = \frac{t_{w1} - t_{w2}}{\dfrac{\delta}{\lambda}} \mathrm{W/m}^2 \tag{5-8}$$

式中，δ/λ 就是单位面积平壁的导热热阻，图 5-1b 给出了单层平壁导热过程的模拟电路图。

在工程计算中，常常遇到多层平壁，即由多层不同材料组成的平壁。例如，房屋的墙壁，以红砖为主砌成，内有白灰层，外抹水泥砂浆；锅炉炉墙，内为耐热材料层，中为保温材料层，外为保温材料层，最外为钢板。这些都是多层平壁的实例。

图 5-2a 表示一个由三层不同材料组成的无限大平壁。各层的厚度分别为 δ_1、δ_2 和 δ_3，导热系数分别为 λ_1、λ_2 和 λ_3，且均为常数。已知多层平壁的两侧表面分别维持均匀稳定的温度 t_{w1} 和 t_{w4}，要求确定三层平壁中的温度分布和通过平壁的导热量。

若各层之间紧密地结合，则彼此解出的两表面具有相同的温度。设两个接触面的温度分别为 t_{w2} 和 t_{w3}，如图 5-2a 所示。在稳态情况下，通过各层的热流密度式相等的，对于三层平壁的每一

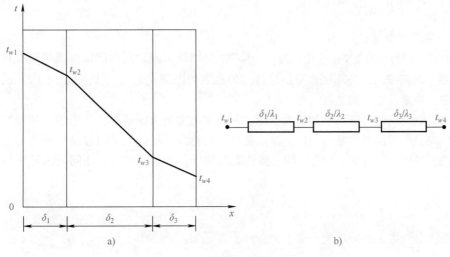

图 5-2　多层平壁的导热

层可以分别写出：

$$q = \frac{t_{w1} - t_{w2}}{\delta_1/\lambda_1} = \frac{1}{R_{\lambda1}}(t_{w1} - t_{w2}) \tag{5-9}$$

$$q = \frac{t_{w2} - t_{w3}}{\delta_1/\lambda_2} = \frac{1}{R_{\lambda2}}(t_{w2} - t_{w3}) \tag{5-10}$$

$$q = \frac{t_{w3} - t_{w4}}{\delta_1/\lambda_3} = \frac{1}{R_{\lambda3}}(t_{w3} - t_{w4}) \tag{5-11}$$

式中，$R_{\lambda i} = \dfrac{\delta_i}{\lambda_i}$ 是第 i 层平壁单位面积导热热阻。

由式（5-10）可得

$$\begin{cases} t_{w1} - t_{w2} = qR_{\lambda1} \\ t_{w2} - t_{w3} = qR_{\lambda2} \\ t_{w3} - t_{w4} = qR_{\lambda3} \end{cases} \tag{5-12}$$

将式（5-12）中各式相加并整理，得

$$q = \frac{t_{w1} - t_{w4}}{R_{\lambda1} + R_{\lambda2} + R_{\lambda3}} = \frac{t_{w1} - t_{w4}}{\sum_1^3 R_{\lambda i}} \tag{5-13}$$

式（5-13）与串联电路的情形相类似。多层平壁的模拟电路图如图 5-2b 所示，它表明多层平壁单位面积的总热阻等于各层热阻之和。于是，对于 n 层平壁导热，可以直接写出：

$$q = \frac{t_{w1} - t_{wn+1}}{\sum_1^n R_{\lambda i}} \tag{5-14}$$

式中，$t_{w1} - t_{wn+1}$ 是 n 层平壁的总温差，$\sum_1^n R_{\lambda i}$ 是平壁单位面积的总热阻。

因为在每一层中温度分布分别都是直线规律，所以在整个多层平壁中，温度分布将是一折线。层与层之间接触面的温度，可以通过式（5-14）求得，对于 n 层多层平壁，第 i 层与第 $i+1$ 层之间接触面的温度 t_{wi+1} 为：

$$t_{wi+1} = t_{w1} - q(R_{\lambda1} + R_{\lambda2} + \cdots + R_{\lambda i}) \tag{5-15}$$

5.1.2 通过圆筒壁的导热

1. 第一类边界条件

图 5-3a 表示为一内径为 r_1、外径为 r_2、长度为 l 的圆筒壁，无内热源，圆筒壁材料的导热系数 λ 为常数。圆筒壁内、外两表面分别维持均匀稳定的温度 t_{w1} 和 t_{w2}，而且 $t_{w1} > t_{w2}$。试确定通过该圆筒壁的导热量及壁内的温度分布。

在工程上遇到的圆筒壁，例如热力管道，其长度通常远大于壁厚，沿着轴向的温度变化可以忽略不计。内、外壁面温度是均匀的，温度场是轴对称的。所以采用圆柱坐标系更为方便，而壁内温度仅沿着坐标 r 方向发生变化，即一维稳态温度场。于是，描写上述问题的导热微分方程式可以简化为

$$\frac{d}{dr}\left(r\frac{dt}{dr}\right) = 0 \tag{5-16}$$

圆筒壁内、外表面都给出第一类边界条件，即已知：

$$r = r_1, \quad t = t_{w1} \tag{5-17}$$

$$r = r_2, \quad t = t_{w2} \tag{5-18}$$

式（5-16）~式（5-18）给出了这一导热问题的完整描述。求解这一组方程式，就可以得到圆筒壁沿着半径方向的温度分布 $t = f(r)$ 的具体函数形式。

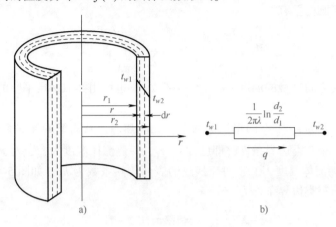

图 5-3　圆柱导热

圆筒壁中的温度分布为

$$t = t_{w1} - (t_{w1} - t_{w2}) \frac{\ln \dfrac{r}{r_1}}{\ln \dfrac{r_2}{r_1}}$$

已知温度分布后，可以根据傅里叶定律求得通过圆筒壁的导热热流量。

$$\Phi = 2\pi\lambda l \frac{t_{w1} - t_{w2}}{\ln \dfrac{d_2}{d_1}} \tag{5-19}$$

将式（5-19）可以改写为欧姆定律的形式：

$$\Phi = \frac{t_{w1} - t_{w2}}{\dfrac{1}{2\pi\lambda l}\ln \dfrac{d_2}{d_1}} \tag{5-20}$$

式中，$\dfrac{1}{2\pi\lambda l}\ln \dfrac{d_2}{d_1}$ 就是长度为 l 的圆筒壁的导热热阻，单位是℃/W。

为了工程上计算的方便，按单位管长来计算热流量，记为 q_l：

$$q_l = \frac{\Phi}{l} = \frac{t_{w1} - t_{w2}}{\dfrac{1}{2\pi\lambda}\ln \dfrac{d_2}{d_1}} \tag{5-21}$$

式中，分母为单位长度圆筒壁的导热热阻，记为 $R_{\lambda l}$，单位是 mK/W，图 5-55b 给示出了单位长度圆筒壁导热过程的模拟电路图。

与多层平壁一样，对于不同材料构成的多层圆筒壁，其导热热流量也可按总温差和总热阻来计算。以图 5-3a 所示的三层圆筒壁为例，已知各层相应的半径分别为 r_1、r_2、r_3 和 r_4，各层材料的导热系数 λ_1、λ_2、λ_3 和 λ_4 均为常数，圆筒壁内、外表面的温度分别为 t_{w1} 和 t_{w4}，而且 $t_{w1} > t_{w4}$。在稳态情况下，通过单位长度圆筒壁的热流量 q_l 是相等的。仿照式（5-21）可以写出三层圆筒壁的导热热流量式为

$$q_l = \frac{t_{w1} - t_{w4}}{R_{\lambda 1} + R_{\lambda 2} + R_{\lambda 3}} = \frac{t_{w1} - t_{w4}}{\frac{1}{2\pi\lambda_1}\ln\frac{d_2}{d_1} + \frac{1}{2\pi\lambda_2}\ln\frac{d_3}{d_2} + \frac{1}{2\pi\lambda_3}\ln\frac{d_4}{d_3}}$$

同理，对于 n 层圆筒壁有

$$q_l = \frac{t_{w1} - t_{wn+1}}{\sum_{i=1}^{n} R_{\lambda i}} = \frac{t_{w1} - t_{wn+1}}{\sum \frac{1}{2\pi\lambda_i}\ln\frac{d_{i+1}}{d_i}} \tag{5-22}$$

多层圆筒壁各层之间接触的温度 t_{w2}、t_{w3}、$\cdots$、t_{wn}，也可用类似多层平壁的方法计算。

2. 第三类边界条件

设一内、外径分别为 r_1 和 r_2 的单层圆筒壁，无内热源，圆筒壁的导热系数 λ 为常数。圆筒壁内、外表面均给出第三类边界条件，即已知 $r = r_1$，一侧流体温度为 t_{f1}，对流换热的表面传热系数为 h_1；$r = r_2$，一侧流体温度为 t_{f2}，对流换热的表面传热系数为 h_2，如图 5-4a 所示。根据前文可知圆筒壁两侧的第三类边界条件为

$$-\lambda \frac{\mathrm{d}t}{\mathrm{d}r}\bigg|_{r=r_1} = h_1 2\pi r_1 \left(t_{f1} - t|_{r=r_1}\right) \tag{5-23}$$

$$-\lambda \frac{\mathrm{d}t}{\mathrm{d}r}\bigg|_{r=r_2} = h_2 2\pi r_2 \left(t|_{r=r_2} - t_{f2}\right) \tag{5-24}$$

这种两侧面均为第三类边界条件的导热过程，实际上就是热流体通过圆筒壁传热给冷却体的传热过程。对于常稳性的稳态圆筒壁导热问题，求解得到圆筒壁内的温度变化率为

$$\frac{\mathrm{d}t}{\mathrm{d}r} = -\frac{t_{w1} - t_{w2}}{\ln\frac{r_2}{r_1}} \frac{1}{r} \tag{5-25}$$

很明显，式（5-23）中的 $t|_{r=r_1}$ 就是 t_{w1}，式（5-24）中的 $t|_{r=r_2}$ 就是 t_{w2}，应用傅里叶定律表达式 $q_l = -\lambda \frac{\mathrm{d}t}{\mathrm{d}r} 2\pi r$，改写上述式（5-23）～式（5-25）并按传热过程的顺序排列它们，则得

$$q_l|_{r=r_1} = h_1 2\pi r_1 \left(t_{f1} - t_{w1}\right)$$

$$q_l = \frac{t_{w1} - t_{w2}}{\frac{1}{2\pi\lambda}\ln\frac{r_2}{r_1}}$$

$$q_l|_{r=r_2} = h_2 2\pi r_2 \left(t_{w2} - t_{f2}\right) \tag{5-26}$$

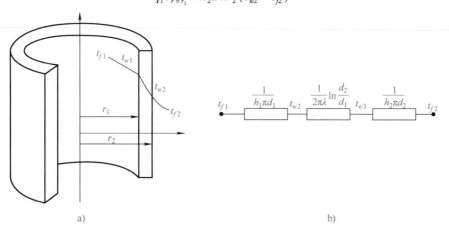

图 5-4 单层圆筒壁的传热

在稳态传热过程中，$q_l|_{r=r_1} = q_l|_{r=r_2} = q_l$。因此，联解式（5-26），消去未知的 t_{w1} 和 t_{w2}，就可以得到热流体通过单位管长圆筒壁传给冷流体的热流量：

$$q_l = \frac{t_{f1} - t_{f2}}{\dfrac{1}{h_1 2\pi r_1} + \dfrac{1}{2\pi\lambda}\ln\dfrac{d_2}{d_1} + \dfrac{1}{h_2 2\pi r_2}}$$

或

$$q_l = \frac{t_{f1} - t_{f2}}{\dfrac{1}{h_1 \pi d_1} + \dfrac{1}{2\pi\lambda}\ln\dfrac{d_2}{d_1} + \dfrac{1}{h_2 \pi d_2}} \tag{5-27}$$

类似于通过平壁传热过程一样，单位长管的热流量也可以用传热系数 k_l 来表示：

$$q_l = k_l(t_{f1} - t_{f2}) \tag{5-28}$$

k_l 表示热、冷流体之间温度相差 1℃时，单位时间通过单位长度圆筒壁的传热量，单位是 W/(m·K)。对比式（5-27）和式（5-28），得到通过单位长度圆筒壁传热过程的热阻为

$$R_l = \frac{1}{k_l} = \frac{1}{h_1 \pi d_1} + \frac{1}{2\pi\lambda}\ln\frac{d_2}{d_1} + \frac{1}{h_2 \pi d_2} \tag{5-29}$$

由此可见，通过圆筒壁传热过程的热阻等于热流体、冷流体与壁面之间对流换热的热阻与圆筒壁导热热阻之和，它与串联电阻的计算方法相类似，图 5-4b 给出了热流体通过圆筒壁传热给冷流体这个传热过程的模拟电路图。

热流量已经求得，利用式（5-26）很容易求得 t_{w1} 和 t_{w2}，于是圆筒壁中的温度分布也就可以求得。

若圆筒壁是由 n 层不同材料组成的多层圆筒壁，因为多层圆筒壁的总热阻等于各层热阻之和，于是热流体经多层圆筒壁传热给冷流体传热过程的热流量可以直接写为

$$q_l = \frac{t_{f1} - t_{f2}}{\dfrac{1}{h_1 \pi d_1} + \sum_{i=1}^{n}\dfrac{1}{2\pi\lambda_i}\ln\dfrac{d_{i+1}}{d_i} + \dfrac{1}{h_2 \pi d_{n+1}}} \tag{5-30}$$

5.2 复合层平壁导热分析

本节将通过一个简单的案例介绍复合层平壁结构稳态导热过程的解析计算方法及数值仿真计算的操作过程。

学习目标	熟练掌握 ANSYS Workbench 平台复合层平壁结构的建模方法及求解过程，同时掌握复合层平壁导热的解析计算方法
模型文件	无
结果文件	Chapter5 \ char05-2 \ ex2. wbpj

5.2.1 问题描述

有一个锅炉炉内墙由三层组成，如图 5-5 所示，内层是厚度 $\delta_1 = 230\text{mm}$ 的耐火砖层，导热系数 $\lambda_1 = 1.10\text{W/(m·K)}$；外层是厚 $\delta_3 = 240\text{mm}$ 的红砖层，$\lambda_3 = 0.58\text{W/(m·K)}$；两层中间填以 $\delta_2 = 50\text{mm}$、$\lambda_2 = 0.10\text{W/(m·K)}$ 的石棉保温层。已知炉墙内、外两表面温度 $t_{w1} = 500℃$ 和 $t_{w2} = 50℃$，试求通过炉墙的导热热流密度及红砖层的最高温度。

5.2.2 解析方法计算

【解】 1）求热流密度先计算各层单位面积的导热热阻。

$$R_{\lambda 1} = \frac{\delta_1}{\lambda_1} = \frac{0.23}{1.10}(\mathrm{m}^2 \cdot \mathrm{K})/\mathrm{W} = 0.2091(\mathrm{m}^2 \cdot \mathrm{K})/\mathrm{W}$$

$$R_{\lambda 2} = \frac{\delta_2}{\lambda_2} = \frac{0.05}{0.10}(\mathrm{m}^2 \cdot \mathrm{K})/\mathrm{W} = 0.5(\mathrm{m}^2 \cdot \mathrm{K})/\mathrm{W}$$

$$R_{\lambda 3} = \frac{\delta_3}{\lambda_3} = \frac{0.24}{0.58}(\mathrm{m}^2 \cdot \mathrm{K})/\mathrm{W} = 0.4137(\mathrm{m}^2 \cdot \mathrm{K})/\mathrm{W}$$

得出 $q = \dfrac{\Delta t}{\sum_1^3 R_{\lambda i}} = \dfrac{500 - 50}{0.2091 + 0.50 + 0.4137}\mathrm{W/m}^2 = \dfrac{450}{1.1228}\mathrm{W/m}^2 = 400.78\,\mathrm{W/m}^2$

2）求红砖层的最高温度：红砖层的最高温度是红砖层与石棉层之间的接触面温度 t_{w3}。根据公式得

$$t_{w3} = t_{w1} - q(R_{\lambda 1} + R_{\lambda 2}) = 500\,℃ - 400.78(0.2091 + 0.50)\,℃ = 215.8069\,℃$$

【讨论】 根据多层平壁导热的模拟电路可知，多层平壁的总温度差是按各层热阻占总热阻的比例大小分配到每一层的，所以红砖层中的温度差为

$$\Delta t = 450/(0.4137/1.1228)\,℃ = 165.8042\,℃$$
$$t_{w3} = 165.8042\,℃ + 50\,℃ = 215.8042\,℃$$

5.2.3 创建分析项目

Step1：在 Windows 系统下启动 ANSYS Workbench，进入主界面。

Step2：双击主界面 Toolbox（工具箱）中的 Analysis Systems→Steady-State Thermal（稳态热分析）选项，即可在 Project Schematic（项目管理区）创建分析项目 A，如图 5-6 所示。

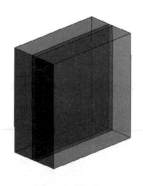

图 5-5 模型

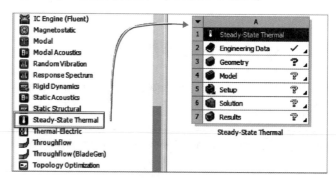

图 5-6 创建分析项目 A

5.2.4 创建几何体模型

Step1：在 A3：Geometry 上右击，在弹出的快捷菜单中选择 New DesignModeler Geometry 命令，如图 5-7 所示。

Step2：在启动的 DesignModeler 窗口中进行几何创建。设置长度单位为 mm，单击 DesignModeler 窗口中的 Tree Outline→XYPlane，再选择 Sketching 选项卡，选择 Draw→Rectangle，从坐标原点开始绘制一个矩形。

Step3：选择 Dimension→General，标注矩形的长和宽，如图 5-8 所示，宽度 H2 为 1000、V1 为 1000。

Step4：切换到 Modeling 选项卡，单击工具栏中的 **Extrude**（拉伸）命令，在 Details View 详细设置面板中进行如下操作：在 Geometry 栏中选中刚刚建立的 Sketch1；在 Operation 栏选择 Add Material；在 FD1，Depth（>0）栏输入拉伸长度为 230，其余默认即可，如图 5-9 所示。创建的几何图形如图 5-10 所示。

图 5-7　导入几何体

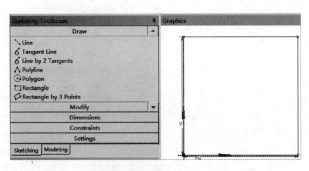

图 5-8　绘制的矩形

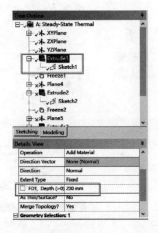

图 5-9　设置

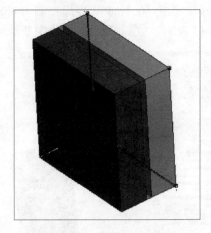

图 5-10　创建的几何模型

📂**注意**：Frozen 为冻结后的几何体，显示的几何图形处于半透明状态。

Step5：单击工具栏中的 按钮，在弹出的 "另存为" 对话框的名称栏输入 ex2. wbpj，并单击 "保存" 按钮。

Step6：回到 DesignModeler 界面，单击右上角的 （关闭）按钮，退出 DesignModeler，返回到 Workbench 主界面。

5.2.5　材料设置

Step1：在 Workbench 主界面双击 A2：Engineering Data 进入 Mechanical 热分析的材料设置界面，如图 5-11 所示。

Step2：在 Outline of Schematic A2：Engineering Data 栏的 Material 中输入三种材料的名称分别为 part1、part2 及 part3，然后从左侧 Toolbox 栏中的 Thermal 下选择 Isotropic Thermal Conductivity（各向同性导热系数）并直接拖动到 part1 中，此时在 Properties of Outline Row 3：part1 下面的 Isotropic Thermal Conductivity 中输入 1.1，part2 的导热系数为 0.1，part3 的导热系数为 0.58，在工具栏中单击 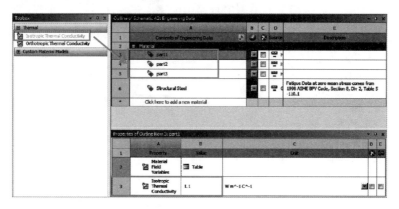 A2:Engineering Data ✖中的 ✖关闭材料设置窗口。

图 5-11　设置材料

Step3：双击主界面项目管理区项目 B 中的 B3 栏 Model 项，进入图 5-12 所示的 Mechanical 界面，在该界面下即可进行网格的划分、分析设置、结果观察等操作。

Step4：选择 Mechanical 界面左侧 Outline（分析树）中 Geometry 选项下的 Solid，此时可在 Details of "Solid"（参数列表）中给模型添加材料，如图 5-13 所示。

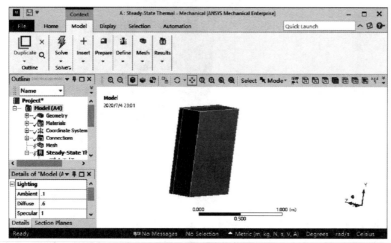

图 5-12　Mechanical 界面

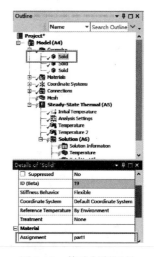

图 5-13　修改材料属性

Step5：单击参数列表中的 Material 下 Assignment 黄色区域后的 ▶，此时会出现刚刚设置的材料 part1，选择即可将其添加到模型中去。

用同样的方法将第二个 solid 的材料设置为 part2，第三个 solid 的材料设置为 part3。

5.2.6　划分网格

Step1：右击 Mechanical 界面左侧 Outline（分析树）中的 Mesh 选项，在弹出的快捷菜单中依次选择 Insert→Sizing 命令，如图 5-14 所示。

Step2：在 Details of "Edge Sizing"详细设置窗口中进行如下操作：在 Geometry 栏中选中几何体所有边，并单击 Apply 按钮，如图 5-15 所示。在 Element Size 栏输入网格大小为 5.e-002m，其余默认即可。

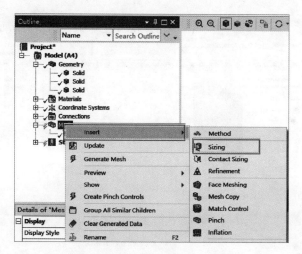

图 5-14　快捷菜单

Step3：在 Outline（分析树）中选择 Mesh 选项并右击，在弹出的快捷菜单中选择 Generate Mesh 命令，最终的网格效果如图 5-16 所示。

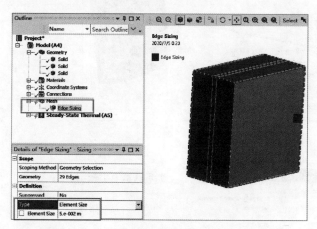

图 5-15　网格设置

图 5-16　网格效果

5.2.7　施加载荷与约束

Step1：选择 Mechanical 界面左侧 Outline（分析树）中的 Steady-State Thermal（A5）选项，此时会出现图 5-17 所示的 Environment 工具栏。

Step2：选择 Environment 工具栏中的 Temperature（温度）命令，此时在分析树中会出现 Temperature 选项，如图 5-18 所示。

Step3：如图 5-19 所示，选中 Temperature，在 Details of "Temperature" 中进行如下操作：在 Geometry 中选择选择实体一个面（此面为 X 轴最小位置的面）；在 Definition→Magnitude 栏输入 500；其余默认即可，完成一个温度的添加。

Step4：如图 5-20 所示，选中 Temperature，在 Details of "Temperature2" 中进行如下操作：在 Geometry 中选择选择实体一个面（此面为 X 轴最大位置的面）；在 Definition→Magnitude 栏输入

50；其余默认即可，完成另一个温度的添加。

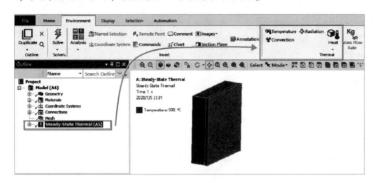

图 5-17　Environment 工具栏

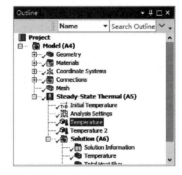

图 5-18　添加载荷

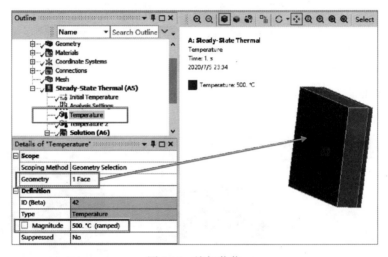

图 5-19　施加载荷

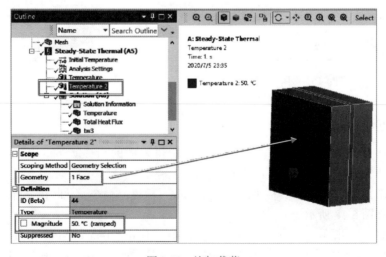

图 5-20　施加载荷

Step5：在 Outline（分析树）中右击 Steady-State Thermal（A5）选项，在弹出的快捷菜单中选择 Solve 命令，如图 5-21 所示。

图 5-21　求解

5.2.8　结果后处理

Step1：选择 Mechanical 界面左侧 Outline（分析树）中的 Solution（A6）选项，此时会出现图 5-22 所示的 Solution 工具栏。

Step2：选择 Solution 工具栏中的 Thermal（热）→Temperature 命令，如图 5-23 所示，此时在分析树中会出现 Temperature（温度）选项。

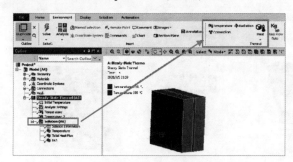

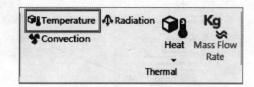

图 5-22　Solution 工具栏　　　　　　　　图 5-23　添加温度选项

Step3：在 Outline（分析树）中选择 Solution（A6）选项，右击，在弹出的快捷菜单中选择 Evaluate All Results 命令，如图 5-24 所示，此时会弹出进度显示条，表示正在求解，当求解完成后进度条自动消失。

Step4：选择 Outline（分析树）中 Solution（A6）下的 Total Deformation（总变形），如图 5-25 所示。

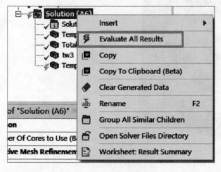

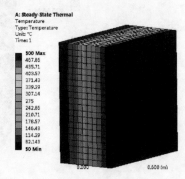

图 5-24　快捷菜单　　　　　　　　　　图 5-25　温度分布

Step5：单击 Solution 选项，然后选择 part3 材料的几何体并右击，在弹出的快捷菜单中选择 Hide Body（F9）命令，如图 5-26 所示，则 part3 几何将被隐藏，如图 5-27 所示。

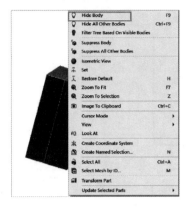

图 5-26　在快捷菜单中选择命令　　　　　　　　图 5-27　part3 几何被隐藏

Step6：如图 5-28 所示，单击工具栏中的面选择工具，选择当前状态下 X 轴坐标最大位置出的面，然后选择 Thermal→Temperature 命令。

Step7：经过计算可以看出此面的温度为 215.84℃，如图 5-29 所示。

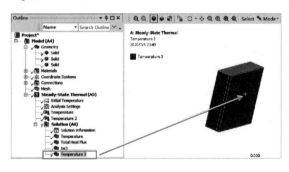

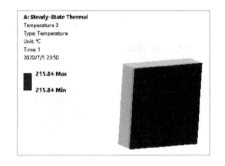

图 5-28　菜单　　　　　　　　　　　　　　　图 5-29　温度显示

Step8：以同样的操作方法查看几何表面热流密度，如图 5-30 所示。

图 5-30　热流量云图

5.2.9　保存与退出

单击 Mechanical 右上角的 ▨（关闭）按钮，返回到 Workbench 主界面，单击 🖫 Save（保存）按钮保存文件，然后单击的 ▨（关闭）按钮，退出 Workbench 主界面。

【分析】　解析解的温度为 215.8069，热流量为 400.78；仿真解的温度为 215.84，热流量为 400.66。从上述分析可以看出，仿真结果与解析方法算出的结果一致。

5.3　复合层圆筒壁导热分析

本节将通过一个简单的案例介绍复合层圆筒壁结构稳态导热过程的解析计算方法及数值仿真计算的操作过程。

学习目标	熟练掌握 ANSYS Workbench 平台中复合层圆筒壁结构的建模方法及求解过程，同时掌握复合层圆筒壁导热的解析计算方法
模型文件	无
结果文件	Chapter5 \ char05-3 \ ex3. wbpj

5.3.1　问题描述

本实例模型为一蒸汽管道，如图 5-31 所示，内、外直径分别为 150mm 和 159mm。为了减少热损失，在管外包三层隔热保温材料：内层为 $\lambda_2 = 0.07\mathrm{W/(m \cdot K)}$、厚度 $\delta_2 = 5\mathrm{mm}$ 的矿渣棉；中间层为 $\lambda_3 = 0.10\mathrm{W/(m \cdot K)}$，厚度 $\delta_3 = 80\mathrm{mm}$ 的石棉白云石瓦状预制瓦；外层为 $\lambda_4 = 0.14\mathrm{W/(m \cdot K)}$、$\delta_4 = 5\mathrm{mm}$ 的石棉硅藻土灰泥。已知蒸汽管道钢材的导热系数 $\lambda_1 = 52\mathrm{W/(m \cdot K)}$，管道内表面和隔热保温层外表面温度分别为 175℃ 和 50℃，试求该蒸汽管道的散热量。

5.3.2　解析方法计算

【解】　由已知条件得到：

$$d_1 = 0.150\mathrm{m}, \quad d_2 = 0.159\mathrm{m}, \quad d_3 = 0.169\mathrm{m}, \quad d_4 = 0.329\mathrm{m}, d_5 = 0.339\mathrm{m}$$

下面分别计算各层单位管长圆筒壁的导热热阻。

蒸汽管壁：

$$R_{\lambda 1} = \frac{1}{2\pi\lambda_1}\ln\frac{d_2}{d_1} = \frac{1}{2\pi \times 52}\ln\frac{0.159}{0.15}(\mathrm{m \cdot K})/\mathrm{W} = 1.7834 \times 10^{-4}(\mathrm{m \cdot K})/\mathrm{W}$$

矿渣棉内层：

$$R_{\lambda 2} = \frac{1}{2\pi\lambda_2}\ln\frac{d_3}{d_2} = \frac{1}{2\pi \times 0.07}\ln\frac{0.169}{0.159}(\mathrm{m \cdot K})/\mathrm{W} = 1.387 \times 10^{-1}(\mathrm{m \cdot K})/\mathrm{W}$$

石棉预制瓦：

$$R_{\lambda 3} = \frac{1}{2\pi\lambda_3}\ln\frac{d_4}{d_3} = \frac{1}{2\pi \times 0.10}\ln\frac{0.329}{0.169}(\mathrm{m \cdot K})/\mathrm{W} = 1.0602(\mathrm{m \cdot K})/\mathrm{W}$$

灰泥外层：

$$R_{\lambda 4} = \frac{1}{2\pi\lambda_4}\ln\frac{d_5}{d_4} = \frac{1}{2\pi \times 0.14}\ln\frac{0.339}{0.329}(\mathrm{m \cdot K})/\mathrm{W} = 3.404 \times 10^{-2}(\mathrm{m \cdot K})/\mathrm{W}$$

根据公式，单位管长蒸汽管道的热损失为

$$q_l = \frac{t_{w1} - t_{wn+1}}{\sum_1^4 R_{\lambda n}} = \frac{170 - 50}{1.7834 \times 10^{-4} + 1.387 \times 10^{-1} + 1.0602 + 3.404 \times 10^{-2}} \text{W/m}$$

$$= \frac{175 - 50}{1.233} \text{W/m} = 101.3788 \text{W/m}$$

【讨论】 分析对比上述各层热阻的数值可以看出，蒸汽管壁的热阻远小于其他各保温层热阻，故在计算中可以忽略不计。在总温差一定的条件下，从材料利用的经济性出发，导热系数小的材料应设置在内侧。读者可改变保温材料设置的顺序，重新计算，进行对比分析。

5.3.3 创建分析项目

Step1：在 Windows 系统下启动 ANSYS Workbench，进入主界面。

Step2：双击主界面 Toolbox（工具箱）中的 Analysis Systems→Steady-State Thermal（稳态热分析）选项，即可在 Project Schematic（项目管理区）创建分析项目 A，如图 5-32 所示。

图 5-31 模型

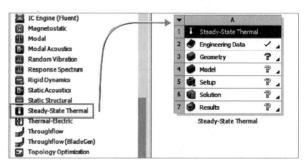

图 5-32 创建分析项目 A

5.3.4 创建几何体模型

Step1：在 A3：Geometry 上右击，在弹出的快捷菜单中选择 New DesignModeler Geometry 命令，如图 5-33 所示。

Step2：在启动的 DesignModeler 窗口中进行几何创建。设置长度单位为 mm，单击 DesignModeler 窗口中 Tree Outline→XYPlane，再选择 Sketching 选项卡，选择 Draw→Rectangle，从坐标原点开始绘制一个矩形，然后依次再继续绘制两个矩形。

Step3：选择 Dimension→General，标注矩形的长和宽，如图 5-34 所示。其中，宽度 H2 = 150/2 = 75mm，H4 = 159/2 = 79.5mm，H5 = 5mm，H6 = 80mm，H8 = 5mm，高度 V7 = 1000mm。

图 5-33 导入几何体

Step4：切换到 Modeling 选项卡，单击工具栏中的 **Revolve**（旋转）命令，在 Details View 详细设置面板中作如下操作：在 Geometry 栏中选中刚刚建立的 Sketch1；在 Axis 栏中选中图 5-35 所示的坐标轴；在 Operation 栏选择 Add Frozen；在 FD1，Angle（>0）栏输入拉伸长度为 360°，其余默认即可。创建的几何模型如图 5-36 所示。

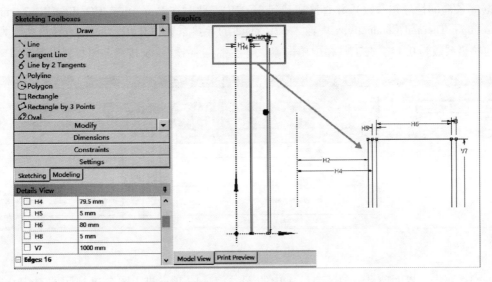

图 5-34　生成后的 DesignModeler 界面

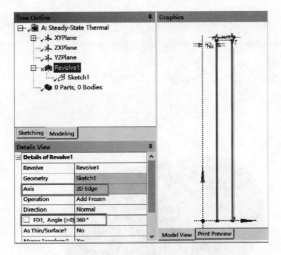

图 5-35　设置

图 5-36　模型

注意：Frozen 为冻结后的几何体，显示的几何图形处于半透明状态。

Step5：单击工具栏中的 ![按钮] 按钮，在弹出的"另存为"对话框的名称栏输入 ex3. wbpj，并单击"保存"按钮。

Step6：回到 DesignModeler 界面中，单击右上角的 ![X] （关闭）按钮，退出 DesignModeler，返回到 Workbench 主界面。

5.3.5　材料设置

Step1：在 Workbench 主界面双击 A2：Engineering Data，进入 Mechanical 热分析的材料设置界面，如图 5-37 所示。

Step2：在 Outline of Schematic A2：Engineering Data 栏中的 Material 中输入 4 种材料的名称分别为 mat1、mat2、mat3 和 mat4，然后从左侧 Toolbox 栏中的 Thermal 下选择 Isotropic Thermal Conductivity（各向同性导热系数）并直接拖动到 mat1 中，此时在 Properties of Outline Row3：mat1 下面的 Isotropic Thermal Conductivity 中输入 52，mat2 的导热系数为 0.07，mat3 的导热系数为 0.1，mat4 的导热系数为 0.14，在工具栏中单击 A2:Engineering Data ✖按钮关闭材料设置窗口。

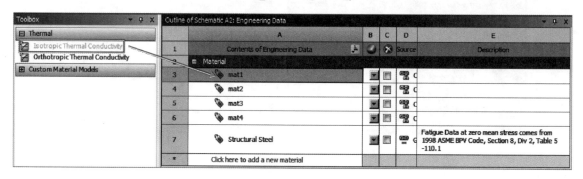

图 5-37　设置材料

Step3：双击主界面项目管理区项目 A 中的 A4 栏 Model 项，进入图 5-38 所示的 Mechanical 界面，在该界面下即可进行网格的划分、分析设置、结果观察等操作。

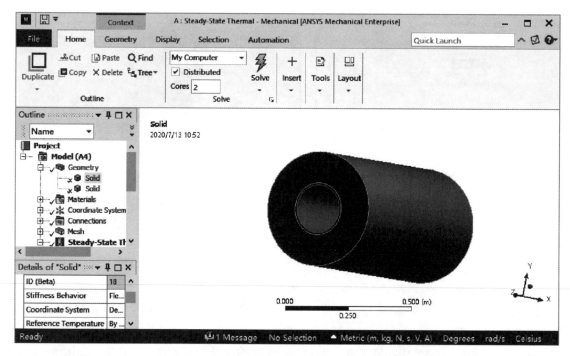

图 5-38　Mechanical 界面

Step4：选择 Mechanical 界面左侧 Outline（分析树）中 Geometry 选项下的 Solid，此时即可在 Details of "Solid"（参数列表）中给模型添加材料，如图 5-39 所示。

Step5：单击参数列表中的 Material 下 Assignment 黄色区域后的 ▶，此时会出现刚刚设置的材料 mat1，选择即可将其添加到模型中去。

用同样的方法将第二个 Solid 的材料设置为 mat2，第三个 Solid 的材料设置为 mat3，第四个 Solid 的材料设置为 mat4。

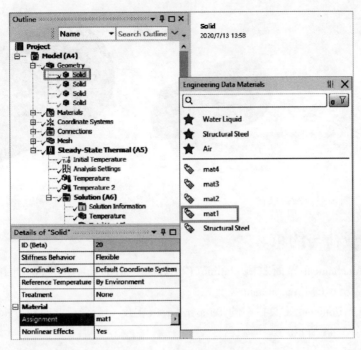

图 5-39　修改材料属性

5.3.6　划分网格

Step1：右击 Mechanical 界面左侧 Outline（分析树）中的 Mesh 选项，在弹出的快捷菜单中依次选择 Insert→Face Meshing 命令，如图 5-40 所示。

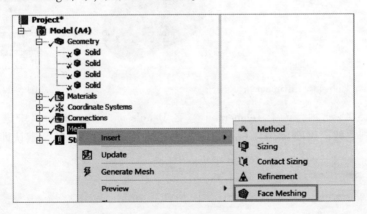

图 5-40　快捷菜单

Step2：在 Details of "Face Meshing" 设置面板中进行如下操作：在 Geometry 栏中选中图示上的三个小圆面，并单击 Apply 按钮，如图 5-41 所示；在 Internal Number of Divisions 栏输入 3，其余默认即可。

进行与 Step2 相同的操作，在大圆面的 Internal Number of Divisions 栏输入 6。

Step3：在 Outline（分析树）中选择 Mesh 选项并右击，在弹出的快捷菜单中选择 Generate Mesh 命令，最终的网格效果如图 5-42 所示。

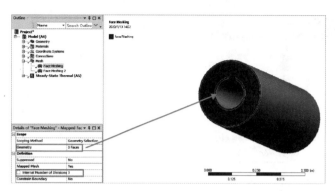

图 5-41　网格设置

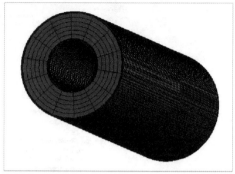

图 5-42　网格效果

5.3.7　施加载荷与约束

Step1：选择 Mechanical 界面左侧 Outline（分析树）中的 Steady-State Thermal（A5）选项，此时会出现图 5-43 所示的 Environment 工具栏。

Step2：选择 Environment 工具栏中的 Temperature（温度）命令，此时在分析树中会出现 Temperature 选项，如图 5-44 所示。

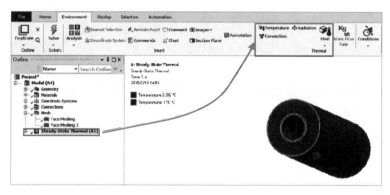

图 5-43　Environment 工具栏

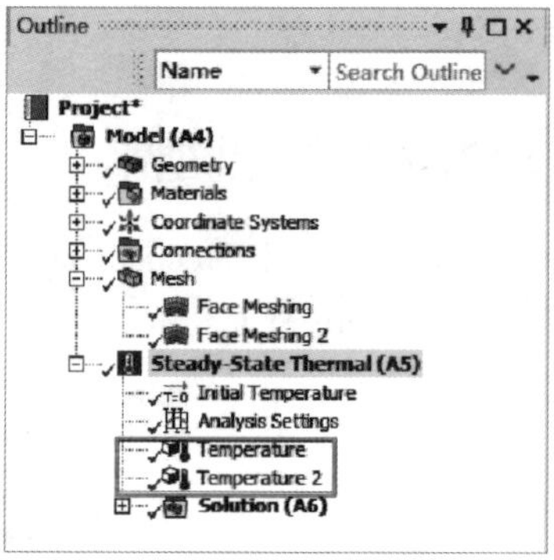

图 5-44　添加载荷

Step3：如图 5-45 所示，选中 Temperature，在 Details of "Temperature" 中进行如下操作：在 Geometry 中选择圆筒壁内表面；在 Definition→Magnitude 栏输入 175；其余默认即可，完成一个温度的添加。

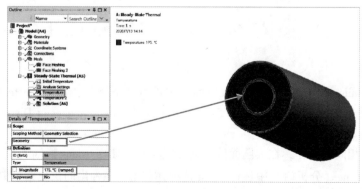

图 5-45　施加载荷（1）

Step4：如图 5-46 所示，选中 Temperature，在 Details of "Temperature2" 中进行如下操作：在 Geometry 中选择圆筒壁最外表面；在 Definition→Magnitude 栏输入 50；其余默认即可，完成另一个温度的添加。

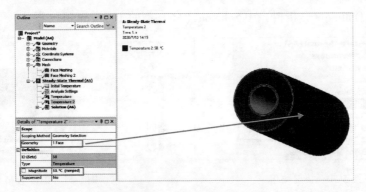

图 5-46　施加载荷（2）

Step5：在 Outline（分析树）中选择 Steady-State Thermal（A5）选项并右击，在弹出的快捷菜单中选择 💈 Solve 命令，如图 5-47 所示。

图 5-47　求解

5.3.8　结果后处理

Step1：选择 Mechanical 界面左侧 Outline（分析树）中的 Solution（A6）选项，此时会出现图 5-48 所示的 Solution 工具栏。

Step2：选择 Solution 工具栏中的 Thermal（热）→Temperature 命令，如图 5-49 所示，此时在分析树中会出现 Temperature（温度）选项。

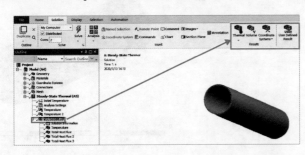

图 5-48　Solution 工具栏

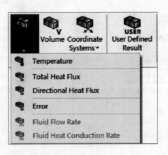

图 5-49　添加温度选项

Step3：在 Outline（分析树）中选择 Solution（A6）选项并右击，在弹出的快捷菜单中选择 Evaluate All Results 命令，如图 5-50 所示，此时会弹出进度显示条，表示正在求解，当求解完成后进度条自动消失。

Step4：选择 Outline（分析树）中 Solution（A6）下的 Temperature（温度），如图 5-51 所示。

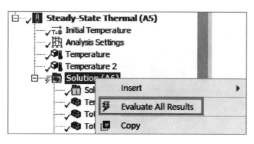

图 5-50　快捷菜单

图 5-51　温度分布

Step5：单击 Solution 选项，然后选择 mat2、mat3、mat4 材料的几何体，并右击，在弹出的快捷菜单中选择 Hide Body 命令，如图 5-52 所示，则 mat2、mat3、mat4 几何将被隐藏，如图 5-53 所示。

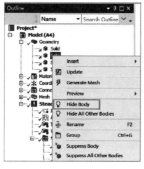

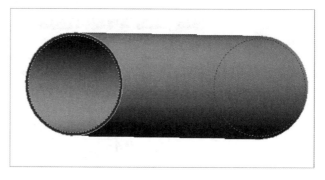

图 5-52　快捷菜单

图 5-53　几何被隐藏

Step6：如图 5-54 所示，单击工具栏中的面选择工具，然后选择当前状态下 X 轴坐标最大位置处的面，然后选择 Thermal→Total Heat Flux 命令。

Step7：管道的热流密度如图 5-55 所示。

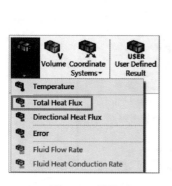

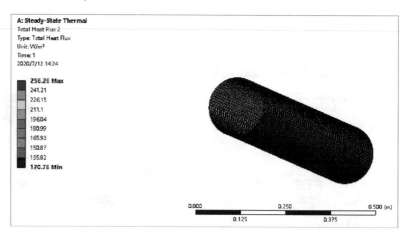

图 5-54　菜单

图 5-55　热流分布

5.3.9　保存与退出

单击 Mechanical 右上角的 ▣（关闭）按钮，返回到 Workbench 主界面，单击 ▣ Save （保存）按钮保存文件，然后单击的 ▣（关闭）按钮，退出 Workbench 主界面。

5.4　本章小结

本章首先对稳态传热理论及基本公式进行了简单的介绍，然后分别以平壁和圆筒壁为例对不同情况的传热解析计算方法与仿真计算方法进行了详细的介绍，并对比了两种计算方法的计算结果。

第 **6** 章

非稳态热分析

在自然界和工程中，很多导热过程是非稳态的，即温度场是随时间而变化的。例如，室外空气温度和太阳辐射的周期变化引起房屋维护结构（墙壁、屋顶等）温度场随时间变化；采暖设备间歇供暖时引起墙内外温度随时间变化，这些都是非稳态导热过程。

按照过程进行的特点，非稳态导热过程可以分为周期性非稳态导热过程和瞬态非稳态导热过程两大类。在周期性非稳态导热过程中，物体的温度按照一定的周期发生变化。例如，以24h为周期，或以8760h（即一年）为周期。温度的周期性变化使物体传递的热流密度也表现出周期性变化的特点。

在瞬态导热过程中，物体的温度随时间不断地升高（加热过程）或降低（冷却过程），在经历相当长的时间之后，物体的温度逐渐趋近于周围介质的温度，最终达到热平衡。本章将分别对两类非稳态导热过程进行分析和阐述。

知识点 ＼ 学习目标	了　解	理　解	应　用	实　践
非稳态热分析理论	√	√		
非稳态热分析操作方法		√	√	√
非传热的基本应用		√	√	√

6.1　非稳态导热

6.1.1　非稳态导热的基本概念

首先分析瞬态导热过程。以采暖房屋外墙为例来分析墙内温度场的变化。假定采暖设备开始供热前，墙内温度场是稳态的，温度分布的情形如图6-1a所示，室内空气温度为t'_{f1}，墙内表面温度为t'_{w1}，墙外表面温度为t'_{w2}，室外空气温度为t_{f2}。

当采暖设备开始供热时，室内空气很快上升到t''_{f1}并保持稳定。由于室内空气温度的升高，它和墙内表面之间的对流换热热流密度增大，墙壁温度也随之升高如图6-1b所示。

开始时t_{w1}升高的幅度较大，依次地t_a、t_b、t_c和t_{w2}升高的幅度较小，而在短时间内t_{w2}几乎不发生变化。随着时间的推移，各层温度将逐渐地按不同幅度升高。t_{f2}是室外空气温度，假定在此过程中保持不变。

关于热流密度的变化，一开始由于墙内表面温度不断地升高，室内空气与它之间的对流换热

系数密度 q_1 会不断减小；而墙外表面与室外空气之间的对流换热密度 q_2 却因墙外表面温度随时间不断升高而逐渐增大，如图 6-1c 所示。与此同时，通过墙内各层的热流密度 q_a、q_b 和 q_c 也将随时间发生变化，并且彼此各不相等。

在经历一段相当长时间之后，墙内温度分布趋于稳定，建立起新的稳态温度分布，即图 6-1a 中的 $t_{f1}'' - t_{w1}'' - t_{w2}'' - t_{f2}$。当室内尚未开始供热之前，墙内和室内外空气温度是稳态的，所以 q_1 等于 q_2，而且等于通过墙的传热量 q'。

在两个稳态之间的变化过程中，热流密度 q_1 和 q_2 是不相等的，它们的差值（即图 6-1c 中的阴影面积）为墙本身温度的升高提供了热量。所以，瞬态导热过程必定伴随着物体的加热或冷却过程。

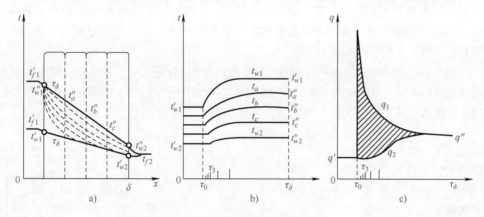

图 6-1　瞬态导热的基本概念

综上所述，在物体的加热或冷却过程中，温度分布的变化可以划分为三个基本阶段。第一阶段是过程开始的一段时间，它的特点是温度变化从边界面（如上述案例中墙内表面 t_{w1}'），逐渐深入物体内部，此时物体各处温度随时间的变化率是不一样的，温度分布受初始温度分布的影响很大，这一阶段称为不规则情况阶段。

随着时间的推移，初始温度分布的影响逐渐消失，进入第二阶段，此时物体内各处温度随时间的变化率具有一定的规律，称为正常情况阶段。物体加热和冷却的第三阶段就是建立新的稳态阶段，在理论上需要经过无限长的时间才能达到，事实上经过一段较长的时间后，物体各处的温度就可近似地认为已达到新的稳态。

周期性的非稳态导热也是供热和空调工程中常遇到的一种情况。例如，夏季室外空气温度 t_f 以一天 24h 为周期进行周而复始的变化，相应地室外墙面温度 $t |_{x=0}$ 也以 24h 为周期进行变化，但是它比室外空气温度变化滞后一个相位，如图 6-2a 所示。

这时尽管空调房间室内温度维持稳定，但墙内各处的温度受室外温度周期变化的影响，也会以同样的周期进行变化，如图 6-2b 所示，图中两条虚线分别表示墙内各处温度变化的最高值与最低值，图中的斜线表示墙内各处温度周期性波动的平均值。如果将某一时刻 τ_x 墙内各处的温度连接起来，就得到 τ_x 时刻墙内的温度分布。

上述分析表明，在周期性非稳态导热问题中，一方面物体内各处的温度按一定的振幅随时间进行周期性波动；另一方面，同一时刻物体内的温度分布

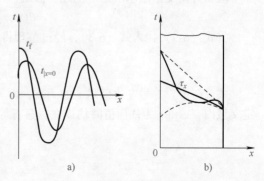

图 6-2　周期性导热的基本概念

也呈周期性波动，如图 6-2b 所示的 τ_x 时刻墙内的温度分布。这就是周期性非稳态导热现象的特点。

在建筑环境与设备工程专业的热工计算中，这两类非稳态导热问题都会遇到，而热工计算的目的，归根到底就是要找出温度分布和热流密度随时间和空间的变化规律。

6.1.2 无限大平壁的瞬态导热

本节将较详细地分析和推导无限大平壁在对流换热边界条件（即第三类边界条件）下加热和冷却时的分析解，并介绍工程上应用的诺谟图。通过对这一问题分析解的推导，可为学习其他边界条件下的分析解打下一定的基础。

假设有一厚度为 δ 的无限大平壁，如图 6-3 所示，平壁材料的导热系数 λ 和热扩散率 α 均为已知常数，初始时平壁各处与两侧介质温度均匀一致并等于 t_0，这时突然把两侧介质温度降低为 t_f 并保持不变，使平壁处于冷却状态。

设此过程中平壁两侧与介质之间的表面传热系数均为 h。分析这一现象可知，对于无限大平壁，它两侧的冷却情形相同，故平壁的温度分布是对称的。分析中把坐标轴 x 的原点放在平壁中心。

如图 6-3 所示，这是一维瞬态导热问题，其导热微分方程为

$$\frac{\partial t}{\partial \tau} = a \frac{\partial^2 t}{\partial x^2} \tau > 0, \ -\delta < x < \delta \tag{6-1}$$

相应的初始条件为

$$\tau = 0, t = t_0, 0 \leqslant x \leqslant \delta \tag{6-2}$$

边界条件为

$$\left. \frac{\partial t}{\partial x} \right|_{x=0} = 0 \,(对称性), \tau > 0 \tag{6-3}$$

$$-\lambda \left. \frac{\partial t}{\partial x} \right|_{x=\delta} = h \left(t \big|_{x=\delta} - t_f \right) \tau > 0 \tag{6-4}$$

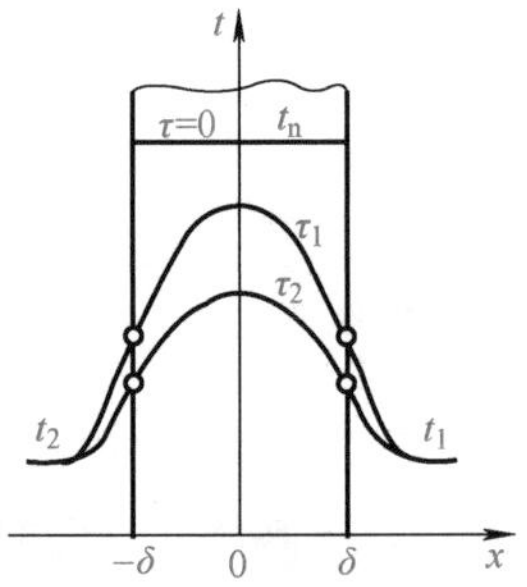

引用新的变量 $\theta(x, \tau) = t(x, \tau) - t_f$，称为过余温度，这样式（6-1）~式（6-4）可改写为

图 6-3 第三类边界条件下的瞬态导热

$$\frac{\partial \theta}{\partial \tau} = \frac{\partial^2 \theta}{\partial x^2} \tau > 0, \ -\delta < x < \delta \tag{6-5}$$

$$\tau = 0, \theta = \theta_0, 0 \leqslant x \leqslant \delta \tag{6-6}$$

$$\left. \frac{\partial \theta}{\partial x} \right|_{x=0} = 0 \, \tau > 0 \tag{6-7}$$

$$-\lambda \left. \frac{\partial \theta}{\partial x} \right|_{x=\delta} = h \, \theta \big|_{x=\delta} \tau > 0 \tag{6-8}$$

应用分离变量法求解这一问题，假定

$$\theta(x, \tau) = X(x) \phi(\tau) \tag{6-9}$$

将式（6-9）代入式（6-3），经过整理得到

$$\frac{1}{a\phi} \frac{\mathrm{d}\phi}{\mathrm{d}\tau} = \frac{1}{X} \frac{\mathrm{d}^2 X}{\mathrm{d}x^2} \tag{6-10}$$

式（6-10）等号左边仅是 τ 的函数，而等号右边仅是 x 的函数，要使式（6-10）在 x 和 τ 的定义域内，x 和 τ 为任何值时均成立，只有等号两边都等于同一个常数 μ，即

$$\frac{1}{a\phi} \frac{\mathrm{d}\phi}{\mathrm{d}\tau} = \mu \tag{6-11}$$

$$\frac{1}{X} \frac{\mathrm{d}X}{\mathrm{d}x} = \mu \tag{6-12}$$

对式（6-11）进行积分，得

$$\phi = c_1 \exp(a\mu\tau) \tag{6-13}$$

式中，c_1 是积分常数。

分析式（6-13）可知，常数 μ 若为正值，ϕ 将随着 τ 的增加而急剧增大，当 τ 值很大时，ϕ 趋于无限大，$\theta(x, \tau)$ 也将趋于无限大，但实际上这是不可能的；常数 μ 若为零，ϕ 将等于常数，这意味着 $\theta(x, \tau)$ 将不随时间发生变化，而这也是不符合实际的。因此常数 μ 只能为负值，表示为 $\mu = -\varepsilon^2$。于是，式（6-12）和式（6-13）可以改写为

$$\phi = -c_1 \exp(a\varepsilon^2\tau) \tag{6-14}$$

和

$$\frac{1}{X}\frac{\mathrm{d}^2 X}{\mathrm{d}x^2} = -\varepsilon^2 \tag{6-15}$$

常微分方程式（6-15）的通解为

$$X = c_2 \cos(\varepsilon x) + c_3 \sin(\varepsilon x) \tag{6-16}$$

将式（6-14）和式（6-16）代回式（6-9）得

$$\theta(x, \tau) = \left[A\cos(\varepsilon x) + B\sin(\varepsilon x) \right] \exp(-a\varepsilon^2\tau) \tag{6-17}$$

式中，$A = c_1 c_2$，$B = c_2 c_3$；常数 A、B 和 ε 可由初始条件和边界条件，即式（6-6）~式（6-8）确定。

应用式（6-7），边界条件，即温度场的对称性条件为

$$\left.\frac{\partial\theta}{\partial x}\right|_{x=0} = (A\varepsilon\cos 0 + B\varepsilon\sin 0)\exp(-a\varepsilon^2\tau) = 0 \tag{6-18}$$

若要上式成立，系数 B 必须等于零，故式（6-17）可写成

$$\theta(x, \tau) = A\varepsilon\cos(\varepsilon x)\exp(-a\varepsilon^2\tau) \tag{6-19}$$

应用边界条件式（6-8），即将式（6-19）代入式（6-8）得

$$-\lambda\left[-A\varepsilon\sin(\varepsilon\delta) \right]\exp(-a\varepsilon^2\tau) = hA\cos(\varepsilon\delta)\exp(-a\varepsilon^2\tau) \tag{6-20}$$

消去式（6-20）等号两边相同项得

$$\lambda\varepsilon = h\cot(\varepsilon\delta) \tag{6-21}$$

将式（6-21）两边乘以 δ 并移项整理得

$$\frac{\varepsilon\delta}{\left(\dfrac{h\delta}{\lambda}\right)} = \cot(\varepsilon\delta) \tag{6-22}$$

式（6-22）中，$\dfrac{h\delta}{\lambda}$ 是个无量纲参数，称为毕渥（Biot）准则，用 Bi 表示。同时为了书写简便，令 $\varepsilon\delta = \beta$，于是式（6-22）可以改写为

$$\frac{\beta}{Bi} = \cot\beta \tag{6-23}$$

式（6-23）称为特征方程。从图 6-4 可以看出，β 的解就是 $y_1 = \cot\beta$ 和 $y_2 = \dfrac{\beta}{Bi}$ 交点对应的 β 数值，由于 $y_1 = \cot\beta$ 是以 π 为周期的函数，所以 y_1 和 y_2 的交点将有无穷多个。常数 β 的无穷多个值，即 β_1、β_2、$\cdots$、β_n 称为特征值。对应于特征值的式（6-16）称为特征函数。很明显，特征值的数值与 Bi 有关，并依次增大。

如图 6-4 所示，当 $Bi \to \infty$ 时，直线 $y_2 = \dfrac{\beta}{Bi}$ 与横坐标重合，特征值为

$$\beta_1 = \frac{1}{2}\pi, \beta_2 = \frac{3}{2}\pi, \beta_3 = \frac{5}{2}\pi, \cdots, \beta_n = \frac{2n-1}{2}\pi \tag{6-24}$$

当 $Bi \to 0$ 时，直线 $y_2 = \dfrac{\beta}{Bi}$ 与纵坐标重合，特征值为

$$\beta_1 = 0, \beta_2 = \pi, \beta_3 = 2\pi, \cdots, \beta_n = (n-1)\pi \qquad (6\text{-}25)$$

这样，在给定 Bi 的条件下，对应于每一个特征值，式（6-19）给出一个温度分布的特解，即

$$\begin{cases} \theta_1(x,\tau) = A_1 \cos(\varepsilon_1 x) \exp(-a\varepsilon^2\tau) \\ \theta_2(x,\tau) = A_2 \cos(\varepsilon_2 x) \exp(-a\varepsilon^2\tau) \\ \qquad\qquad \vdots \\ \theta_n(x,\tau) = A_n \cos(\varepsilon_n x) \exp(-a\varepsilon^2\tau) \end{cases} \qquad (6\text{-}26)$$

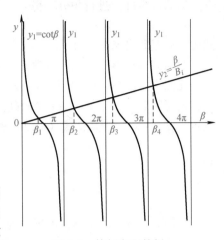

图 6-4　特征方程的根

式（6-26）中，常数 A_1、A_2、$\cdots$、A_n 为任何值，所得到的特解，即式（6-25），都将满足导热微分方程式（6-5）以及两个边界条件式（6-7）和式（6-8），但是式（6-25）并不满足初始条件。

因为式（6-5）和它的边界条件都是线性的，即式（6-5）、式（6-7）和式（6-8）中温度和温度的各阶导数项的系数不再取决于温度，所以式（6-26）中各个特解的线性叠加就得到 $\theta(x,\tau)$ 的解，于是

$$\theta(x,\tau) = \sum_{n=1}^{\infty} A_n \cos(\varepsilon_n x) \exp(-a\varepsilon^2\tau) \qquad (6\text{-}27)$$

式（6-27）中，ε_n 可以很容易地根据 β_n 确定，而系数 A_n 尚未确定，它可以应用初始条件式（6-6）求解，当 $\tau = 0$ 时，$\theta = \theta_0$，式（6-27）简化为

$$\theta_0 = \sum_{n=1}^{\infty} A_n \cos\left(\beta_n \frac{x}{\delta}\right) \qquad (6\text{-}28)$$

将等号两边同时乘以 $\cos\left(\beta_m \dfrac{x}{\delta}\right)$，并在 $0 \leqslant x \leqslant \delta$ 范围内进行积分，得

$$\theta_0 \int_0^{\delta} \cos\left(\beta_m \frac{x}{\delta}\right) \mathrm{d}x = \int_0^{\delta} \sum_{n=1}^{\infty} A_n \cos\left(\beta_n \frac{x}{\delta}\right) \cos\left(\beta_m \frac{x}{\delta}\right) \mathrm{d}x \qquad (6\text{-}29)$$

考虑到特征函数的正交性，即

$$\int_0^{\delta} \cos\left(\beta_n \frac{x}{\delta}\right) \cos\left(\beta_m \frac{x}{\delta}\right) \mathrm{d}x = 0, m \neq n$$

这样，式（6-29）可以简化为

$$\theta_0 \int_0^{\delta} \cos\left(\beta_n \frac{x}{\delta}\right) \mathrm{d}x = A_n \int_0^{\delta} \cos^2\left(\beta_n \frac{x}{\delta}\right) \mathrm{d}x$$

于是

$$A_n = \frac{\theta_0 \displaystyle\int_0^{\delta} \cos\left(\beta_n \frac{x}{\delta}\right) \mathrm{d}x}{\displaystyle\int_0^{\delta} \cos^2\left(\beta_n \frac{x}{\delta}\right) \mathrm{d}x} = \theta_0 \frac{2\sin\beta_n}{\beta_n + \sin\beta_n \cos\beta_n} \qquad (6\text{-}30)$$

将式（6-30）代入式（6-27），得到第三类边界条件下无限大平壁冷却时壁内的温度分布

$$\theta(x,\tau) = \theta_0 \sum_{n=1}^{\infty} \frac{2\sin\beta_n}{\beta_n + \sin\beta_n \cos\beta_n} \cos\left(\beta_n \frac{x}{\delta}\right) \exp\left(-\beta_n^2 \frac{a\tau}{\delta^2}\right)$$

或

$$\frac{\theta(x,\tau)}{\theta_0} = \sum_{n=1}^{\infty} \frac{2\sin\beta_n}{\beta_n + \sin\beta_n\cos\beta_n}\cos\left(\beta_n\frac{x}{\delta}\right)\exp\left(-\beta_n^2\frac{a\tau}{\delta^2}\right) \tag{6-31}$$

式中，$\frac{a\tau}{\delta^2}$ 是一个无量纲参数，用符号 FO 表示，称为傅里叶准则，它是非稳态导热过程的无量纲时间。应该指出，式（6-31）是第三类边界条件下无限大平壁冷却时得到的解，可以证明，保持过余温度 $\theta = t - t_f$ 的定义不变，这些公式对于加热过程仍是正确的。

6.2 无限大平壁导热分析

本节主要介绍一个二维的无限大平壁的导热过程的解析计算方法与仿真操作流程。

学习目标	熟练掌握 ANSYS Workbench 平台中无限大平壁瞬态热的建模方法及求解过程，同时掌握无限大平壁瞬态导热的解析计算方法
模型文件	无
结果文件	Chapter6 \ char06-1 \ ex5. wbpj

6.2.1 问题描述

本实例为一个无限大平壁，厚度为 0.5m，已知平壁的热物性参数 $\lambda = 0.815\mathrm{W}/(\mathrm{m}\cdot\mathrm{K})$，$c = 0.839\mathrm{kJ}/(\mathrm{kg}\cdot\mathrm{K})$，$\rho = 1500\mathrm{kg}/\mathrm{m}^3$，壁内温度初始时均匀一致，为 18℃，给定第三类边界条件：壁两侧面流体温度为 8℃，流体与壁面之间的表面传热系数 $h = 8.15\mathrm{W}/(\mathrm{m}^2\cdot\mathrm{K})$，试求 6h 后平壁中心及表面的温度。

6.2.2 解析方法计算

【解】 根据平壁的热物性参数求平壁的热扩散率：

$$a = \frac{\lambda}{\rho c} = \frac{0.815}{1500 \times 0.839 \times 1000}\mathrm{m}^2/\mathrm{s} = 0.65 \times 10^{-6}\mathrm{m}^2/\mathrm{s}$$

确定 FO 和 Bi：

$$FO = \frac{a\tau}{\delta^2} = \frac{0.65 \times 10^{-6} \times 6 \times 3600}{0.25^2} = 0.22$$

$$Bi = \frac{h\delta}{\lambda} = \frac{8.15 \times 0.25}{0.815} = 2.5$$

因为 $FO > 0.2$，所以可以用式（6-31）计算。此时可知当 $Bi = 2.5$ 时，$\beta_1 = 1.1347$。于是

$$\sin\beta_1 = \sin\left(1.1347 \times \frac{180°}{\pi}\right) = 0.9064$$

$$\cos\beta_1 = \cos\left(1.1347 \times \frac{180°}{\pi}\right) = 0.4224$$

对于平壁中心，即 $x = 0$ 处，无量纲温度为

$$\frac{\theta_m}{\theta_0} = \frac{2\sin\beta_1}{\beta_1 + \sin\beta_1\cos\beta_1}\exp(-\beta_1^2 FO) = \frac{2 \times 0.9064}{1.1347 + 0.9064 \times 0.4224}\exp(-0.283) = 0.9$$

而

$$\theta_m = 0.9\theta_0 = 0.9 \times (18 - 8)℃ = 9℃$$

$$t_w = \theta_w + t_f = 9℃ + 8℃ = 17℃$$

对于平壁表面，即 $x = \delta$ 处，无量纲温度为

$$\frac{\theta_w}{\theta_0} = \frac{2\sin\beta_1}{\beta_1 + \sin\beta_1\cos\beta_1}\cos(\beta_t)\exp(-\beta_1^2 FO)$$

$$= \frac{2 \times 0.9064}{1.1347 + 0.9064 \times 0.4224} \times 0.4224 \times \exp(-0.283) = 0.38$$

而

$$\theta_w = 0.38\theta_0 = 0.38 \times (18 - 8)℃ = 3.8℃$$

$$t_w = \theta_w + t_f = 3.8℃ + 8℃ = 11.8℃$$

6.2.3　创建分析项目

Step1：在 Windows 系统下启动 ANSYS Workbench，进入主界面。

Step2：在 Workbench 平台中依次选择菜单 Tools→Options 命令，如图 6-5 所示。

Step3：在弹出的 Options（设置）对话框中选择 Geometry Import 选项，在 Analysis Type 栏选择分析类型为 2D，其余默认即可，如图 6-6 所示，单击 OK 按钮。

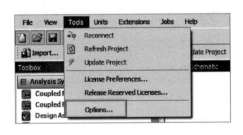

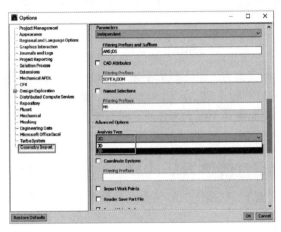

图 6-5　菜单　　　　　　　　　　　　　　图 6-6　分析类型

Step4：双击主界面 Toolbox（工具箱）中的 Analysis Systems→Steady-State Thermal（稳态热分析）选项，即可在 Project Schematic（项目管理区）创建分析项目 A，然后以同样的操作方式拖动一个 Transient Thermal（瞬态分析）到 A6（Solution）中，如图 6-7 所示。

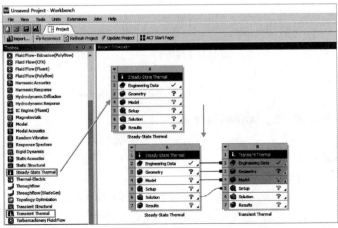

图 6-7　创建分析项目 A

6.2.4　创建几何体模型

Step1：在 A3：Geometry 上右击，在弹出的快捷菜单中选择 New DesignModeler Geometry 命令，如图 6-8 所示。

Step2：在启动的 DesignModeler 窗口中进行几何创建。设置长度单位为 mm，单击 DesignModeler 窗口中的 Tree Outline→XYPlane，再选择 Sketching 选项卡，选择 Draw→Rectangle 命令，从坐标原点开始绘制一个矩形。

Step3：选择 Dimensions→General，标注矩形的长和宽，如图 6-9 所示，设置 V1 = 2000mm，H2 = 500mm。

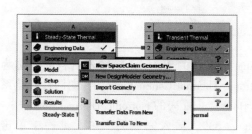

图 6-8　导入几何体

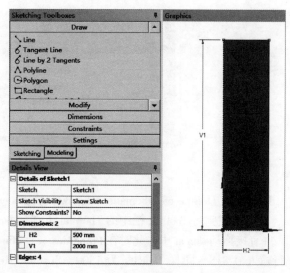

图 6-9　标注

Step4：切换到 Modeling 选项卡，依次选择 Concept→Surfaces From Sketches（从草绘生成面）命令，如图 6-10 所示。

Step5：在 Details View 详细设置面板中的 Base Objects 栏选择刚才建立的 Sketch1，并单击工具栏中的"生成"命令，如图 6-11 所示。

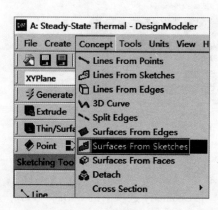

图 6-10　菜单

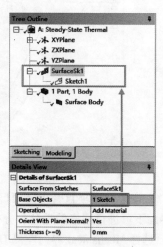

图 6-11　模型

Step6：几何生成后，单击工具栏中的 ▣ 按钮，在弹出的"另存为"对话框名称栏输入 ex5. wbpj，并单击"保存"按钮。

Step7：回到 DesignModeler 界面中，单击右上角的 ✖ （关闭）按钮，退出 DesignModeler，返回 Workbench 主界面。

6.2.5 材料设置

Step1：在 Workbench 主界面右击 A2：Engineering Data 项，在弹出的图 6-12 所示的快捷菜单中选择 Edit 命令。

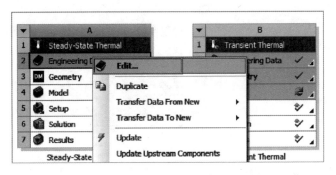

图 6-12　快捷菜单

Step2：在 Outline of Schematic A2，B2：Engineering Data 栏的 Material 中输入材料的名称为 mat，然后从左侧的 Toolbox 栏中的 Thermal 下选择 Isotropic Thermal Conductivity（各向同性导热系数）并直接拖动到 mat 中，此时在 Properties of Outline Row 3：mat 表的 Isotropic Thermal Conductivity 行输入 0.815，同样 Density 为 1500，Specific Heat 为 839，输入完成后，在工具栏中单击 🔲 A2:Engineering Data ✖ 中的"关闭"按钮关闭材料设置窗口，如图 6-13 所示。

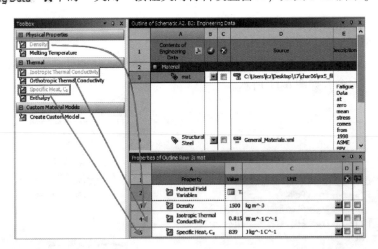

图 6-13　设置材料

Step3：双击主界面项目管理区项目 A 中的 A4：Model 项，进入图 6-14 所示的 Mechanical 界面，在该界面下可进行网格的划分、分析设置、结果观察等操作。

Step4：选择 Mechanical 界面左侧 Outline（分析树）中 Geometry 选项下的 Surface Body，此时即可在 Details of "Surface Body"（参数列表）中给模型添加材料，如图 6-15 所示。

Step5：单击参数列表 Material 下 Assignment 黄色区域后的 ▶ ，此时会出现刚刚设置的材料
mat，选择即可将其添加到模型中去。

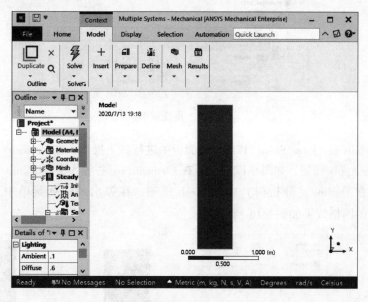

图 6-14　Mechanical 界面

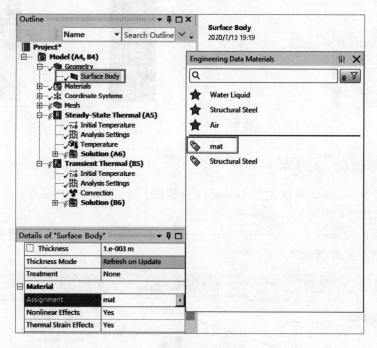

图 6-15　修改材料属性

6.2.6　划分网格

Step1：右击 Mechanical 界面左侧 Outline（分析树）中的 Mesh 选项，在弹出的快捷菜单中依
次选择 Insert→Sizing 命令，如图 6-16 所示。

图 6-16　快捷菜单

Step2：在 Details of "Edge Sizing" 详细设置面板中进行如下操作：在 Geometry 栏中选中图示上的四条边，并单击 Apply 按钮，如图 6-17 所示；在 Element Size 栏输入 5. e-002m，其余默认即可。

Step3：右击在 Outline（分析树）中的 Mesh 选项，在弹出的快捷菜单中选择 Generate Mesh 命令，最终的网格效果如图 6-18 所示。

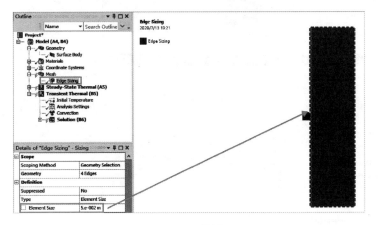

图 6-17　网格设置　　　　　　　　　　　　　　　　图 6-18　网格效果

6.2.7　施加载荷与约束

Step1：选择 Mechanical 界面左侧 Outline（分析树）中的 Steady-State Thermal（A5）选项，如图 6-19 所示，此时会出现 Environment 工具栏。

Step2：选择 Environment 工具栏中的 Temperature（温度）命令，此时在分析树中会出现 Temperature 选项，如图 6-20 所示。

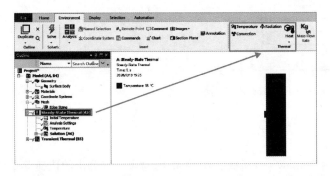

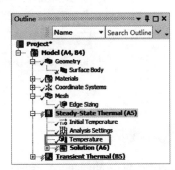

图 6-19　Environment 工具栏　　　　　　　　　　　图 6-20　添加载荷

Step3：如图 6-21 所示，选中 Temperature，在 Details of "Temperature" 中进行如下操作：在 Geometry 中选择选择几何表面；在 Definition→Magnitude 栏输入 18℃（ramped）；其余默认即可，完成一个温度的添加。

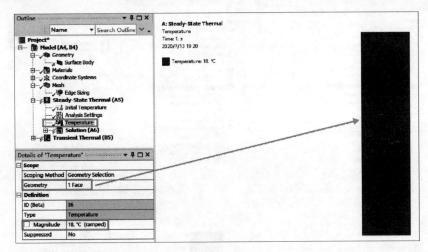

图 6-21　施加载荷

Step4：在 Outline（分析树）中，选择 Steady-State Thermal（A5）选项并右击，在弹出的快捷菜单中选择 ⚡ Solve 命令，如图 6-22 所示。

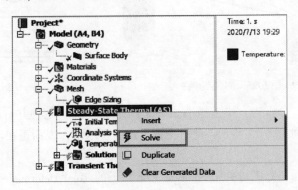

图 6-22　求解

6.2.8　瞬态计算

Step1：选择 Mechanical 界面左侧 Outline（分析树）中的 Transient Thermal（B5）（瞬态计算）选项，此时会出现图 6-23 所示的 Environment 工具栏。

Step2：选择 Environment 工具栏中的 Convection（对流）命令，此时在分析树中会出现 Convection 选项，如图 6-24 所示。

Step3：选择 Convection 命令，在出现的 Details of "Convection"详细设置面板中进行如下设置，如图 6-25 所示：在 Geometry 栏中选中两侧的边线；在 Film Coefficient 栏输入对流系数 8.15；在 Ambient Temperature 栏输入环境温度 8℃，其余默认即可。

Step4：设置分析选项。单击 Transient Thermal（B5）下面的 Analysis Settings（分析设置），在图 6-26 所示的分析选项设置面板中进行如下设置：在 Step End Time 栏输入 21600s；在 Auto

Time Stepping 栏选择 Off；在 Define By 栏选择 Substeps；在 Number Of Substeps 栏输入 100，其余默认即可。

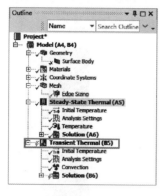

图 6-23　Environment 工具栏

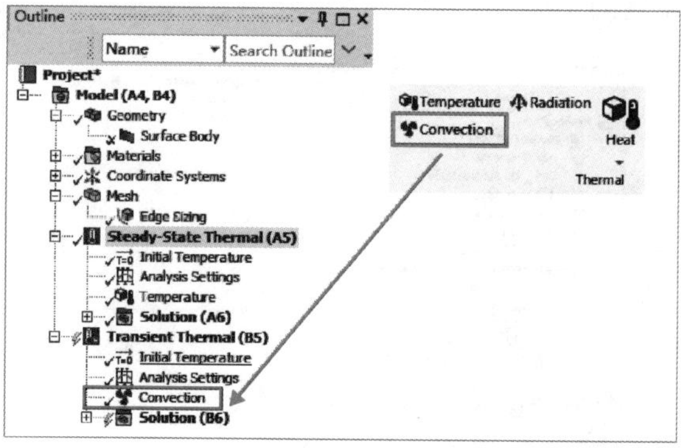

图 6-24　添加对流选项

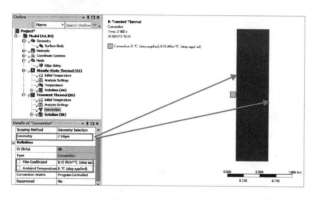

图 6-25　对流选项

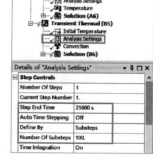

图 6-26　分析设置

Step5：在 Outline（分析树）中选择 Transient Thermal（B5）选项并右击，在弹出的快捷菜单中选择 Solve 命令，如图 6-27 所示，此时会弹出进度显示条，表示正在求解，当求解完成后进度条自动消失。

Step6：选择 Outline（分析树）中 Solution（B6）下的 Total Deformation（总变形）得到温度分布图，如图 6-28 所示。

Step7：单击 Solution→Solution Information→Temperature-Global Maximum，将显示图 6-29 所示的温度曲线。

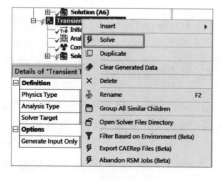

图 6-27　快捷菜单

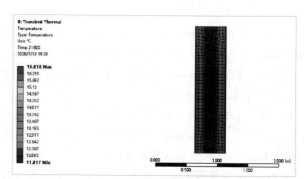

图 6-28　温度分布

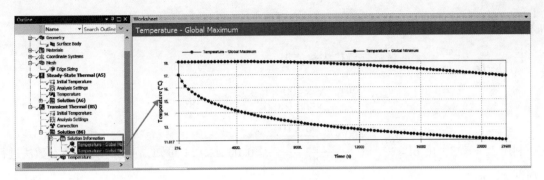

图 6-29　温度曲线

6.2.9　保存与退出

单击 Mechanical 右上角的 ❌ （关闭）按钮，返回到 Workbench 主界面，单击 💾 Save （保存）按钮保存文件，然后单击的 ❌ （关闭）按钮，退出 Workbench 主界面。

【分析】　解析解与仿真解见表 6-1。

表 6-1　解析解与仿真解

项　　目	解　析　解	仿　真　解
中心温度	17	16.817
侧面温度	11.8	11.817

从上述分析可以看出，仿真结果与解析方法算出的结果一致。

6.3　热电偶节点散热仿真

本节主要对一个热电偶的接点（近似为一个球体）的温度与散热过程进行解析计算，同时给出了仿真计算的操作方法。

学习目标	熟练掌握 ANSYS Workbench 平台中热电偶的接点瞬态热的建模方法及求解过程，同时掌握热电偶的接点瞬态导热的解析计算方法
模型文件	无
结果文件	Chapter6 \ char06-2 \ ex6. wbpj

6.3.1　问题描述

用一个热电偶测量气流的温度，其接点可近似为一个球体，如图 6-30 所示。接点表面与气流之间的对流换热系数为 $h = 400W/(m^2 \cdot K)$、接点的热物性为 $k = 20W/(m \cdot K)$、$c = 400J/(kg \cdot K)$、$\rho = 8500kg/m^3$。确定使时间常数为 1s 的热电偶接点的直径，以及若将温度为 25℃ 的接点放在 200℃ 的气流中，热电偶接点达到 199℃ 需要多少时间。

6.3.2　解析解法介绍

【解】　由于并不知道接点的直径，所以需要确定接点的直径大小，由热时间常数公式 $\tau_t =$

$\left(\dfrac{1}{hA_s}\right)(\rho Vc) = R_t C_t$ 及 $A_s = \pi D^2$ 和 $V = \pi D^3/6$ 可得

$\tau_t = \dfrac{1}{h\pi D^2} \times \dfrac{\rho\pi D^3}{6}c$，重新整理后代入数值得

$$D = \frac{6h\tau_t}{\rho c} = \frac{6 \times 400 \times 1}{8500 \times 400}\mathrm{m} = 7.06 \times 10^{-4}\,\mathrm{m}$$

利用 $L_c = r_0/3$，由 $Bi = \dfrac{hL_c}{k} = \dfrac{400 \times \dfrac{7.06 \times 10^{-4}}{2 \times 3}}{20} = 0.0024 < 0.1$ 可知，可以采用集总参数法进行

近似计算。即

$$t = \frac{\rho(\pi D^3/6)c}{h(\pi D^2)}\ln\frac{T_i - T_\infty}{T - T_\infty} = \frac{\rho Dc}{6h}\ln\frac{T_i - T_\infty}{T - T_\infty}$$

$$= \left(\frac{8500 \times 7.06 \times 10^{-4} \times 400}{6 \times 400}\ln\frac{25 - 200}{199 - 200}\right)\mathrm{s} = 5.2\,\mathrm{s}$$

6.3.3 创建分析项目

Step1：在 Windows 系统下启动 ANSYS Workbench，进入主界面。

Step2：双击主界面 Toolbox（工具箱）中的 Analysis Systems→Steady-State Thermal（稳态热分析）选项，右击 A6 创建一个 Transient Thermal（瞬态热分析），即可在 Project Schematic（项目管理区）创建分析项目，如图 6-31 所示。

图 6-30　模型

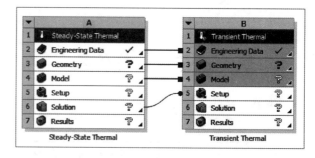

图 6-31　创建分析项目

6.3.4 创建几何体模型

Step1：在 A3：Geometry 上右击，在弹出的快捷菜单中选择 New DesignModeler Geometry 命令，如图 6-32 所示。

Step2：在启动的几何建模窗口中进行几何创建。设置长度单位为 mm，依次选择菜单中的 Create →Primitives→Sphere（球）命令，在出现的 Details View 详细设置面板中的 FD6，Radius（>0）栏输入半径为 0.353mm，如图 6-33 所示。

Step3：单击工具栏中的 ■ 按钮，在弹出的"另存为"对话框名称栏输入 ex6. wbpj，并单击"保存"

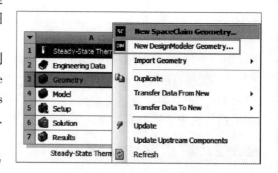

图 6-32　导入几何体

按钮。

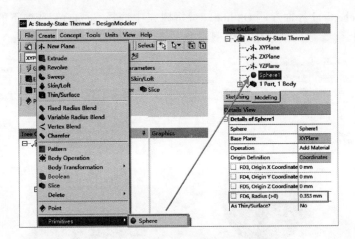

图 6-33　生成后的 Designmodeler 界面

Step4：回到 DesignModeler 界面中，单击右上角的 ✕（关闭）按钮，退出 DesignModeler，返回到 Workbench 主界面。

6.3.5　材料设置

Step1：在 Workbench 主界面双击 A2：Engineering Data 进入 Mechanical 热分析的材料设置界面，如图 6-34 所示。

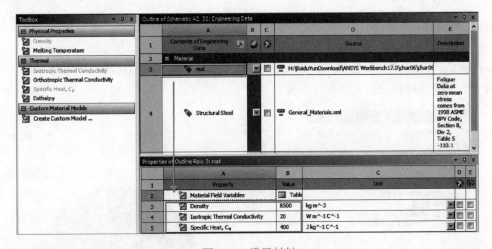

图 6-34　设置材料

Step2：在 Outline of Schematic A2，B2：Engineering Data 栏的 Material 中输入材料名称 mat，然后从左侧 Toolbox 栏的 Thermal 下选择 Isotropic Thermal Conductivity（各向同性导热系数）并直接拖动到 mat 中，此时在 Properties of Outline Row 3：mat 中，设置 Isotropic Thermal Conductivity 为 20，Density 为 8500，Specific Heat，Co 为 400，在工具栏中单击 🔩 A2:Engineering Data ✕ 按钮关闭材料设置窗口。

Step3：双击主界面项目管理区项目 B 中的 A4，B4：Model 项，进入图 6-35 所示的 Multiple System-Mechanical（ANSYS Multiphysics）界面，在该界面下即可进行网格的划分、分析设置、结果观察等操作。

Step4：在 Mechanical 界面左侧 Outline（分析树）中选择 Geometry 选项下的 Solid，此时即可在 Details of "Solid"（参数列表）中给模型添加材料，如图 6-36 所示。

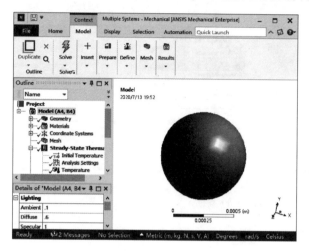

图 6-35 Mechanical 界面

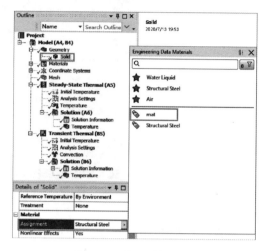

图 6-36 修改材料属性

Step5：单击参数列表中的 Material 下 Assignment 黄色区域后的 ▶ ，此时会出现刚刚设置的材料 mat，选择即可将其添加到模型中去。

6.3.6 划分网格

Step1：右击 Mechanical 界面左侧 Outline（分析树）中的 Mesh 选项，在详细设置窗口的 Element Size 栏输入 1.e-004m，如图 6-37 所示。

Step2：选择 Outline（分析树）中的 Mesh 选项并右击，在弹出的快捷菜单中选择 Generate Mesh 命令，最终的网格效果如图 6-38 所示。

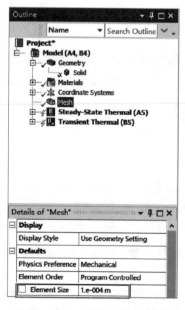

图 6-37 网格设置

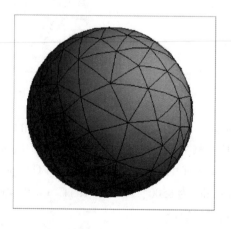

图 6-38 网格效果

6.3.7　施加载荷与约束

Step1：选择 Mechanical 界面左侧 Outline（分析树）中的 Steady-State Thermal（A5）选项，此时会出现图 6-39 所示的 Environment 工具栏。

Step2：选择 Environment 工具栏中的 Temperature（温度）命令，此时在分析树中会出现 Temperature 选项，如图 6-40 所示。

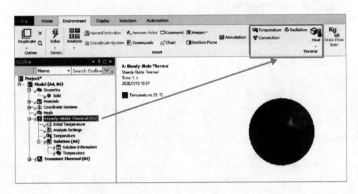

图 6-39　Environment 工具栏　　　　　　　　　　图 6-40　添加载荷

Step3：如图 6-41 所示，选中 Temperature，在 Details of "Temperature"设置面板中进行如下操作：在 Geometry 中选择球体；在 Definition 下的 Magnitude 栏输入 25；其余默认即可，完成一个温度的添加。

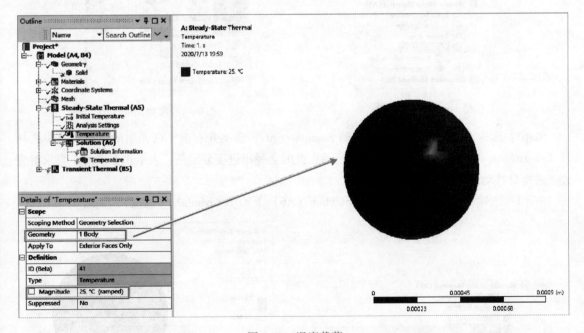

图 6-41　温度载荷

Step4：在 Outline（分析树）中的 Steady-State Thermal（A5）选项右击，在弹出的快捷菜单中选择 Solve 命令，如图 6-42 所示。

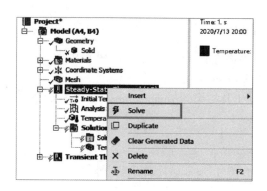

图 6-42　选择 Solve 命令

6.3.8　结果后处理

Step1：选择 Mechanical 界面左侧 Outline（分析树）中的 Solution（A6）选项，此时会出现图 6-43 所示的 Solution 工具栏。

Step2：选择 Solution 工具栏中的 Thermal（热）→Temperature 命令，如图 6-44 所示，此时在分析树中会出现 Temperature（温度）选项。

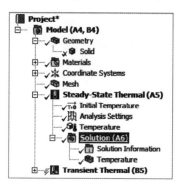

图 6-43　Solution 工具栏

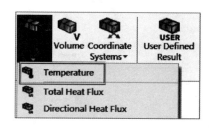

图 6-44　添加温度选项

Step3：选择 Outline（分析树）中的 Solution（A6）选项并右击，在弹出的快捷菜单中选择 Evaluate All Results 命令，如图 6-45 所示，此时会弹出进度显示条，表示正在求解，当求解完成后进度条自动消失。

Step4：选择 Outline（分析树）中 Solution（A6）下的 Temperature（温度），如图 6-46 所示。

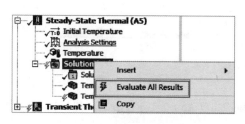

图 6-45　快捷菜单

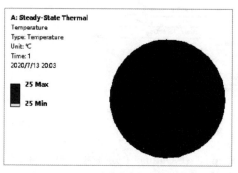

图 6-46　温度分布

Step5：选择 Mechanical 界面左侧 Outline（分析树）中的 Transient Thermal（B5）选项，在出现的图 6-47 所示的 Environment 工具栏选择 Convection 选项。

Step6：选择 Convection 选项，然后在 Details of "Convection" 设置面板中进行如下设置，如图 6-48 所示：在 Geometry 栏中确定球面被选中；在 Film Coefficient 栏输入对流系数为 400；在 Ambient Temperature 栏输入此时的环境温度为 200℃，其余默认即可。

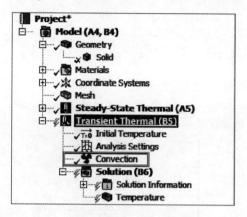

图 6-47　快捷菜单

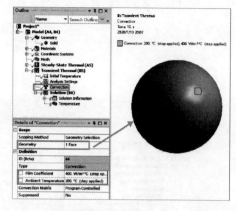

图 6-48　温度分布

Step7：设置分析选项。选择 Transient Thermal（B5）下面的 Analysis Settings（分析设置），在图 6-49 所示的分析选项设置面板中进行如下设置：在 Step End Time 栏输入 10s；在 Auto Time Stepping 栏选择 Off；在 Define By 栏选择 Substeps；在 Number Of Substeps 栏输入 200，其余默认即可。

Step8：选择 Outline（分析树）中的 Solution（B6）选项并右击，在弹出的快捷菜单中选择 Solve 命令，如图 6-50 所示。

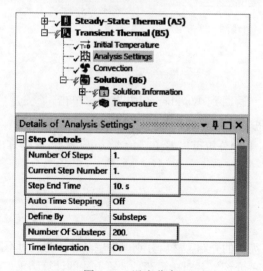

图 6-49　温度分布

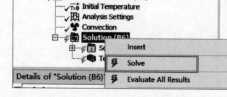

图 6-50　求解

Step9：选择 Solution→Solution Information→Temperature-Global Maximum 命令，将显示图 6-51 所示的温度曲线图。

Step10：添加一个 Temperature 后处理命令，通过后处理可以看出图 6-52 所示的各个时刻的温度值，可以看出时间为 5.3s 时的温度为 199℃。

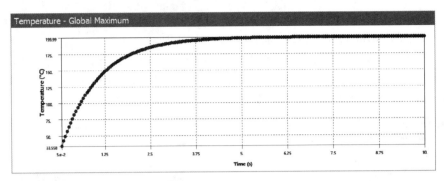

图 6-51　温度曲线图

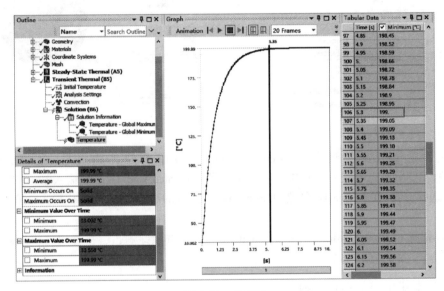

图 6-52　曲线图

6.3.9　保存与退出

单击 Mechanical 右上角的 ☒ （关闭）按钮，返回到 Workbench 主界面，单击 💾 Save （保存）按钮保存文件，然后单击的 ☒ （关闭）按钮，退出 Workbench 主界面。

【分析】　解析解为 5.2s，仿真解为 5.3s。从上述分析可以看出，仿真结果与解析方法算出的结果一致。

6.4　本章小结

本章首先对非稳态传热理论及基本公式进行了简单的介绍，然后分别以平壁及球体为例对不同情况的传热解析计算方法与仿真计算方法进行了详细的介绍，并对比了两种计算方法的计算结果。

第 **7** 章

非线性热分析

材料的热物性参数时时刻刻都在变化，非线性传热分析就是对此进行分析。本章主要通过一个简单的实例对非线性传热的分析方法进行简单介绍，读者通过对每一个步骤的学习，体会非线性热学分析的有限元分析方法。

知识点　　　　　　　学习目标	了　解	理　解	应　用	实　践
非线性热分析操作方法		√	√	√
非线性热分析的应用领域		√	√	√

7.1　非线性热分析概述

从前面章节可以看出，线性系统热分析的控制方程可以写成以下形式的矩阵方程：

$$C\dot{T} + KT = Q \tag{7-1}$$

式中，C 为比热容矩阵；K 为传导矩阵；T 为温度向量；$\dot{T}$ 为温度的时间梯度向量；Q 为节点热流率向量。

如果式（7-1）中的一些数值是随着温度变化而变化的，那么系统就变成了非线性系统，此时必须用迭代法进行求解，而上述方程式变成

$$C(T)\dot{T} + K(T)T = Q(T) \tag{7-2}$$

如果式（7-2）中的载荷同样随着时间变化而变化，那么式（7-2）就变成了瞬态非线性分析。本章将通过一个典型的案例对非线性热分析的基本过程进行详细介绍。

7.2　平板非线性热分析

本案例主要通过仿真的方法讲解平板结构非线性热分析的一般操作过程。

学习目标	熟练掌握 ANSYS Workbench 平台中非线性热分析的建模方法及求解过程
模型文件	无

结果文件	Chapter7 \ char07-1 \ non_linear. wbpj

7.2.1　问题描述

　　某金属平板尺寸为 120mm×80mm×4mm，如图 7-1 所示，密度为 2500kg/m³，上下表面的对流换热系数为 180W/（m²·K），4 个侧面边界为 90W/（m²·K），其他参数，如比热容、导热系数均随温度变化。现将此金属板加热到 600℃ 并突然放置到 20℃ 的空气中进行淬冷，忽略热传导和热辐射，将传热过程简化为对流传热，求其淬冷过程中的热分布变化情况。其材料参数见表 7-1。

表 7-1　材料属性表

温度/℃	20	100	200	300	400	500	600
比热容/J·(kg·℃)⁻¹	720	838	946	1036	1084	1108	1146
导热系数/W·(m·K)⁻¹	1.38	1.47	1.55	1.67	1.84	2.04	2.46

7.2.2　创建分析项目

　　Step1：在 Windows 系统下启动 ANSYS Workbench，进入主界面。

　　Step2：双击主界面 Toolbox（工具箱）中的 Analysis Systems→Steady-State Thermal（稳态热分析）选项，右击 A6 创建一个 Transient Thermal（瞬态热分析），即可在 Project Schematic（项目管理区）创建分析项目，如图 7-2 所示。

图 7-1　模型

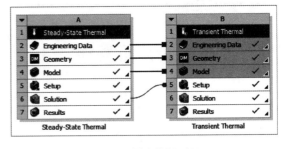

图 7-2　创建分析项目

7.2.3　创建几何体模型

　　Step1：在 A3：Geometry 上右击，在弹出的快捷菜单中选择 New DesignModeler Geometry 命令，如图 7-3 所示。

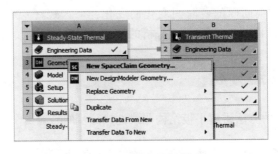

图 7-3　导入几何体

Step2：在启动的几何建模窗口中进行几何创建。设置长度单位为 mm，依次选择菜单在坐标原点创建一个矩形，并将矩形的两条边分别设置为 120mm 和 80mm，如图 7-4 所示。

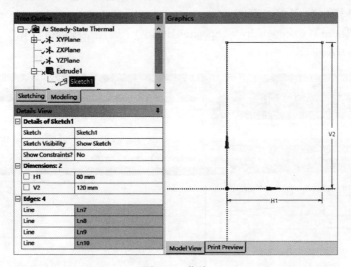

图 7-4　草绘

Step3：选择工具栏中的 Extrude 命令，在弹出的图 7-5 所示的 Details View 详细设置面板中进行如下操作：在 Geometry 栏选择刚才建立的草绘 Sketch1；在 FD1，Depth（>0）栏输入厚度为 4mm，其余默认即可，并单击工具栏中的 Generate 命令生成几何。

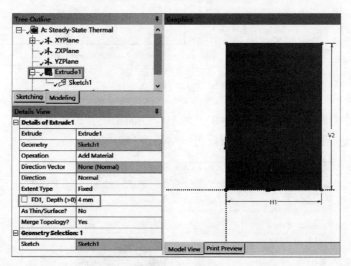

图 7-5　设置

Step4：单击工具栏中的 （保存）按钮，在弹出的"另存为"对话框的"名称"栏输入 non_linear. wbpj，并单击"保存"按钮。

Step5：回到 DesignModeler 界面中，单击右上角的 （关闭）按钮，退出 DesignModeler，返回到 Workbench 主界面。

7.2.4　材料设置

Step1：在 Workbench 主界面双击 A2：Engineering Data，进入 Mechanical 热分析的材料设置界面。

Step2：在 Outline of Schematic A2：Engineering Data 栏的 Material 中输入材料的名称为 mat，然后从左侧的 Toolbox 栏选择 Density（密度）并直接拖动到 mat 中，此时在 Properties of Outline Row 4：mat 下面的 Density 中输入 2500。

由于 Isotropic Thermal Conductivity 和 Specific Heat 两个属性是随温度变化的，所以需要通过表格进行设置，如图 7-6 所示。

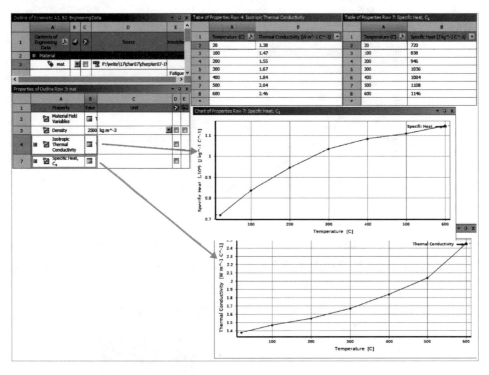

图 7-6　设置材料热属性

Step3：双击主界面项目管理区项目 B 中的 B4：Model 项，进入图 7-7 所示的 Mechanical 界面，在该界面下可进行网格的划分、分析设置、结果观察等操作。

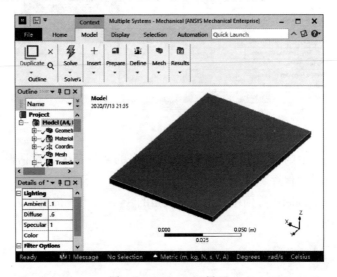

图 7-7　Mechanical 界面

Step4：选择 Mechanical 界面左侧 Outline（分析树）中 Geometry 选项下的 Solid，此时即可在 Details of "Solid"（参数列表）中给模型添加材料，如图 7-8 所示。

Step5：单击参数列表中的 Material 下 Assignment 黄色区域后的 ▸，此时会出现刚刚设置的材料 mat，选择即可将其添加到模型中去。

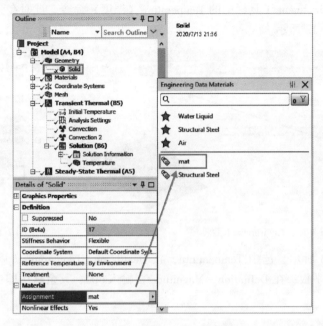

图 7-8　修改材料属性

7.2.5　划分网格

Step1：右击 Mechanical 界面左侧 Outline（分析树）中的 Mesh 选项，在详细设置面板的 Element Size 栏输入 1.e-003m，如图 7-9 所示。

Step2：选择 Outline（分析树）中的 Mesh 选项并右击，在弹出的快捷菜单中选择 ⚡ Generate Mesh 命令，最终的网格效果如图 7-10 所示。

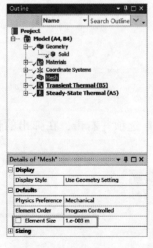

图 7-9　网格设置

图 7-10　网格效果

7.2.6　施加载荷与约束

Step1：选择 Mechanical 界面左侧 Outline（分析树）中的 Transient Thermal（B5）选项，此时会出现图 7-11 所示的 Environment 工具栏。

Step2：选择 Environment 工具栏中的 Temperature（温度）命令，此时在分析树中会出现 Temperature 选项，如图 7-12 所示。

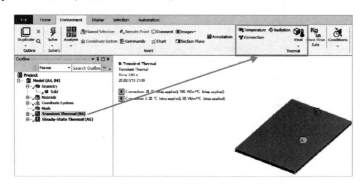

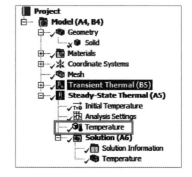

图 7-11　Environment 工具栏　　　　　　　　　　　图 7-12　添加载荷

Step3：如图 7-13 所示，选中 Temperature，在 Details of "Temperature" 中进行如下操作：在 Geometry 中选择选择平板；在 Definition→Magnitude 栏输入 600；其余默认即可，完成一个温度的添加。

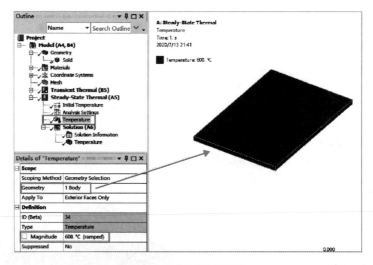

图 7-13　设置温度参数

Step4：选择 Outline（分析树）中的 Steady-State Thermal（A5）选项并右击，在弹出的快捷菜单中选择　Solve 命令，如图 7-14 所示。

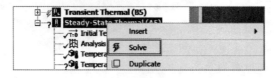

图 7-14　求解

7.2.7 结果后处理

Step1：选择 Mechanical 界面左侧 Outline（分析树）中的 Solution（A6）选项，此时会出现图 7-15 所示的 Solution 工具栏。

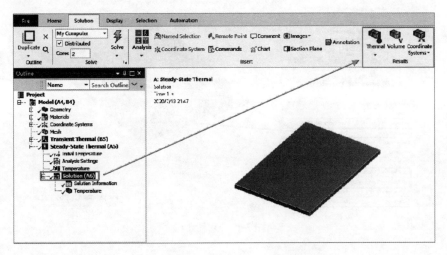

图 7-15　Solution 工具栏

Step2：选择 Solution 工具栏中的 Thermal（热）→Temperature（温度）命令，如图 7-16 所示，此时在分析树中会出现 Temperature（温度）选项。

Step3：在 Outline（分析树）中的 Solution（A6）选项右击，在弹出的快捷菜单中选择 E-valuate All Results 命令，如图 7-17 所示，此时会弹出进度显示条，表示正在求解，当求解完成后进度条自动消失。

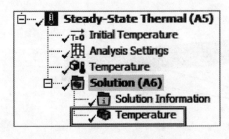

图 7-16　添加温度选项

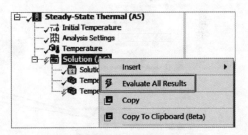

图 7-17　快捷菜单

Step4：选择 Outline（分析树）中 Solution（A6）下的 Temperature（温度），结果如图 7-18 所示。

Step5：选择 Mechanical 界面左侧 Outline（分析树）中的 Transient Thermal（B5）选项，在出现的 Environment 工具栏中单击两次 Convection 选项。

Step6：单击 Convection 选项，然后在 Details of "Convection" 面板中进行如下设置，如图 7-19 所示：在 Geometry 栏中确定上下两个表面被选中；在 Film Coefficient 栏输入对流系数为 180；在 Ambi-

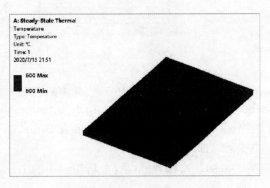

图 7-18　温度分布

ent Temperature 栏输入此时的环境温度为 20℃，其余默认即可。

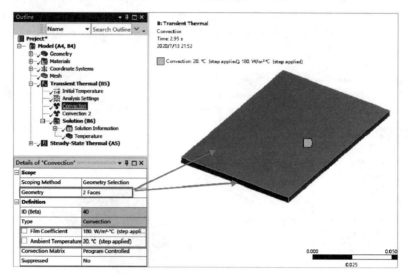

图 7-19　对流 1

Step7：单击 Convection2 选项，然后在 Details of "Convection2"面板中进行图 7-20 所示的设置：在 Geometry 栏中确定四周四个表面被选中；在 Film Coefficient 栏输入对流系数为 90；在 Ambient Temperature 栏输入此时的环境温度为 20℃，其余默认即可。

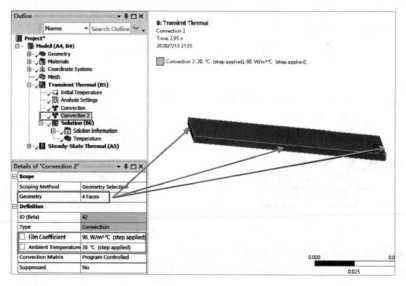

图 7-20　对流 2

Step8：设置分析选项。单击 Transient Thermal（B5）下面的 Analysis Settings（分析设置），在图 7-21 所示的 Details of "Analysis Setting"面板中进行如下设置：在 Step End Time 栏输入 10s；在 Auto Time Stepping 栏选择 Off；在 Define By 栏选择 Substeps；在 Number Of Substeps 栏输入 200，其余默认即可。

Step9：选择 Outline（分析树）中的 Transient Thermal（B5）选项并右击，在弹出的快捷菜单中选择 Solve 命令，如图 7-22 所示。

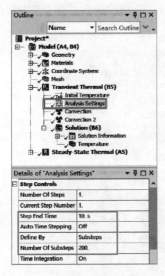

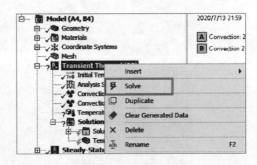

图 7-21   温度分布   图 7-22   求解

Step10：单击 Solution→Solution Information→Temperature-Global Maximum 和 Temperature-Global Minimum，将显示图 7-23 所示的降温曲线图，从图 7-23 中可以看出，在 10s 内，板的最大温度降到了 460.2℃，最小温度降到了 324.69℃，如果想将温度降到环境温度（即 20℃），还需要一段时间。

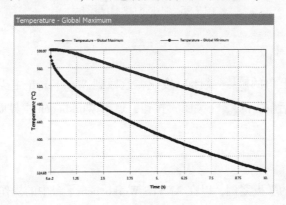

图 7-23   降温曲线图

Step11：添加一个 Temperature 后处理命令，通过后处理可以看出图 7-24 所示的在时间为 10s 的温度分布云图。

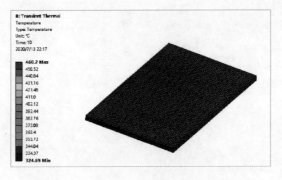

图 7-24   10s 内各个时刻的温度分布云图

Step12：通过云图右下角的 Tabular Table（见图7-25），能精确地查到每个时间点上的温度变化值。

	Time [s]	☑ Minimum [°C]	☑ Maximum [°C]		Time [s]	☑ Minimum [°C]	☑ Maximum [°C]
1	5.e-002	584.43	599.97	40	2.	482.74	579.02
2	0.1	574.99	599.97	41	2.05	481.32	578.22
3	0.15	568.18	599.94	42	2.1	479.91	577.42
4	0.2	562.83	599.88	43	2.15	478.53	576.61
5	0.25	558.32	599.8	44	2.2	477.16	575.81
6	0.3	554.35	599.7	45	2.25	475.82	575.
7	0.35	550.77	599.57	46	2.3	474.49	574.19
8	0.4	547.48	599.39	47	2.35	473.17	573.38
9	0.45	544.01	599.16	48	2.4	471.87	572.57
10	0.5	540.91	598.89	49	2.45	470.59	571.76
11	0.55	538.06	598.57	50	2.5	468.72	570.96
12	0.6	535.39	598.2	51	2.55	467.11	570.17
13	0.65	532.86	597.79	52	2.6	465.63	569.37
14	0.7	530.45	597.34	53	2.65	464.22	568.57
15	0.75	528.14	596.85	54	2.7	462.85	567.77
16	0.8	525.92	596.33	55	2.75	461.52	566.98
17	0.85	523.79	595.77	56	2.8	460.22	566.18
18	0.9	521.72	595.19	57	2.85	458.94	565.38
19	0.95	519.19	594.59	58	2.9	457.67	564.58
20	1.	516.95	593.96	59	2.95	456.43	563.78
21	1.05	514.87	593.31	60	3.	455.2	562.98
22	1.1	512.89	592.64	61	3.05	453.98	562.17
23	1.15	510.99	591.96	62	3.1	452.78	561.37
24	1.2	509.16	591.27	63	3.15	451.59	560.57
25	1.25	507.37	590.56	64	3.2	450.41	559.77
26	1.3	505.64	589.83	65	3.25	449.24	558.97
27	1.35	503.94	589.1	66	3.3	448.08	558.16
28	1.4	502.28	588.35	67	3.35	446.93	557.36
29	1.45	500.66	587.6	68	3.4	445.79	556.56

图7-25　不同时刻温度图标

7.2.8　保存与退出

单击 Mechanical 右上角的 ✕（关闭）按钮，返回到 Workbench 主界面，单击 💾 Save（保存）按钮保存文件，然后单击的 ✕（关闭）按钮，退出 Workbench 主界面。

7.3　本章小结

本章通过一个典型的平板案例，以在 ANSYS Workbench 平台中的操作流程为主线，进行了详细的分析与介绍，希望读者通过对本章节的深入学习和对操作流程的体会，能对非线性热分析理论拥有深入的理解。

第 **8** 章

热辐射分析

在供热、燃气与空调工程中存在着大量热辐射和辐射换热的问题，如辐射采暖、辐射干燥、利用辐射原理测量温度、炉内辐射换热的分析和计算等。当前在新能源开发方面，对太阳能的利用引起了人们的注意，这其中也涉及热辐射。在本章中，将首先介绍热辐射的基本概念，然后讨论热辐射的几个基本定律，最后通过案例介绍如何在 Workbench 平台中实现辐射仿真计算。

知识点 \ 学习目标	了　解	理　解	应　用	实　践
热辐射分析的基本概念	√	√		
热辐射分析操作方法		√	√	√
热辐射分析的应用领域		√	√	√

8.1　基本概念

8.1.1　热辐射的本质和特点

热辐射能是各类物质的固有特性。物质是由分子、原子、电子等基本粒子组成的，当原子内部的电子受激发和振动时，会产生交替变化的电场和磁场，发出电磁波向空间传播，这就是辐射。由于激发的方法不同，所产生的电磁波波长不相同，它们投射到物体上产生的效应也不同。由于自身温度或热运动的原因而激发产生的电磁波传播，就是热辐射。电磁波的波长范围可从几万分之一微米到数千米。它们的名称和分类如图 8-1 所示。

凡是波长 λ 在 $0.38 \sim 0.76\mu m$ 范围内的电磁波均属于可见光线；波长 $\lambda < 0.38\mu m$ 的电磁波是紫外线、伦琴射线等；λ 在 $0.76 \sim 1000\mu m$ 范围的电磁波称为红外线，红外线又分近红外和远红外，大体上以 $25\mu m$ 为界限，波长在 $25\mu m$ 以下的红外线称为近红外线，$25\mu m$ 以上的红外线称为远红外线；$\lambda > 1000\mu m$ 的电磁波是无线电波。

通常把 λ 在 $0.1 \sim 100\mu m$ 范围的电磁波称为热射线，其中包括可见光线、部分紫外线和红外线，它们投射到物体上能产生热效应。当然，波长与各种效应是不能截然划分的。

工程上遇到的温度一般在 2000K 以下，热辐射的大部分能量位于红外线区段的 $0.76 \sim 20\mu m$ 波长范围内，在可见光区段内热辐射能所占的比重不大。显然，当热辐射的波长大于 $0.76\mu m$ 时，将无法被人眼睛看见。太阳辐射的主要能量集中在 $0.2 \sim 2\mu m$ 波长范围，其中可见光区段占有很大比重。

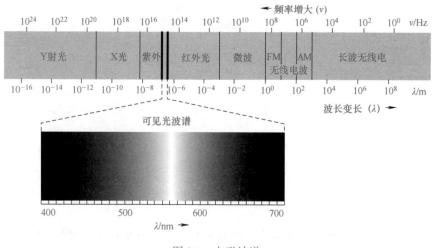

图 8-1　电磁波谱

　　辐射的本质及其传播过程中的波动性可用经典的电磁波理论说明，其粒子性又可用量子理论来解释。各种电磁波在介质中的传播速度等于光速，即

$$c = \lambda \nu \qquad (8-1)$$

式中，c 为介质中的光速，λ 为波长，ν 为频率。量子理论认为辐射是离散的量子化能量束，即光子传播能量的过程。光子的能量 e 与频率 ν 的关系可用普朗克公式表示：

$$e = h\nu \qquad (8-2)$$

式中，h 为普朗克常数，$h = 6.63 \times 10^{-34} \mathrm{J \cdot s}$。

　　热辐射的本质决定了热辐射过程有如下三个特点。

　　1）辐射换热与导热、对流换热不同，它不依赖物体的接触面进行热量传递，如阳光能够穿越辽阔的低温太空向地面辐射；而导热和对流换热都必须由冷、热物体直接接触或通过中间介质相接触才能进行。

　　2）辐射换热过程伴随着能量形式的两次转化，即物体的部分内能转化为电磁波能发射出去，当此波能射及另一物体表面而被吸收时，电磁波能又转化为内能。

　　3）一切物体只要温度大于绝对 0K，都会不断地发射热射线。当物体间有温差时，高温物体辐射给低温物体的能量大于低温物体辐射给高温物体的能量，因此总的结果是高温物体把能量传给低温物体。即使各个物体的温度相同，辐射换热仍在不断进行，只是每一物体辐射出去的能量等于吸收的能量，因此处于动平衡状态。

8.1.2　吸收、反射和投射

　　当热射线投射到物体上时，遵循着可见光的规律，其中一部分被物体吸收，一部分被反射，其余则透过物体 τ，如图 8-2 所示。设投射到物体上全波长范围的总能量为 G，被吸收能量 G_α，反射能量为 G_ρ，透射能量为 G_τ，根据能量守恒定律可知：

$$G = G_\alpha + G_\rho + G_\tau$$

若等式两边同除以 G，则：

$$\alpha + \rho + \tau = 1 \qquad (8-3)$$

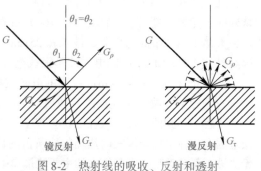

图 8-2　热射线的吸收、反射和透射

式中，$\alpha = \dfrac{G_\alpha}{G}$，称为物体的吸收率，表示投射的总能量中被吸收的能量所占份额；$\rho = \dfrac{G_\rho}{G}$，称为物体的反射率，表示投射的总能量中被反射的能量所占份额；$\tau = \dfrac{G_\tau}{G}$，称为物体的透射率，表示投射的总能量中透射的能量所占份额。

如果投射能量是某一波长下的单色辐射，上述关系也同样适用，即

$$\alpha_\lambda + \rho_\lambda + \tau_\lambda = 1 \tag{8-4}$$

式中，α_λ、ρ_λ、τ_λ 分别为单色吸收率、单色反射率和单色透射率。

α、ρ、τ 和 α_λ、ρ_λ、τ_λ 是物体表面的辐射特性，它们和物体的性质、温度及表面状况有关。对全波长的特性 α、ρ、τ 还和投射能量的波长分布情况有关。

热射线进入固体或液体表面后，在一个极短的距离内就被完全吸收。对于金属导体，这个距离仅有 $1\mu m$ 的数量级；对于大多数非导电体材料，这个距离也小于 $1mm$。所以，可认为热射线不能穿透固体、液体，即 $\tau = 0$。于是，对于固体和液体，式（8-3）可简化为

$$\alpha + \rho = 1 \tag{8-5}$$

因而，吸收率越大的固体和液体，其反射率就越小，而吸收率越小的固体和液体，其反射率就越大。固体和液体对热射线的吸收和反射几乎都在表面进行，因此物体表面情况对其吸收和反射特性的影响至关重要。

热射线投射到物体表面后的反射现象和可见光一样，有反射和漫反射之分。当表面的不平整尺寸小于投射辐射的波长时，形成镜面反射，反射角等于入射角。高度磨光的金属表面是镜面反射的实例。当表面的不平整尺寸大于投射辐射的波长时，形成漫反射，此时反射能均匀分布在各个方向。一般工程材料的表面较粗糙，故接近漫反射。

热射线投射到气体界面上时，可被吸收和透射，而几乎不反射，即 $\rho = 0$。于是，对于气体，式（8-3）可简化为

$$\alpha + \tau = 1 \tag{8-6}$$

显然，透射性好的气体吸收率小，而透射性差的气体吸收率大。气体的辐射和吸收是在整个气体容积中进行的，气体的吸收和穿透特性与气体内部特征有关，与其表面状况无关。

如物体能全部吸收外来射线，即 $\alpha = 1$，则这种物体被定义为黑体。如果物体能全部反射外来射线，即 $\rho = 1$，不论是镜面反射或漫反射，均称为白体。如果物体能被外来射线全部透射，即 $\tau = 1$，则称为透明体。

自然界中并不存在黑体、白体与透明体，它们只是实际物体热辐射性能的理想模型。例如烟煤的 $\alpha \approx 0.96$，高度磨光的纯金 $\rho = 0.98$。必须指出，这里的黑体、白体、透明体是对全波长射线而言。

在一般温度条件下，由于可见光在全波长射线中只占一小部分，所以物体对外来射线吸收能力的高低，不能凭借物体的颜色来判断，白颜色的物体不一定是白体。

例如，雪对可见光是良好的反射体，它对肉眼来说是白色的，但对红外线却几乎能全部吸收，非常接近黑体；白布和黑布对可见光的吸收率不同，对于红外线的吸收率却基本相同；普通玻璃对波长小于 $2\mu m$ 射线的吸收率很小，从而可以把照射到它上面的大部分太阳能投射过去，但玻璃对 $2\mu m$ 以上的红外线几乎是不透明的。

8.2　空心半球与平板的热辐射分析

下面通过一个案例来讲解如何使用 ANSYS Workbench 热分析模块进行热辐射分析，读者重点

学习 Workbench 平台中进行热辐射分析的一般步骤。

学习目标	熟练掌握 ANSYS Workbench 平台中热辐射分析的建模方法及求解过程
模型文件	无
结果文件	Chapter8 \ char08-1 \ refushe. wbpj

8.2.1 问题描述

图 8-3 所示的几何结构是两个直径为 2m 的半圆盘，两个半圆盘之间的净距离为 50mm，上面是一个内半径为 1m、壁厚为 200mm 的空心半球体，半球体与两个半圆盘的净距离也是 50mm，三个几何模型的导热系数均为 1.7367E-07W/(m·K)，试分析当其中一个半圆盘上表面温度为 200℃、另一个半圆盘上表面温度为 40℃时，通过辐射传热整体结构的热分布情况。

📂注：本算例采用 ANSYS SpaceClaim 平台建模，在这里不详细对建模进行介绍，请读者参考前面章节的内容学习建模方法。

8.2.2 创建分析项目

首先打开 ANSYS Workbench 程序。在项目工程管理窗口中建立图 8-4 所示的稳态热分析项目流程表。

图 8-3　几何模型

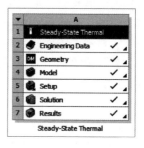

图 8-4　项目管理

8.2.3 定义材料参数

Step1：双击 A2：Engineering Data，首先对模型的材料属性进行定义。

Step2：在 B2 栏输入材料名称为 MINE，在下面的 Properties of Outline Row 3：MINE 中添加 Isotropic Thermal Conductivity 选项，并输入数值为 1.7367E-07，单位默认即可，如图 8-5 所示。

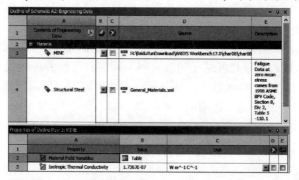

图 8-5　选择材料

Step3：材料选择完成后单击 <kbd>← Return to Project</kbd> （回到项目管理区）按钮。

8.2.4 导入模型

Step1：右击 A3：Geometry （模型），在弹出的快捷菜单中选择 Insert 命令，在弹出的几何文件对话框中导入 fushe.stp 格式的几何。

Step2：双击进入几何建模平台，在工具栏选择 Generate 命令，此时在 DM 平台中将显示图 8-6 所示的几何模型。

8.2.5 划分网格

Step1：双击项目文件 A4：Model （网格），由于 Workbench 平台中导入的几何模型的默认格式为冻结状态，所以显示出来的几何模型为半透明状态，如果导入的几何模型为解冻状态（一般状态）的话，所显示的几何模型应该是不透明状态。

Step2：依次选择 Model （A4）→Geometry 下面的三个几何模型（三个几何同时选中），单击 Assignment 栏中的 ▶ 按钮，此时在弹出的快捷菜单中选择 MINE 选项，即将 MINE 材料属性赋予几何模型，如图 8-7 所示，当几何材料属性被选中后，在 Assignment 栏中将显示 MINE。

图 8-6 模型

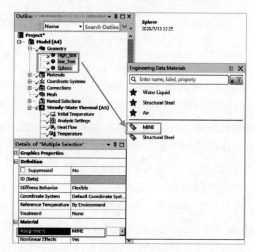

图 8-7 材料属性

Step3：在 Outline 栏中单击 Mesh 选项，此时在 Outline 栏的正下方将出现图 8-8 所示的 Details of "Mesh" 详细设置面板，在窗口中 Sizing 下面的 Element Size 栏输入 5.e-002m，表示设置几何网格尺寸大小为 50mm，软件会根据设置的网格大小划分网格。

Step4：右击 Mesh，在弹出的快捷菜单中选择 Generate Mesh 命令，经过一段时间后，划分完的网格如图 8-9 所示，从网格图中可以看出，下面的两个半圆盘网格以六面体网格为主，空心半球体几何的网格以四面体网格为主。

Step5：移动 Details of "Mesh" 窗口中右侧的滚动条到最下方，此时可以看到 Statistics （统计）属性，其中显示出当前几何的总节点数为 97899 个，总单元数为 39981 个。在 Quality→Mesh Metric 栏选择 Skewness 选项，此时在右侧的 Mesh Metric 窗口中显示出当前几何模型剖分网格的质量，同时在 Details of "Mesh" 面板的最下面四行中分别显示出最小单元质量、最大单元质量、平均单元质量及标准差等信息。网格数量及质量如图 8-10 所示。关于网格质量的判断请读者阅读本书的前面章节，这里不再赘述。

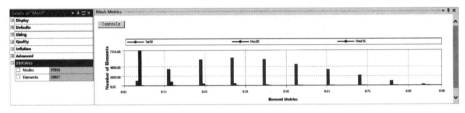

图 8-8　网格大小　　　　　　　　　　图 8-9　划分网格

图 8-10　网格数量及质量

Step6：对几何表面进行命名。在 Workbench 平台中的 Mechanical 进行热辐射计算时，通过单击工具栏中的相关命令仅能完成几何体对空气的辐射设置，还不能进行两个或者多个几何体之间的热辐射设置，所以这里必须通过插入 APDL 命令行进行设置，而插入命令行进行操作时需要选择相关几何模型上的节点（或者面），最简单的办法就是先给需要考虑热辐射的面进行命名，然后通过 APDL 命令输入该面的名称。

首先选择名称为 High_tem 的几何体的上表面，此时上表面处于加亮状态，然后右击绘图窗口，在弹出的快捷菜单中选择 Create Named Selection 选项，在弹出的 Selection Name 对话框中输入 High（注意：此位置不能通过复制粘贴完成），如图 8-11 所示。

Step7：以同样的操作选择名称为 low_tem 的几何体的上表面，并将名字命名为 low，如图 8-12 所示。

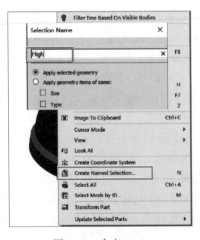
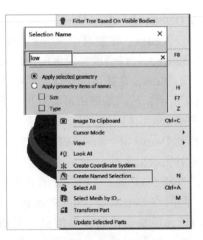

图 8-11　命名 High　　　　　　　　　　图 8-12　命名 Low

Step8：在 Outline 栏中的选中 low_tem 几何体，并右击，在弹出的快捷菜单中选择 Hide Body 选项，将 low_tem 几何体隐藏，如图 8-13 所示。

📁**注意**：通过分析三个几何体的相对位置可知，上面的空心半球体的内表面不容易选中，所以最好的办法是先将其中一个下面的半圆盘几何体隐藏。

Step9：选择名称为 Sphere 的空心半球体的内表面，并将名字命名为 sph，如图 8-14 所示，单击 OK 按钮。

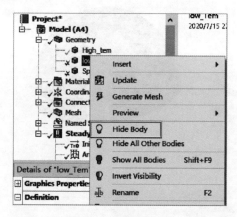

图 8-13　快捷菜单

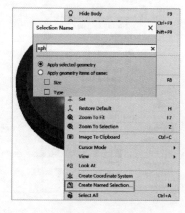

图 8-14　命名

Step10：命名完成后，左侧的 Outline 栏的模型树中出现图 8-15 所示的 Named Selections（命名选择）选项，并在选项中出现了刚才命名的三个名称，此时表示命名操作成功建立。

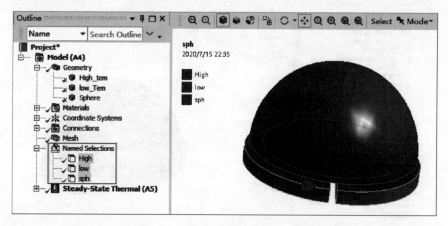

图 8-15　命名选择

📁**注意**：命名的目的是为了在后面插入命令时，方便选取面，请读者在完成后面分析后，体会一下本操作的用处。

8.2.6　定义载荷

Step1：单击 Steady-State Thermal（A5）选项，在工具栏中的 Thermal 选项中选择 Perfect Insulation（绝热）命令，此时在模型树中出现了 Heat Flow（热流密度）选项，单击此选项，并在 Geometry 栏中保证空心半球体外表面被选中，如图 8-16 所示。

Step2：单击 Steady-State Thermal（A5）选项，在工具栏的 Thermal 选项中选择 Temperature（温度）命令，此时在模型树中出现了 Temperature（温度）选项，单击该选项，在 Geometry 栏中

保证 High 表面被选中，在 Definition→Magnitude 栏输入温度为200℃，如图 8-17 所示。

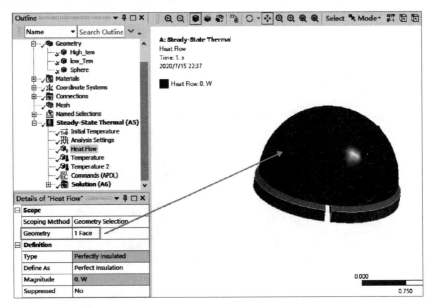

图 8-16　绝热

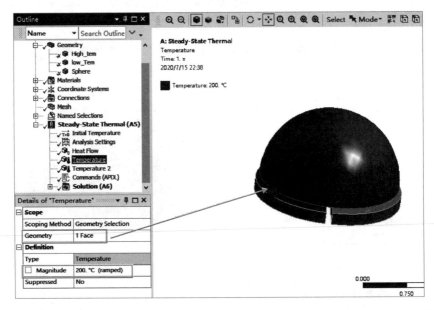

图 8-17　设置温度参数（1）

Step3：再次单击 Steady-State Thermal（A5）选项，在工具栏中的 Thermal 选项栏选择 Temperature（温度）命令，此时在模型树中出现了 Temperature 2（温度）选项，单击该选项，在 Geometry 栏中保证 low 表面被选中，在 Definition→Magnitude 栏输入温度为40℃，如图 8-18 所示。

Step4：右击 Steady-State Thermal（A5）选项，在弹出的快捷菜单中依次选择 Insert→Commands 选项，如图 8-19 所示，此时在 Steady-State Thermal（A5）下面出现了 Commands 选项。

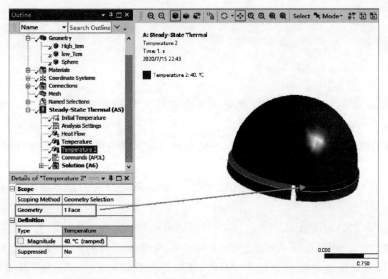

图 8-18　设置温度参数（2）

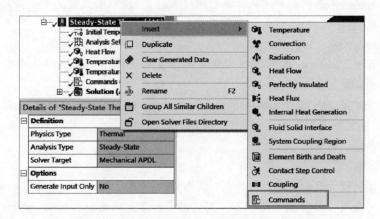

图 8-19　插入命令

Step5：选择 Commands 选项，此时将弹出 APDL 的命令输入窗口，在命令窗口中输入以下命令行，输入完成后如图 8-20 所示。

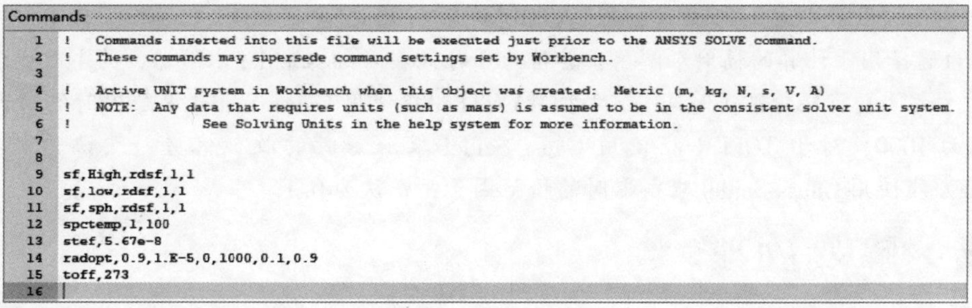

```
Commands
    1   ! Commands inserted into this file will be executed just prior to the ANSYS SOLVE command.
    2   ! These commands may supersede command settings set by Workbench.
    3   !
    4   ! Active UNIT system in Workbench when this object was created: Metric (m, kg, N, s, V, A)
    5   ! NOTE: Any data that requires units (such as mass) is assumed to be in the consistent solver unit system.
    6   !       See Solving Units in the help system for more information.
    7   !
    8
    9   sf,High,rdsf,1,1
   10   sf,low,rdsf,1,1
   11   sf,sph,rdsf,1,1
   12   spctemp,1,100
   13   stef,5.67e-8
   14   radopt,0.9,1.E-5,0,1000,0.1,0.9
   15   toff,273
   16
```

图 8-20　命令

```
sf,High,rdsf,1,1
sf,low,rdsf,1,1
```

```
sf,sph,rdsf,1,1
spctemp,1,100
stef,5.67e-8
radopt,0.9,1.E-5,0,1000,0.1,0.9
toff,273
```

📁**注意**：在输入 APDL 命令之前，要确保本次分析采用的是国际单位制，如果不是，需要读者进行进制转化，以免造成错误结果。

下面对在 Workbench 平台中的 Mechanical 热分析中插入的 APDL 命令行进行说明。

（1）sf 命令行

在 Workbench 中同样使用 ANSYS Classic 中的 sf 命令来施加表面边界条件，sf 命令的一般形式如下所示：

```
sf,nlist,label,value,value2
```

在上述命令行中，nlist 是节点列表，也可以是命名选择，如本例中的 high、low 和 sph；rdsf 是 ANSYS 中的辐射标签，即辐射中的关键字；value 是表面发射率；value2 是封闭体数量。

（2）spctemp 命令行

因为所计算的空间不是完全封闭的计算空间（系统），所以必须定义空间温度，spctemp 命令的一般形式如下所示：

```
spctemp,number,Temperature
```

在上述命令行中，spctemp 是 ANSYS 定义空间温度的关键字；number 是非封闭空间的数量；Temperature 是非封闭空间的温度。

stef 命令行：stef 是 ANSYS 中的斯特藩-玻尔兹曼常数，使用国际单位制时，$stef = 5.67 \times 10^{-8}$。

stef 命令行的一般形式如下：

```
stef,5.67e-8
```

（3）toff 命令行

由前面的热辐射理论可知，辐射计算是在绝对温度下进行的，所以在热辐射分析中必须定义绝对温度与摄氏度之间的关系，即 $K = 273 + ℃$，其中的 273 就是 toff，value 命令行中的 value 值。

（4）radopt 命令行

这个命令是 ANSYS 用来控制辐射求解器的。在热辐射计算中，这个命令很重要，其一般形式如下：

```
radopt,FLUXRELX,FLUXTOL,SOLVER,MAXITER,TOLER,OVERRLEX
```

其中，FLUXRELX 为松弛因子；FLUXTOL 为辐射热通量收敛容差，默认为 0.001；对于 SOLVER 为选择用于计算的辐射求解器，其值为 0 时代表 Gauss-Seidel 求解器，为 1 时代表直接求解器（对于大问题将耗费很多时间）；对于 MAXITER 指使用 Gauss-Seidel 求解器时的最大迭代次数，默认为 1000；对于 TOLER 指使用 Gauss-Seidel 求解器时的收敛容差，默认为 0.1；对于 OVERRLEX 指使用 Gauss-Seidel 求解器时的松弛因子，默认为 0.1。

8.2.7 求解及后处理

Step1：确认输入参数都正确后单击工具栏中的 <kbd>⚡Solve ▾</kbd>（求解）按钮，开始执行此次稳态热分析的求解。

Step2：结果后处理。选择 Thermal（热分析）选项，然后分别选择 Temperature（温度）以及 Total Heat Flux（全部的热流量），如图 8-21 所示。然后选择计算后处理结果，如图 8-22 所示为几何体的温度分布云图，从图中可以看出空心半球体的温度由左侧向右侧呈现出逐渐降低的分布趋势，其主要原因是左侧的底盘温度较高而右侧底盘温度较低。

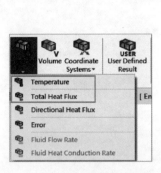

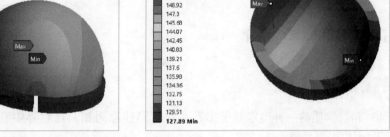

图 8-21　选择后处理项目　　　　　　图 8-22　所有实体温度云图

Step3：图 8-23 显示了整体几何的热流云图，从云图中可以看出空心半球体在两个底盘中间位置处的热流密度比较大，而底盘最左侧及最右侧的热流密度较小。

Step4：图 8-24 显示了空心半球体的温度分布，从图中可以看出靠近 200℃ 底盘位置的温度较高，而靠近 40℃ 底盘位置的温度较低。

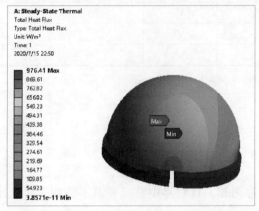

图 8-23　热流云图　　　　　　　　　图 8-24　温度云图

8.2.8　保存并退出

单击 Mechanical 右上角的 ✕（关闭）按钮，返回到 Workbench 主界面，单击 🖫 Save （保存）按钮保存文件，然后单击的 ✕（关闭）按钮，退出 Workbench 主界面。

8.3　本章小结

本章节通过典型实例介绍了热辐射的操作过程，在分析过程中考虑了与周围空气的对流换热边界，在后处理过程中得到了温度分布云图及热流密度分布云图。通过本章节的学习，读者应该对 ANSYS Workbench 平台的简单热辐射分析过程有了详细了解。

第 9 章

相 变 分 析

相变分析是沸腾与蒸发领域中的一个应用，其主要分析内容是通过对被分析结构的基本相的变化来确定相变时间、相变温度分布等。本章节通过简单案例对铸造过程中的相变过程进行分析。

学习目标 知识点	了 解	理 解	应 用	实 践
相变分析的基本概念	√	√		
相变分析操作方法		√	√	√
相变分析的应用领域		√	√	√

9.1 相变分析简介

9.1.1 相与相变

1）相：物质的一种确定原子形态，均匀同性称为相。自然界中有三种基本的相，即气体、液体及固体。

2）相变：系统能量的变化可能导致物质的原子结构发生的改变，称为相变。通常的相变包括凝固、融化和汽化三种类型。

9.1.2 潜热与焓

1）潜热：当物质发生相变时，温度保持不变，在物质相变过程中所需要的热量称为潜热。例如，冰融化为水的过程中温度保持不变，但是需要吸收热量，此热量即为潜热。

2）焓：在工程热力学中，焓可由以下式子确定。

$$H = U + PV$$

式中，H 为焓；U 为热力学能；P 为压力；V 为体积。

焓在工程热力学中是一个重要的物理量，可以从以下几个方面理解它的物理意义和性质。

① 焓是状态函数，具有能量的量纲。

② 焓的量值与物质的量有关，具有可加性。

③ 和热力学能一样，无法确定焓的绝对值，但是可以确定两个不同状态下的焓值的变化

量 ΔH。

④ 对于定量的某种物质而言，若不考虑其他因素，则吸热时焓值增加，放热时焓值减小。

⑤ 焓的变化量 ΔH 有正负之分，当某一过程逆向进行时，其值 ΔH 要改变符号，即 $\Delta H_正 = -\Delta H_逆$。

相变分析必须考虑材料的潜热，即在相变过程中吸收或放出的热量，在 ANSYS Workbench 平台中通过定义材料的焓特性来计入潜热。焓值的单位和能量的单位一样，一般用 kJ 表示。比焓的单位为能量/质量，一般为 kJ/kg。在 ANSYS Workbench 平台中，焓材料特性为比焓，它可以用密度、比热容通过积分算出。计算公式为

$$H = \int \rho c(T)\,\mathrm{d}T$$

式中，H 为焓值，ρ 为材料的密度，$c(T)$ 为随温度变化的比热容。

9.1.3 相变分析基本思路

相变分析必须考虑材料的潜热，将材料的潜热定义到材料的焓中，其中焓的数值随温度变化。在相变过程中，焓的变化相对于温度而言十分迅速。

对于纯材料，液体温度与固体温度的差值应该为 0，在计算时，通常取很小的温度差。由此可见热分析是非线性的。

在 ANSYS Workbench 平台中将焓作为材料属性的定义，通常用温度来区分相。通过相变分析可以获得物质在各个时刻的温度分布，以及典型位置处节点随时间变化的曲线。通过温度云图，可以得到完全相变所需的时间，并对物质任何时间间隔的相变情况进行预测。

（1）相变分析的控制方程

在相变分析过程中，控制方程为

$$[C]\{\dot{T}_t\} + [K]\{T_t\} = \{Q_f\}$$

其中

$$[C] = \int \rho c [N]^{\mathrm{T}}[N]\,\mathrm{d}V$$

式中，ρ 为物质的密度；c 为物质的比热容。

（2）计算焓值的方法

焓曲线根据温度可以分成 3 个区域：在固体温度（T_s）以下，物质为纯固体；在固体温度（T_s）与液体温度（T_l）之间，物质处于相变区；在液体温度（T_l）以上，物质为纯液体，如图 9-1 所示。

焓值计算方程如下。

1）在固体温度以下（$T < T_s$）时：

$$H = \rho c_s(T - T_l)$$

式中，c_s 为固体比热容。

2）在固体温度（$T = T_s$）时：

$$H_s = \rho c_s(T_s - T_l)$$

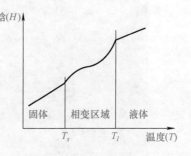

图 9-1 焓值计算示意图

3）在固体温度和液体温度之间（$T_s < T < T_l$）时：

$$H = H_s + \rho c^*(T - T_s)$$

式中，$c^* = c_{avg} + \dfrac{L}{(T_l - T_s)}$，$c_{avg} = \dfrac{c_s + c_l}{2}$，其中 c_l 为液体比热容，L 为融化热。

4）在液体温度（$T = T_l$）时：

$$H = H_s + \rho c^* \left(T_l - T_s \right)$$

5）在液体温度以上（$T > T_l$）时：

$$H = H_l + \rho c_l \left(T - T_l \right)$$

9.2 飞轮铸造相变模拟分析

本节以 ANSYS 官方案例中的飞轮铸造分析为对象，详细讲解飞轮铸造过程中进行的相变分析的操作过程。

学习目标	熟练掌握 ANSYS Workbench 平台中铸造仿真分析的建模方法及求解过程
模型文件	Chapter9 \ char09-1 \ wheel. agdb
结果文件	Chapter9 \ char09-1 \ zhuzaofenxi. wbpj

9.2.1 问题描述

对于一个图 9-2 所示的铝制飞轮铸造过程进行相变分析。飞轮是将溶解的铝液体注入砂模中制造而成的，试分析飞轮的凝固过程。

参数及假设：部件在圆柱形砂模（高 20cm，半径 25cm）的中心；铝在 800℃时注入砂模；砂模初始温度为 25℃；模型顶面和侧面与环境通过自由对流交换热量；假设砂模和铝均为轴对称结构；假设砂的热材料属性为常数，铝的热材料属性随时间变化，比热容和密度将用来计算铝的热焓。

9.2.2 创建分析项目

Step1：在 Windows 系统下启动 ANSYS Workbench，进入主界面。

Step2：在 Workbench 平台中依次选择菜单 Tools→Options，如图 9-3 所示。

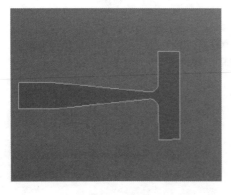

图 9-2 模型

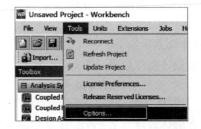

图 9-3 菜单

Step3：在图 9-4 所示的对话框中选择左侧的 Geometry Import 选项，从 Analysis Type 栏选择分析类型为 2D，其余默认即可，单击 OK 按钮。

Step4：双击主界面 Toolbox（工具箱）中的 Analysis Systems→Transient Thermal（瞬态热分析）选项，即可在 Project Schematic（项目管理区）创建分析项目 A，如图 9-5 所示。

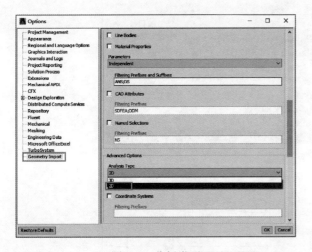

图 9-4　分析类型

图 9-5　创建分析项目 A

9.2.3　导入几何体模型

Step1：在 A3：Geometry 上右击，在弹出的快捷菜单中选择 Import Geometry→Browse 命令，如图 9-6 所示。

Step2：在弹出的图 9-7 所示的对话框中选择几何文件路径，并选择名称为 wheel. agdb 格式的几何文件并单击"打开"按钮。

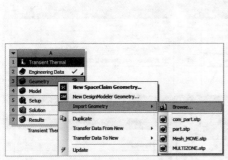

图 9-6　导入几何体

图 9-7　"打开"对话框

Step3：此时导入到 DesignModeler 平台中的几何模型如图 9-8 所示。从图中左侧可以看出，所有的建模命令都出现了闪电图标，即表示需要对当前几何进行数据更新，在工具栏中单击 Generate 按钮，此时经过一段时间的计算，将几何参数中的所有数据更新到最新状态。

Step4：单击工具栏中的 ![保存] （保存）按钮，在弹出的"另存为"对话框的名称栏输入 xiangbianfenxi. wbpj，并单击"保存"按钮。

Step5：回到 DesignModeler 界面中，单击右上角的 ![关闭] （关闭）按钮，退出 DesignModeler，返回到 Workbench 主界面。

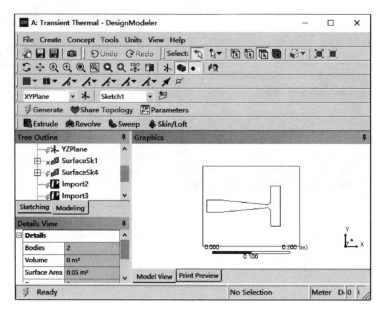

图 9-8　模型

9.2.4　材料设置

Step1：在 Workbench 主界面双击 A2：Engineering Data 进入 Mechanical 热分析的材料设置界面。

Step2：单击工具栏中的 Engineering Data Sources 选项，此时进入图 9-9 所示的材料选择窗口，在出现的 Outline of Schematic A2：Engineering Data 栏输入材料名称为 shamo，在 Properties of Outline Row 6：shamo 窗口分别添加 Density、Isotropic Thermal Conductivity 及 Specific Heat 三个属性，并分别将三个属性中的数值依次输入为 1520、0.346 及 816。

Step3：在 Outline of Schematic A2：Engineering Data 栏输入材料名称 feilun，在 Properties of Outline Row 5：feilun 窗口添加 Isotropic Thermal Conductivity 属性，并将属性中的数值输入成随温度变化（见表 9-1），如图 9-10 所示，在工具栏中单击 A2:Engineering Data ✕中的 X 关闭材料设置窗口。

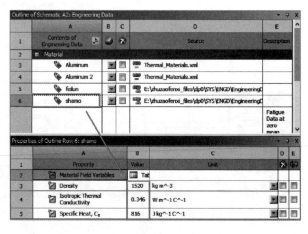

图 9-9　材料选择窗口

表 9-1　输入的温度数值

温度/℃	0	100	200	300	400	530	800
导热系数/W·$(m·K)^{-1}$	206	206	215	228	249	268	290

Step4：双击主界面项目管理区项目 A 中的 A4：Model 项，进入图 9-11 所示的 Mechanical 界面，在该界面下可进行网格的划分、分析设置、结果观察等操作。

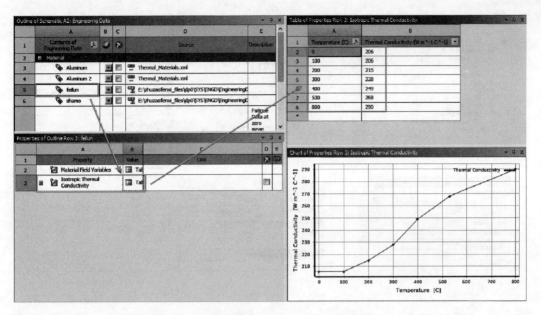

图 9-10　添加 Isotropic Thermal Conductivity 属性

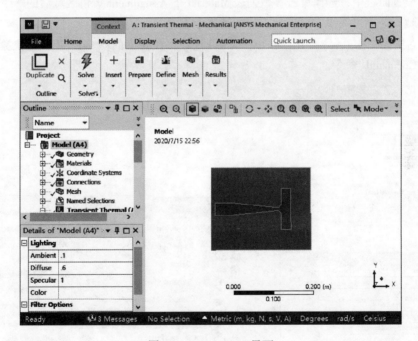

图 9-11　Mechanical 界面

Step5：选择 Mechanical 界面左侧 Outline（分析树）中的 Geometry 选项，此时即可在 Details of "Geometry"（参数列表）中进行图 9-12 所示的设置：在 Definition→2D Behavior 栏选择 Axisymmetric 选项，此选项表示将当前二维几何模型设置为二维轴对称样式。

Step6：返回 Outline，并选择 Model（A4）→Geometry→sand 选项，在下面出现的 Details of "sand" 详细设置面板中，单击 Material→Assignment 黄色区域后的 ▶ 按钮，此时会出现刚刚设置的材料 shamo，选择后即可将其添加到模型中去，如图 9-13 所示。

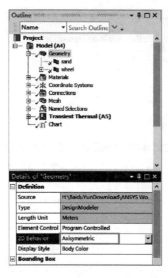

图 9-12　轴对称设置

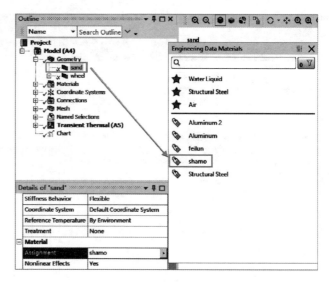

图 9-13　材料（1）

Step7：选择 Model（A4）→Geometry→wheel 选项，在下面出现的图 9-14 所示的 Details of "wheel" 详细设置面板中，选择单击参数列表 Material 下 Assignment 黄色区域后的 ▶，此时会出现刚刚设置的材料 feilun，选择即可将其添加到模型中去。

Step8：右击 Model（A4）→Geometry→wheel 选项，在弹出的图 9-15 所示的快捷菜单中依次选择 Insert→Commands 命令。

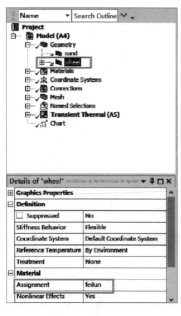

图 9-14　材料（2）

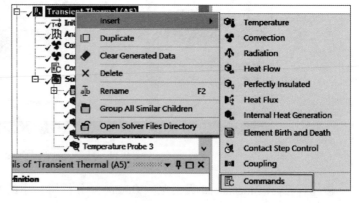

图 9-15　插入命令

Step9：选择 Model（A4）→Transient Thermal→Commands（APDL）选项，此时右侧的绘图区域将变成图 9-16 所示的命令窗口，在这里可以进行编程。

Step10：在右侧命令行窗口中输入如下命令，如图 9-17 所示。

```
MPTEMP,1,0,695,700,1000
```

图 9-16　命令窗口

MPDATA,ENTH,MATID,0.0,1.6857E+9,2.7614E+9,3.6226E+9

📁注：这里通过插入命令行对材料在不同温度下的焓值进行输入。

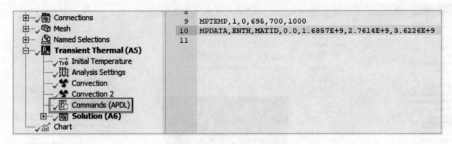

图 9-17　命令行

Step11：在 Outline 中选择 Transient Thermal（A5），并选择 Environment 工具栏中的 Convection 选项，如图 9-18 所示，创建 Convection（热对流）。

Step12：在 Outline 中选择 Convection 选项，在下面出现的图 9-19 所示的 Details of "Convection" 详细设置面板中作如下操作：在 Geometry 栏中确保几何体右侧的边线被选中；在 Film Coefficient 栏输入对流系数为 7.5；在 Ambient Temperature 栏输入温度为 30，其余保持默认即可。

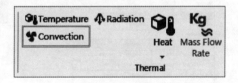

图 9-18　对流

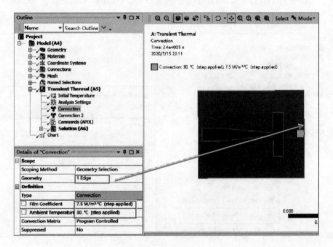

图 9-19　对流参数（1）

Step13：在 Outline 中选择 Transient Thermal（A5），再次选择 Environment 工具栏中的 Convection 选项，创建第二个 Convection（热对流）选项。

Step14：在 Outline 中，选择 Convection2 选项，在下面出现的图 9-20 所示的 Details of "Convection 2"详细设置面板中进行如下操作：在 Geometry 栏中确保几何体上下边线被选中；在 Film Coefficient 栏输入对流系数为 5.75；在 Ambient Temperature 栏输入温度为 30，其余保持默认即可。

Step15：单击 Outline 中的 Transient Thermal（A5）下面的 Analysis Settings，在下面出现的图 9-21 所示的 Details of "Analysis Settings"详细设置面板中进行如下设置：在 Step End Time 栏输入 2.4e+005s；在 Auto Time Stepping 栏选择 On；在 Define By 栏选择 Time；在 Initial Time Step 栏输入 1.e-002s；Minimum Time Step 栏输入 1.e-002s；Maximum Time Step 栏输入 20s；在 Solver Type 栏选择 Iterative 选项；在 Line Search 栏选择 On 选项；在 Nonlinear Formulation 栏选择 Full 选项，其余保持默认即可。

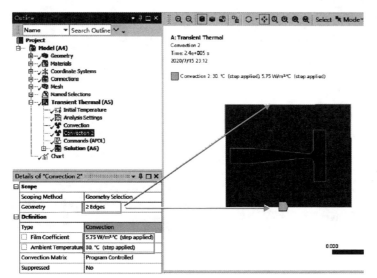
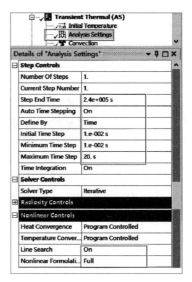

图 9-20　对流参数（2）　　　　　图 9-21　设置

Step16：在 Outline 栏中右击 Model（A4）→sand 选项，在弹出的快捷菜单中选择 Create Named Selection 选项，此时弹出图 9-22 所示的 Selection Name 对话框，在其中输入 thesand，并单击 OK 按钮完成命名。

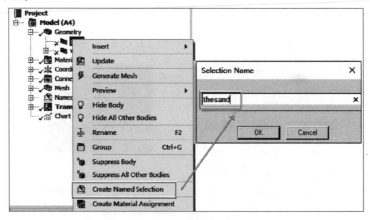

图 9-22　命名（1）

Step17：在 Outline 栏中右击 Model（A4）→wheel 选项，在弹出的快捷菜单中选择 Create Named Selection 选项，此时弹出图 9-23 所示的 Selection Name 对话框，在其中输入 thewheel，并单击 OK 按钮完成命名。

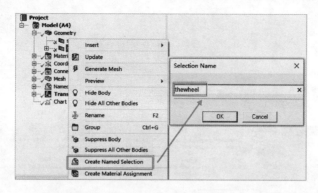

图 9-23　命名（2）

Step18：在 Outline 栏中右击 Named Selections 选项，此时绘图窗口中图 9-24 所示的几何体被选中。

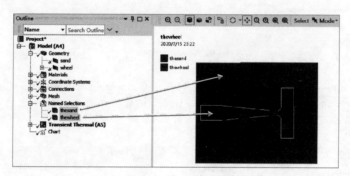

图 9-24　选择几何体

Step19：右击 Transient Thermal（A5），弹出图 9-25 所示的快捷菜单，从中依次选择 Insert→Commands 选项。

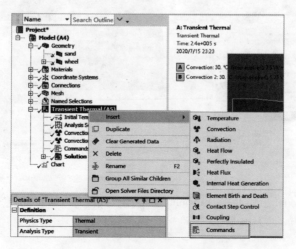

图 9-25　插入命令

Step20：选择 wheel 下面的 Commands（APDL）选项，在右侧命令行窗口中输入如下命令，如图 9-26 所示。

```
cmsel,s,thesand
nsle
ic,all,temp,25
cmsel,s,thewheel
nsle
ic,all,temp,800
Alls
```

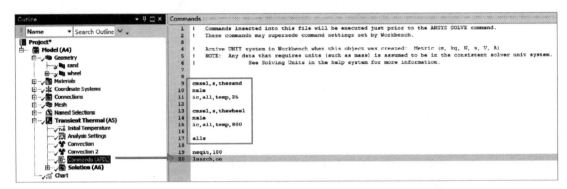

图 9-26　输入命令行

Step21：在 Outline 栏中依次选择 Model（A4）→Connections→Contacts→Contact Region 选项，在下面出现的图 9-27 所示的 Details of "Contact Region" 详细设置面板的 Thermal Conductance 栏输入 10000，单位默认。

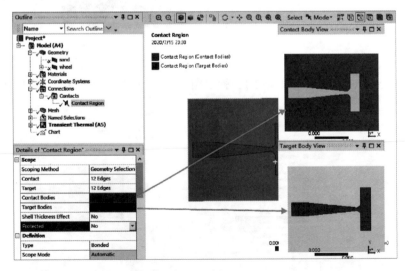

图 9-27　设置参数

Step22：返回到 Model（A4）→Transient Thermal（A5）→Commands（APDL）选项中，在后面添加以下两行命令，如图 9-28 所示。

```
neqit,100
lnsrch,on
```

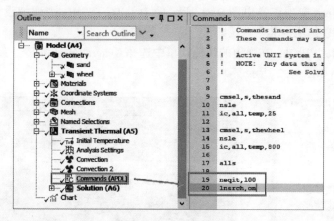

图 9-28　添加命令行

Step23：在 Outline 栏中右击 Mesh 选项，弹出图 9-29 所示的快捷菜单，从中依次选择 Insert→Sizing 选项，进行网格大小设置。

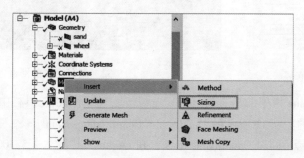

图 9-29　快捷菜单

Step24：在 Outline 栏中单击 Mesh 下面的 Face Sizing 选项，在下面出现的 Detail of "Face Sizing"-Sizing 详细设置面板中进行如下操作：选择 Model（A4）→Geometry→sand 选项；在 Element Size 栏中设置网格大小为 2.e-003m，其余保持默认即可，如图 9-30 所示。

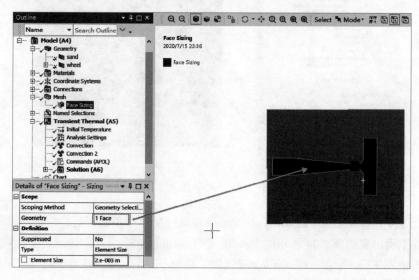

图 9-30　网格设置

Step25：选择 Mesh 选项，弹出图 9-31 所示的 Details of "Mesh"详细设置面板，在 Physics Preference 栏选择 CFD 选项，其余默认即可。

Step26：右击 Mesh 选项，在弹出的快捷菜单中选择 General Mesh 命令，经过一段时间的网格划分，划分完的网格如图 9-32 所示。

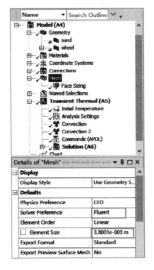
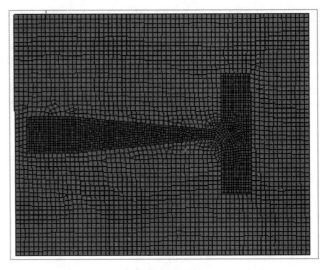

图 9-31 网格设置   图 9-32 划分完成的网格

Step27：选择 Outline 栏中的 Coordinate System 选项，然后单击工具栏中的 ✈ 按钮，创建用户坐标系，在下面出现的图 9-33 所示的 Details of "Coordinate System"详细设置面板中进行如下设置：在 Define By 栏选择 Global Coordinates 选项；在 Origin X 栏输入 1.5e-002m；在 Origin Y 栏输入 0m，其余默认即可，此时创建了第一个用户坐标系。

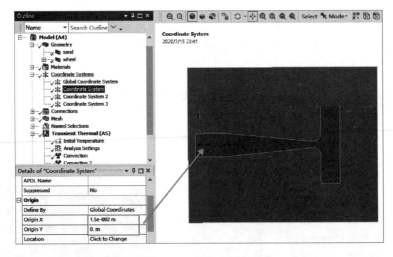

图 9-33 创建坐标系

Step28：选择 Outline 栏中的 Coordinate System 2 选项，然后单击工具栏中的 ✈ 按钮，创建用户坐标系，在下面出现的图 9-34 所示的 Details of "Coordinate System 2"详细设置面板中进行如下设置：在 Define By 栏选择 Global Coordinates 选项；在 Origin X 栏输入 0.105m；在 Origin Y 栏输入 0m，其余默认即可，此时创建了第二个用户坐标系。

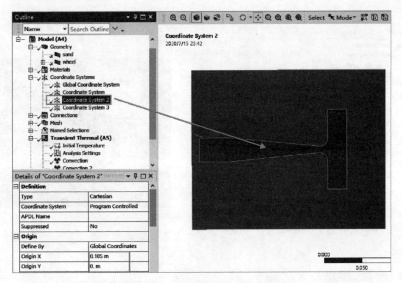

图 9-34　创建第二个坐标系

Step29：选择 Outline 栏中的 Coordinate System 3 选项，然后单击工具栏中的 ✈ 按钮，创建用户坐标系，在下面出现的图 9-35 所示的 Details of "Coordinate System 3" 详细设置面板中的 Define By 栏选择 Global Coordinates 选项；在 Origin X 栏输入 0.195m；在 Origin Y 栏输入 0m，其余默认即可，此时创建了第三个用户坐标系。

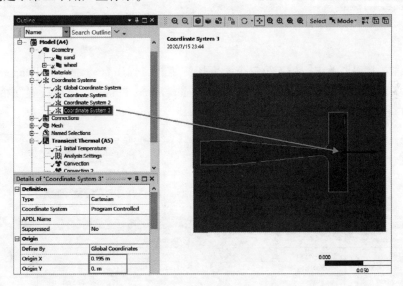

图 9-35　创建第三个坐标系

Step30：选择 Outline 栏中的 Coordinate Systems 选项，将出现三个坐标系，如图 9-36 所示。

Step31：在 Outline 栏中右击 Solution（A6）选项，在弹出的图 9-37 所示的快捷菜单中依次选择 Insert→Probe→Temperature 选项，创建温度探测工具。

Step32：此时在 Solution（A6）下面出现了 Temperature Probe 选项，单击该选项，下面出现图 9-38 所示的 Details of "Temperature Probe" 详细设置面板，在其 Location 栏选择用户自定义的 Coordinate System 选项。

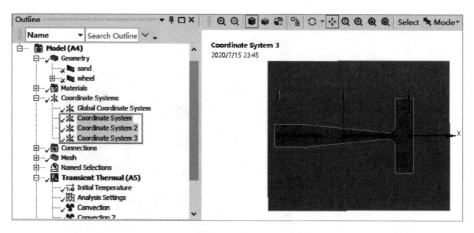

图 9-36 三个用户定义坐标系

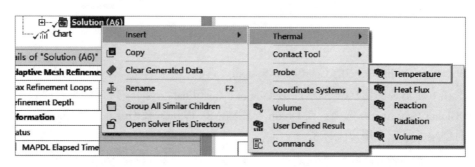

图 9-37 探测工具

Step33：重复上一步操作，插入第二个温度探测工具，程序自动命名为 Temperature Probe 2，单击该选项，下面出现图 9-39 所示的 Details of "Temperature Probe 2"详细设置面板，在其 Location 栏选择用户自定义的 Coordinate System 2 选项。

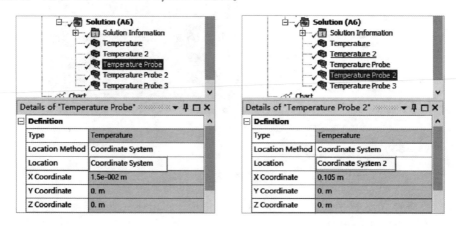

图 9-38 设置 Temperature Probe   图 9-39 设置 Temperature Probe 2

Step34：重复上一步操作，插入第三个温度探测工具，程序自动命名为 Temperature Probe 3，单击该选项，下面出现图 9-40 所示的 Details of "Temperature Probe 3"详细设置面板，在其 Location 栏选择用户自定义的 Coordinate System 3 选项。

Step35：在工具栏中单击 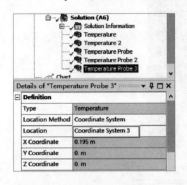 按钮，下面出现图 9-41 所示的 Details of "Chart" 详细设置面板，在 Outline Selection 栏中确保上面的三个温度探测选项被选中，此时 Outline Selection 后面的栏中显示出 3Objects，同时右侧显示出不同时刻三个探测工具探测到的温度曲线。

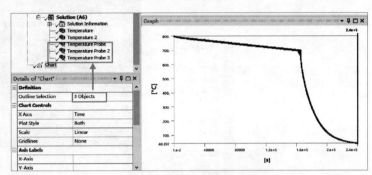

图 9-40　设置 Temperature Probe 3　　　　　　　图 9-41　温度曲线

Step36：右击 Solution（A6），在弹出的图 9-42 所示的快捷菜单中依次选择 Insert→Thermal→Temperature。

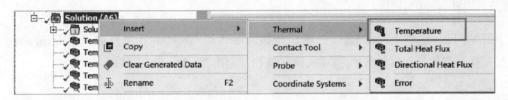

图 9-42　快捷菜单

Step37：在 Solution（A6）下面选择 Temperature 菜单，此时窗口右侧出现整个几何随温度变化的热点温度分布云图与最低温度分布云图，如图 9-43 所示。

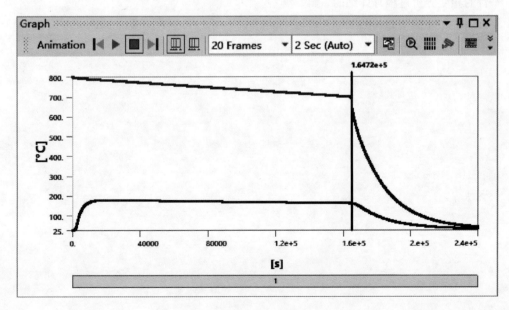

图 9-43　曲线

Step38：在绘图区域显示出图 9-44 所示的最后时刻的温度分布云图。

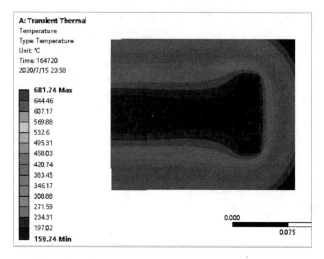

图 9-44　最后时刻的温度分布

9.2.5　保存与退出

单击 Mechanical 右上角的 ⊠（关闭）按钮，返回到 Workbench 主界面，单击 🔳 Save（保存）按钮保存文件，然后单击的 ⊠（关闭）按钮，退出 Workbench 主界面。

9.3　本章小结

本章节通过典型实例介绍了相变分析的操作过程，在分析过程中考虑了与周围空气的对流换热边界，在后处理过程中得到了温度分布云图。通过本章节的学习，读者应该对 ANSYS Workbench 平台的相变分析过程有详细的了解。

第 **10** 章

优 化 分 析

结构优化是指从众多方案中选择最佳方案的技术。一般而言，设计主要有两种形式，即功能设计和优化设计。功能设计强调的是该设计能达到预定的设计要求，但仍能在某些方面进行改进。优化设计是一种寻找确定最优化方案的技术。

知识点＼学习目标	了　解	理　解	应　用	实　践
优化分析的基本概念	√	√		
优化分析操作方法		√	√	√
优化分析的应用领域		√	√	√

10.1　优化分析简介

所谓"优化"是指"最大化"或者"最小化"，"优化设计"指的是一种方案可以满足所有的设计要求，而且需要的支出最小。

10.1.1　优化设计概述

优化设计有两种分析方法：解析法，通过求解微分与极值，进而求出最小值；数值法，借助于计算机和有限元，通过反复迭代逼近，求解出最小值。由于解析法需要列方程并求解微分方程，对于复杂的问题而言比较困难，所以解析法常用于理论研究，很少在工程上使用。

随着计算机技术的发展，结构优化算法取得了更大的发展，根据设计变量的类型不同，已由较低层次的尺寸优化，发展到较高层次的结构形状优化，现如今已达到了更高层次——拓扑优化。优化算法也由简单的准则法发展到数学规划法，再到遗传算法等。

传统的结构优化设计是由设计者提供几个不同的设计方案，比较后挑选出最优化的方案。这种方法往往建立在设计者经验的基础上，再加上资源时间的限制，提供的可选方案数量有限，往往不一定是最优方案。

如果想获得最佳方案，就要提供更多的设计方案进行比较，这就需要大量的资源，单靠人力往往难以做到，只能靠计算机来完成。到目前为止，能够做结构优化的软件并不多，ANSYS 软件作为通用的有限元分析工具，除了拥有强大的前后处理器外，还有很强大的优化设计功能，既可以做结构尺寸优化亦能做拓扑优化，其本身提供的算法能够满足工程需要。

10.1.2　Workbench 结构优化分析简介

ANSYS Workbench Environment（AWE）是 ANSYS 公司开发的新一代前后处理环境，并且定为一个 CAE 协同平台，该环境实现了与 CAD 软件及设计流程的高度集成性，并且新版本增加了很多 ANSYS 软件模块，实现了很多常用功能，使产品开发中能快速应用 CAE 技术进行分析，从而缩短产品设计周期、提高产品附加价值。

优化作为一种数学方法，通常利用对解析函数求极值的方法来达到寻求最优值的目的。基于数值分析技术的 CAE 方法，其计算所求得的结果只是一个数值，显然不可能针对我们的目标得到一个解析函数。

然而，样条插值技术又使 CAE 中的优化成为可能，多个数值点可以利用插值技术形成一条连续的、可用函数表达的曲线或曲面，如此便回到了数学意义上的极值优化技术上来。

样条插值方法是种近似方法，通常不可能得到目标函数的准确曲面，但利用上次计算的结果再次插值得到一个新的曲面，相邻两次得到的曲面的距离会越来越近，当它们的距离小到一定程度时，就可以认为此时的曲面代表目标曲面。那么，该曲面的最小值，便可以认为是目标最优值。以上就是 CAE 方法中的优化处理过程。一个典型的 CAD 与 CAE 联合优化过程通常需要经过以下步骤。

1）参数化建模：利用 CAD 软件的参数化建模功能把将要参与优化的数据（设计变量）定义为模型参数，为以后软件修正模型提供可能。

2）CAE 求解：对参数化 CAD 模型进行加载与求解。

3）后处理：将约束条件和目标函数（优化目标）提取出来供优化处理器进行优化参数评价。

4）优化参数评价：优化处理器将本次循环提供的优化参数（设计变量、约束条件、状态变量及目标函数）与上次循环提供的优化参数比较之后，确定该次循环目标函数是否达到了最小，或者说结构是否达到了最优。如果最优，完成迭代，退出优化循环圈；否则，进行下步。

5）根据已完成的优化循环和当前优化变量的状态修正设计变量，重新投入循环。

10.1.3　Workbench 结构优化分析

ANSYS Workbench 平台有五种优化分析工具，即 Direct Optimization（Beta）（直接优化工具）、Goal Driven Optimization（多目标驱动优化分析工具）、Parameters Correlation（参数相关性优化分析工具）、Response Surface（响应曲面优化分析工具）及 Six Sigma Analysis（六西格玛优化分析工具）。

- Direct Optimization（Beta）（直接优化工具）：设置优化目标，利用默认参数进行优化分析，从中得到期望的组合方案。
- Goal Driven Optimization（多目标驱动优化分析工具）：从给定的一组样本中得到最佳的设计点。
- Parameters Correlation（参数相关性优化分析工具）：可以得出某一输入参数对响应曲面影响的大小。
- Response Surface（响应曲面优化分析工具）：通过图表来动态显示输入与输出参数之间的关系。
- Six Sigma Analysis（六西格玛优化分析工具）：基于 6 个标准误差理论来评估产品的可靠性概率，以及判断产品是否满足六西格玛准则。

10.2 散热肋片优化分析

本节将详细介绍通过 ANSYS Workbench 平台进行散热片的肋片热优化分析的操作过程。

学习目标	熟练掌握 ANSYS Workbench 平台中热优化分析的建模方法及求解过程
模型文件	无
结果文件	Chapter10 \ char10-1 \ youhua. wbpj

10.2.1 问题描述

图 10-1 所示为带散热肋片的基座，基座的底面温度为 50℃，基座与肋片的材质均为铝，试通过优化分析的方式，对不同类型的肋片及肋片间距离进行调整，计算温度变化特性。

图 10-1 模型

10.2.2 创建分析项目

Step1：在 Windows 系统下启动 ANSYS Workbench，进入主界面。

Step2：双击主界面 Toolbox（工具箱）中的 Analysis Systems→Steady-State Thermal（稳态热分析）选项，即可在 Project Schematic（项目管理区）创建分析项目 A，如图 10-2 所示。

10.2.3 创建几何体模型

Step1：在 A3 Geometry 上右击，在弹出的快捷菜单中选择 New DesignModeler Geometry 命令，如图 10-3 所示。

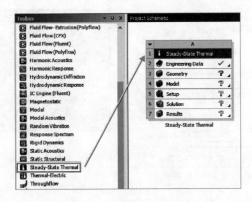

图 10-2 创建分析项目 A

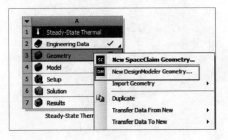

图 10-3 导入几何体

Step2：在启动的 DesignModeler 窗口中进行几何创建。依次选择 Units 菜单中的 Millimeter 设置长度单位为 mm，在 DesignModeler 窗口中选择 Tree Outline→XYPlane 命令，再选择 Sketching 选项卡，选择 Draw→Rectangle，以坐标原点为矩形的正中心开始绘制一个矩形。

Step3：单击 Dimensions 选项卡，然后选择 General，标注矩形的长和宽，如图 10-4 所示，设置 H2 为 100mm，H5 为 50mm，V3 为 100mm，V6 为 50mm。

Step4：切换到 Modeling 选项卡，选择工具栏中的 Extrude 拉伸命令，在 Details View 详细设

置面板中进行如下操作：在 Geometry 栏中选中刚刚建立的 Sketch1；在 Operation 栏选择 Add Frozen；在 FD1，Depth（＞0）栏输入拉伸长度为 10mm，其余默认即可，如图 10-5 所示。创建的几何体如图 10-6 所示。

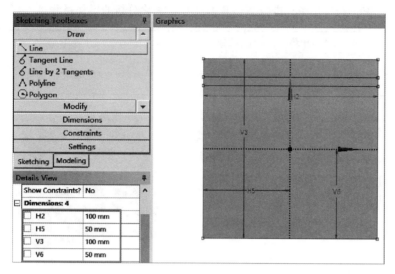

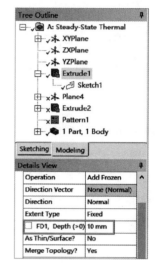

图 10-4　生成矩形后的 DesignModeler 界面　　　　图 10-5　设置拉伸参数（1）

📂**注意**：Frozen 为冻结后的几何体，从几何图形上显示为半透明状态。

Step5：单击 Z 轴最大位置处的几何平面，然后单击工具栏中的 按钮，再选择 Sketching 选项卡，然后绘制图 10-7 所示的矩形。

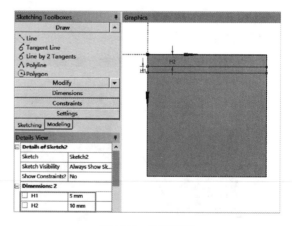

图 10-6　创建的几何体　　　　　　　　　图 10-7　绘制矩形

Step6：单击 Dimensions 选项卡，然后选择 General，标注矩形的长和宽，设置 H1 为 5mm，H2 为 10mm。

Step7：切换到 Modeling 选项卡，选择工具栏中的 Extrude（拉伸）命令，在 Details View 详细设置面板中进行如下操作：在 Geometry 栏中选中刚刚建立的 Sketch2；在 FD1，Depth（＞0）栏输入拉伸长度为 50mm，其余默认即可，如图 10-8 所示。

Step8：选择 Create 菜单下面的 Pattern 子菜单，如图 10-9 所示。

Step9：选择 Tree Outline 栏中的 Pattern1 选项，此时在下面出现图 10-10 所示的 Details View

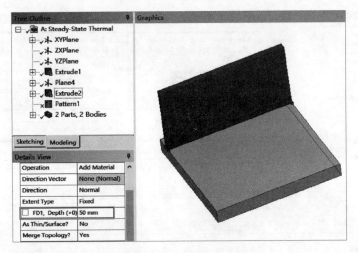

图 10-8 设置拉伸参数（2）

设置面板中进行如下设置：在 Pattern Type 栏选择 Linear 选项；在 Geometry 栏选择拉伸的几何实体；在 Direction 栏中确保被冻结几何实体的一条边被选中，并确定好阵列方向，可以通过单击绘图窗口中左下角出现的箭头来调整方向；在 FD1,Offset（>0）栏输入拉伸长度为 10mm；在 FD3,Copies（> =0）栏输入数量为 8，其余默认即可，如图 10-10 所示。

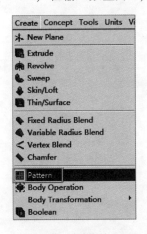

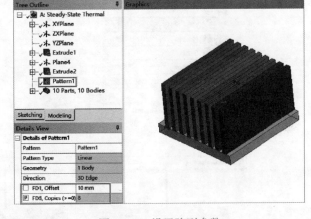

图 10-9 菜单   图 10-10 设置阵列参数

Step10：单击 FD1,Offset 栏前面的□图标，此时弹出了 A：Steady-State Thermal-DesignModeler 对话框，在对话框中的 Parameter Name 栏输入名称为 DIS，并单击 OK 按钮，此时 FD1,Offset 栏前面的□中将出现 P 的字样，表示此时已被设置为参数化。

Step11：单击 FD3,Copies（> =0）栏前面的□图标，此时弹出了 A：Steady-State Thermal-DesignModeler 对话框，在对话框中的 Parameter Name 栏输入名称为 No，并单击 OK 按钮，此时 FD3，Copies（> =0）栏前面的□中将出现 P 字样，表示此时已被设置为参数化，如图 10-11 所示。

Step12：单击工具栏中的 🖫（保存）按钮，在弹出的 "另存为" 对话框的名称栏输入 youhua. wbpj，并单击 "保存" 按钮。

Step13：回到 DesignModeler 界面中，单击右上角的 ❎（关闭）按钮，退出 DesignModeler，返回到 Workbench 主界面，此时流程图变成图 10-12 所示的参数化流程图。

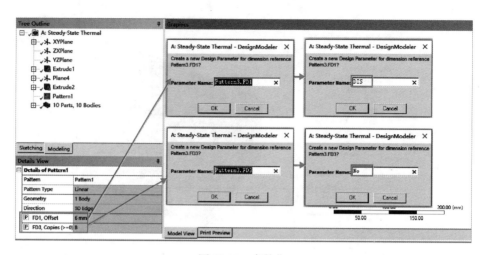

图 10-11　参数化

　　注：从流程图中可以看出，此时虽然已对几何体中的两个参数进行了参数化设置，但是没有对输出进行参数化设置，所以流程图中的 Parameter Set 栏中仅有一个箭头指向流程图中的 A8 Parameters 栏，还需要一个输出。

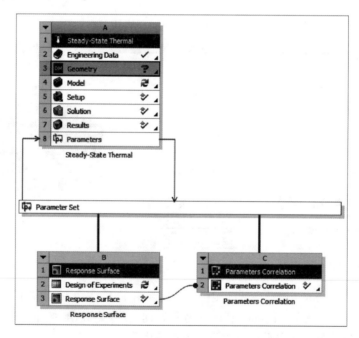

图 10-12　参数化流程图

10. 2. 4　材料设置

　　Step1：在 Workbench 主界面双击 A2：Engineering Data 进入 Mechanical 热分析的材料设置界面。

　　Step2：选择工具栏中的 Engineering Data Sources 选项，此时进入图 10-13 所示的材料选择窗口，在 Engineering Data Sources 窗口选择 Thermal Materials（热材料属性），在出现的 Outline of Thermal

Materials 窗口中选择 Aluminum（铝）。在工具栏中单击 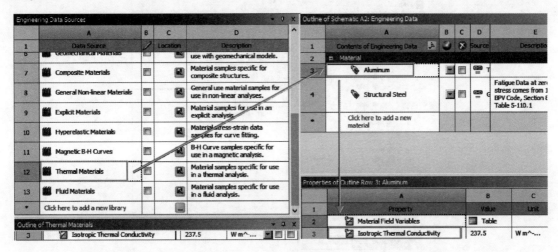 A2:Engineering Data ×按钮，关闭材料设置窗口。

图 10-13　设置材料

Step3：双击主界面项目管理区项目 A 中的 A4：Model 项，进入图 10-14 所示的 Mechanical 界面，在该界面下即可进行网格的划分、分析设置、结果观察等操作。

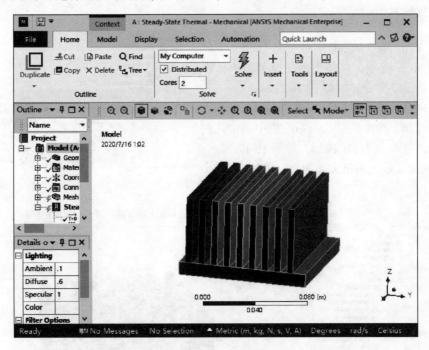

图 10-14　Mechanical 界面

Step4：选择 Mechanical 界面左侧 Outline（分析树）中 Geometry 选项下的所有 Solid，此时即可在 Details of" Multiple Selection"（参数列表）中给模型添加材料，如图 10-15 所示。

Step5：单击参数列表中 Material 下 Assignment 黄色区域后的 ▶，此时会出现刚刚设置的材料 Aluminum，选择即可将其添加到模型中去。

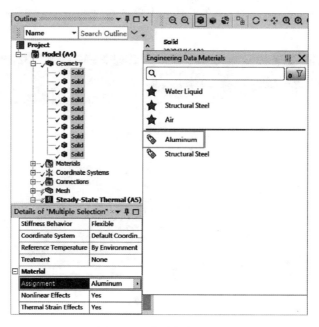

图 10-15　修改材料属性

10.2.5　划分网格

Step1：右击 Mechanical 界面左侧 Outline（分析树）中的 Mesh 选项，在弹出的快捷菜单中依次选择 Insert→Sizing 命令，如图 10-16 所示。

Step2：在 Details of "Edge Sizing" -Sizing 详细设置面板中进行如下操作：在 Geometry 栏中选中几何体的所有边，并单击 Apply 按钮，如图 10-17 所示；在 Element Size 栏输入网格大小为 2.5e-003m，其余默认即可。

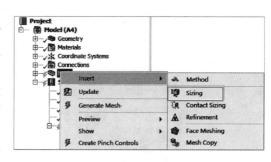

图 10-16　快捷菜单

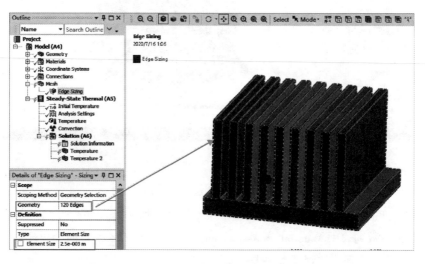

图 10-17　网格设置

Step3：选择 Outline（分析树）中的 Mesh 选项并右击，在弹出的快捷菜单中选择 Generate Mesh 命令，最终的网格效果如图 10-18 所示。

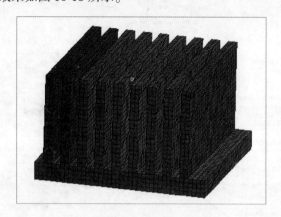

图 10-18　网格效果

10.2.6　施加载荷与约束

Step1：选择 Mechanical 界面左侧 Outline（分析树）中的 Steady-State Thermal（A5）选项，此时会出现图 10-19 所示的 Environment 工具栏。

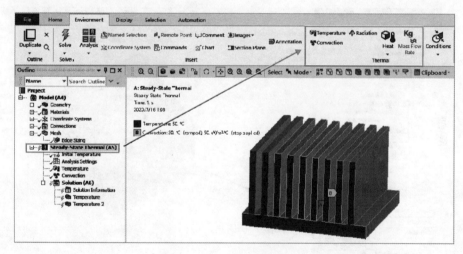

图 10-19　Environment 工具栏

Step2：选择 Environment 工具栏中的 Temperature（温度）命令，此时在分析树中会出现 Temperature 选项，如图 10-20 所示。

Step3：如图 10-21 所示，选中 Temperature，在出现的 Details of "Temperature" 中进行如下操作：在 Geometry 中选择选择实体的背面（即不带散热肋的一个面）；在 Definition→Magnitude 栏输入 50℃；其余默认即可，完成一个温度的添加。

Step4：选择工具栏中的 Convection 选项，在 Details of "Convection" 中进行如下操作：在 Geometry 中选择选择所有的肋片外表面及几何的四个侧面；在 Film Coefficient 栏输入 50；在 Ambi-

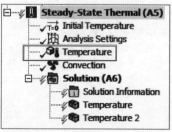

图 10-20　添加载荷

tion Temperature 栏输入 30℃，其余默认即可，完成另一个对流的添加，如图 10-22 所示。

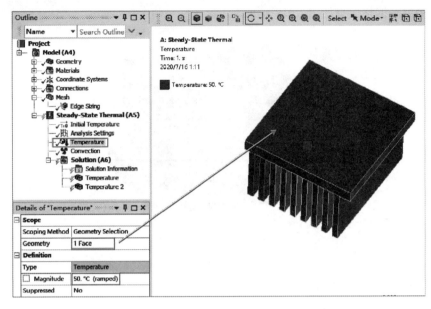

图 10-21　添加温度

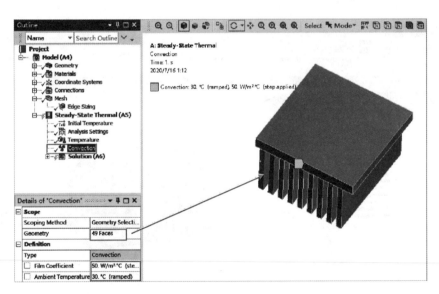

图 10-22　添加对流

Step5：选择 Outline（分析树）中的 Steady-State Thermal（A5）选项并右击，在弹出的快捷菜单中选择 Solve 命令，如图 10-23 所示。

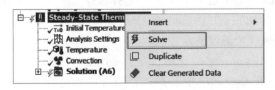

图 10-23　求解

10.2.7　结果后处理

Step1：选择 Mechanical 界面左侧 Outline（分析树）中的 Solution（A6）选项，此时会出现图 10-24 所示的 Solution 工具栏。

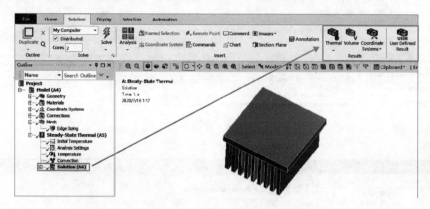

图 10-24　Solution 工具栏

Step2：选择 Solution 工具栏中的 Thermal（热）→Temperature 命令，如图 10-25 所示，此时在分析树中会出现 Temperature（温度）选项。

Step3：选择 Outline（分析树）中的 Solution（A6）选项并右击，在弹出的快捷菜单中选择 ⚡ Evaluate All Results 命令，如图 10-26 所示，此时会弹出进度显示条，表示正在求解，当求解完成后进度条自动消失。

Step4：选择 Outline（分析树）中 Solution（A6）下的 Temperature（温度），如图 10-27 所示。

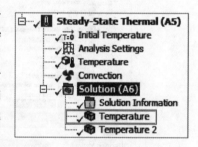

图 10-25　添加温度选项

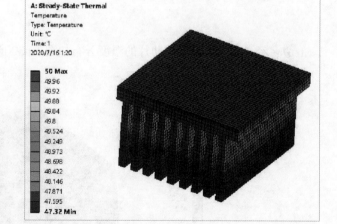

图 10-26　快捷菜单　　　　　　　　　　图 10-27　温度分布图

Step5：右击 Solution（A6）选项，在弹出的快捷菜单中依次选择 Insert→Thermal→Temperature，如图 10-28 所示。

Step6：如图 10-29 所示，在 Geometry 栏中确保所有肋片的几何实体都被选中。

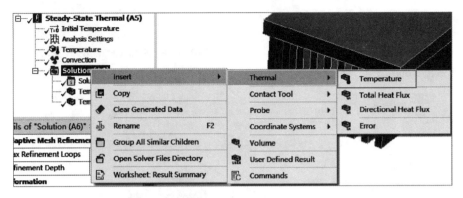

图 10-28　快捷菜单

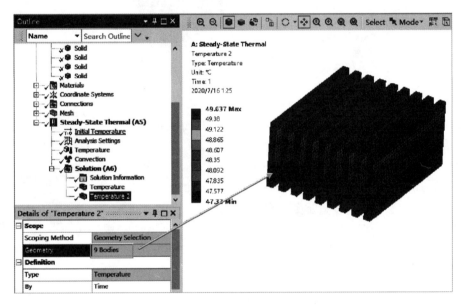

图 10-29　设置

Step7：经过计算可以看出肋片的温度分布如图 10-30 所示。

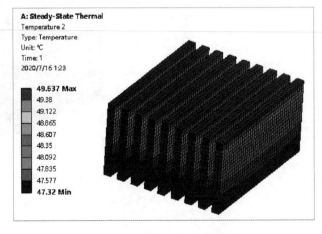

图 10-30　肋片温度分布云图

Step8：下面对肋片的温度分布进行参数化输出设置，如果 10-31 所示，单击 Temperature 2，在下面出现 Details of "Temperature 2" 详细设置面板中单击 Results 栏内 Minimum 和 Maximum 前面的□图标，此时两个位置都出现了 P 的标识，表示输出可以参数化。

此时返回到 Workbench 平台，可以看到 Parameter Set 已经封闭，说明此时的优化设计包含了输入及输出的参数化，如图 10-32 所示。

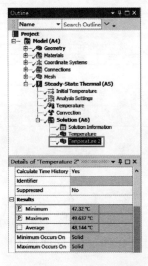

图 10-31　参数化输出设置

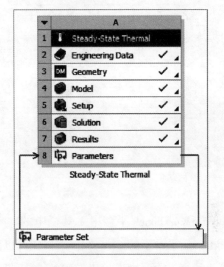

图 10-32　流程图

Step9：右击 Parameter Set，弹出图 10-33 所示的快捷菜单，从中选择 Edit 命令，进入参数化设置窗口。

Parameter Set 窗口中有四个主要区域，如图 10-34 所示。

- Outline of All Parameters：所有参数及传递过程都显示在此区域中。
- Properties：No data：Parameter Set：Parameter Set 的控制属性区域。
- Table of Design Points：样点布置区域，在这里可以对感兴趣的尺寸进行输入；
- Chart：No data：图标显示区域，当前无图标显示。

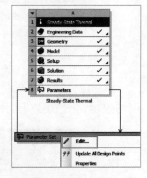

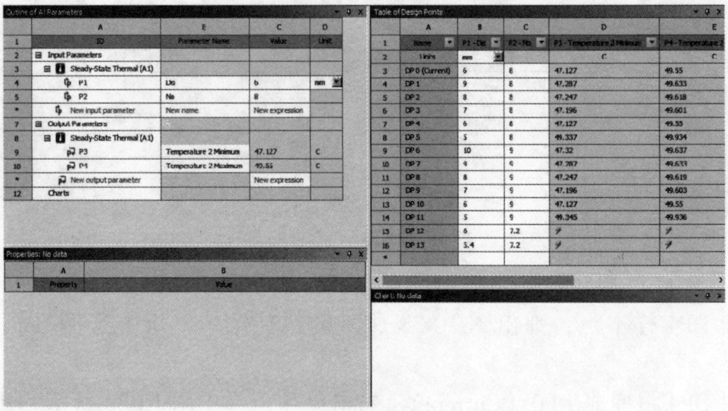

图 10-33　选择快捷菜单

图 10-34　Parameter Set 窗口

Step10：在 Table of Design Points 窗口中，默认的 P1-Dis 及 P2-No 已计算完成，下面再次布置 11 个样本点，样本点的 P1 分别为从 10 到 5，P2 分别为从 8 到 9，如图 10-35 所示。

Table of Design Points

	A	B	C	D	E	F	G	H
1	Name	P1 - Dis	P2 - No	P3 - Temperature 2 Minimum	P4 - Temperature 2 Maximum	Retain	Retained Data	Note
2	Units	mm		C	C			
3	DP 0 (Current)	10	8	47.127	49.55	☑	✓	
4	DP 1	9	8	47.287	49.633	☐		
5	DP 2	8	8	47.247	49.618	☐		
6	DP 3	7	8	47.196	49.601	☐		
7	DP 4	6	8	47.127	49.55	☐		
8	DP 5	5	8	49.337	49.934	☐		
9	DP 6	10	9	47.32	49.637	☐		
10	DP 7	9	9	47.287	49.633	☐		
11	DP 8	8	9	47.247	49.619	☐		
12	DP 9	7	9	47.196	49.603	☐		
13	DP 10	6	9	47.127	49.55	☐		
14	DP 11	5	9	49.345	49.936	☐		
*						☐		

图 10-35　布置样本点

Step11：单击 Workbench 平台中工具栏中的 Update All Design Points 按钮，执行所有样本点的计算，此时单击 Workbench 平台下的 Hide Progress 按钮可以弹出图 10-36 所示的计算进度查询窗口，如果读者随时想停止计算进程，可以单击右侧的按钮。

Progress

	A	B	C
1	Status	Details	Progress
2	Updating the Response Surface component in Response Surface	Solving Surface : 1 / 2 - Genetic Aggregation : 7 / 12	

图 10-36　计算进度查询

Step12：经过一段时间的计算，所布置的 11 个样本点都被计算出来，并将最高温度及最低温度均显示到图 10-37 所示的窗口中。

Table of Design Points

	A	B	C	D	E	F	G	H
1	Name	P1 - Dis	P2 - No	P3 - Temperature 2 Minimum	P4 - Temperature 2 Maximum	Retain	Retained Data	Note
2	Units	mm		C	C			
3	DP 0 (Current)	10	8	47.32	49.637	☑	✓	
4	DP 1	9	8	47.287	49.633	☐		
5	DP 2	8	8	47.247	49.618	☐		
6	DP 3	7	8	47.196	49.601	☐		
7	DP 4	6	8	47.127	49.55	☐		
8	DP 5	5	8	49.337	49.934	☐		
9	DP 6	10	9	47.32	49.637	☐		
10	DP 7	9	9	47.287	49.633	☐		
11	DP 8	8	9	47.247	49.619	☐		
12	DP 9	7	9	47.196	49.603	☐		
13	DP 10	6	9	47.127	49.55	☐		
14	DP 11	5	9	49.345	49.936	☐		
*						☐		

图 10-37　样本点结果

Step13：右击 DP4 样本点，弹出图 10-38 所示的快捷菜单，从中选择 Copy inputs to Current 选项。

Step14：此时 DP4 将变成 DP0（Current），右击该项，弹出图 10-39 所示的快捷菜单，从中选择 Update Selected Design Points 选项，执行计算。

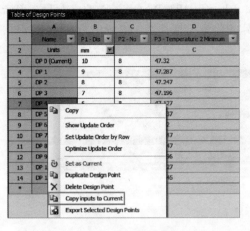

图 10-38　快捷菜单 1

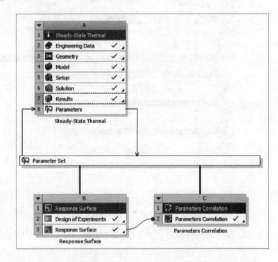

图 10-39　快捷菜单 2

Step15：单击工具栏 Parameter Set × 上的"关闭"按钮，回到 Workbench 平台中，双击 A7，然后选择 Temperature 2 的云图，此时显示出肋片当前样本点的温度分布，如图 10-40 所示。

Step16：返回到 Workbench 平台中，选择 Toolbox 工具栏中的 Design Exploration→Response Surface 选项，此时将添加一个响应面分析流程图，如图 10-41 所示。

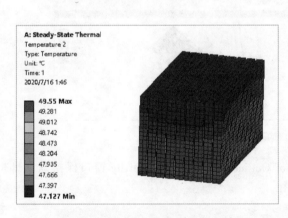

图 10-40　肋片温度分布云图

图 10-41　响应面分析流程

Step17：右击 B2：Design of Experiments，弹出图 10-42 所示的快捷菜单，从中选择 Update 命令。

Step18：右击 B3：Response Surface，弹出图 10-43 所示的快捷菜单，从中选择 Update 命令。

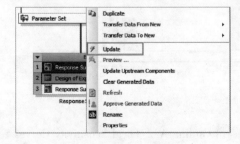

图 10-42　快捷菜单 3

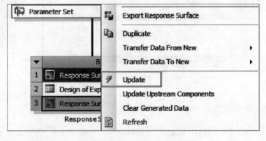

图 10-43　快捷菜单 4

Step19：双击 B3：Response Surface，进入 Outline of Schematic B3：Response Surface 窗口，单击 Quality 下面的 Goodness Of Fit 选项，右侧弹出各个计算的质量与推荐度，以☆的数量为推荐度，标记×的为不推荐的样本点，如图 10-44 所示。

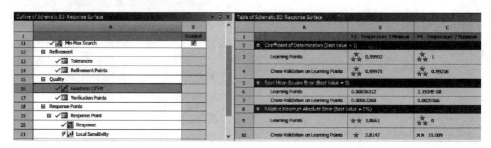

图 10-44　Goodness Of Fit

Step20：单击 Response 栏，在 Properties of Outline A20：Response 窗口中的 Mode 栏选择 3D，其余默认即可，此时将显示图 10-45 所示的 3D 响应曲面图。

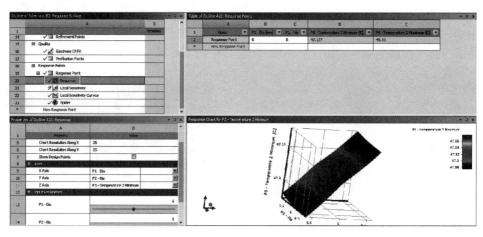

图 10-45　3D 响应曲面图

Step21：单击 Local Sensitivity 栏，Properties of Outline A21：Local Sensitivity 窗口保持默认即可，此时将显示图 10-46 所示的 Local Sensitivity 图。

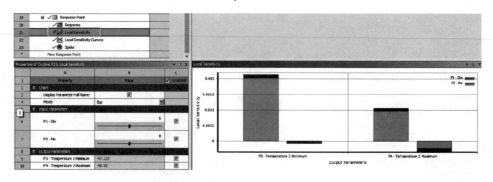

图 10-46　Local Sensitivity 图

Step22：单击 Local Sensitivity Curves 栏，Properties of Outline A22：Local Sensitivity Curves 窗口保持默认即可，此时将显示图 10-47 所示的 Local Sensitivity Curves 图。

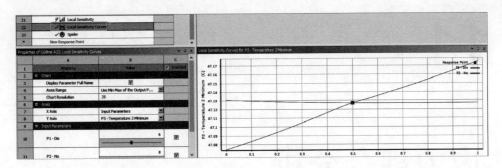

图 10-47　Local Sensitivity Curves 图

Step23：单击 Spider 栏，Properties of Outline A23：Spider 窗口保持默认即可，此时将显示图 10-48 所示的 Spider 图。

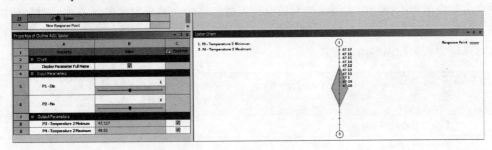

图 10-48　Spider 图

10.2.8　保存与退出

单击 Mechanical 右上角的 ✕（关闭）按钮，返回到 Workbench 主界面，单击 🖫 Save（保存）按钮保存文件，然后单击的 ✕（关闭）按钮，退出 Workbench 主界面。

10.3　本章小结

本章节通过典型实例介绍了散热片肋片的优化分析操作过程，在分析过程中考虑了与周围空气的对流换热边界，在后处理过程中得到了温度分布云图。通过本章节的学习，读者应该掌握 ANSYS Workbench 平台优化分析的一般操作过程。

第 **11** 章

热应力耦合分析

热应力是自然界中普遍存在但又经常被分析人员忽略的一种现象，本章节主要对热产生的应力作用、热对结构固有频率的影响、交变热对结构产生的热疲劳现象进行了介绍与分析，旨在提高读者对热应力相关知识的认识程度。

知识点＼学习目标	了　解	理　解	应　用	实　践
热应力分析的基本概念	√	√		
热应力分析操作方法		√	√	√
热应力分析的应用领域		√	√	√

11.1　热应力概述

力和热是自然界和人类生活实践中广泛存在的两种能量表现形式，也是工程机械设备中十分常见的能量传递现象。在工程和科技装置中，同时承受外力和高温作用的例子不胜枚举，如汽轮机、锅炉、燃气轮机、内燃机、核动力装置以及火箭、高速飞行器等。

需要指出的是，仅有温度的变化，不一定会在物体内产生应力；只有温度发生变化所引起的膨胀或收缩受到约束时，才会在物体内产生应力，这种无外力作用而是由于温度变化引起的热变形受到约束而产生的应力，称为热应力或温度应力。

例如在自由膨胀时，长度和直径方向的伸长量分别为 $\Delta l = \alpha(t_1 - t_0)l$ 及 $\Delta d = \alpha(t_1 - t_0)d$，在长度和直径方向的应变为

$$\varepsilon_l = \frac{\Delta l}{l} = \alpha(t_1 - t_0)$$

$$\varepsilon_d = \frac{\Delta d}{d} = \alpha(t_1 - t_0) \tag{11-1}$$

即温度由 t_0 升至 t_1 时，各方向的应变均为

$$\varepsilon = \alpha(t_1 - t_0)t \tag{11-2}$$

式中，α 为材料的线膨胀系数，其值随材料而有不同的数值，并且随温度变化，当温度变化不大时，α 可视为常数。

热胀冷缩是许多物体共有的属性，在边长为 1cm 的各向同性立方体中，因均匀受热而自由膨

胀或因均匀冷却而自由收缩时，在长、宽、高方向会产生同样的伸长或收缩，即仅有纵向变形，但无剪切变形。

以金属棒为例，如果金属棒的膨胀是自由的，即不受约束的，则不会产生热应力。但如果金属棒被置于两个刚体壁之间并固定住两端，那么金属棒在受热温度升高到 t_1 后，因受到刚体壁的阻止，无法膨胀，就会在金属棒内产生压缩热应力。可见，虽然无外力的作用，但若温度变化引起的热变形受到外部的约束，也会在物体内产生应力。

另一种情况是，在同一物体内部，如果温度的分布是不均匀的，即使物体不受外界约束，但由于各处的温度不同，每一部分因受到不同温度的相邻部分的影响，不能自由伸缩，也会在内部产生热应力。

例如汽轮机的气缸在冷态启动时，内部因受蒸汽的直接或间接加热，温度较外壁高，但内侧的膨胀被温度较低的外侧所约束，结果使内壁产生压应力，外壁产生拉应力；相反，在汽轮机停机时，随着蒸汽参数的降低，内壁首先开始冷却，外壁则缓慢地冷却，结果在内壁产生拉应力，则外壁产生压应力。

还有一种情况，构件是由若干不同材料的零件组合起来的，即使构件受到相同的加热或冷却，但由于各种零件的膨胀系数不同，或由于膨胀方式不同，造成零件相互之间的制约，不能自由胀缩，从而各自产生不同的热应力。

例如汽轮机设备中相互配合以保证气缸可靠工作的法兰与螺栓，法兰直接受蒸汽加热，温度较高，而螺栓温度较低，由于两者的材料与温度不一样，使法兰的热膨胀大于螺栓的热膨胀，结果两者均产生一定的热应力。

本节主要侧重研究温度变化的作用，即弹性体在外力、温度共同作用下，应力应变的变化规律。温度变化，或是由于与外部的传热引起，或是由于变形过程产生热量引起，这样的过程严格地讲是不可逆的，但为了简化起见，都假设是可逆的。

为了进一步了解热应力的概念、产生原因、约束方式及求解原理，下面用材料力学的方法讨论几个简单的热应力例子。

1. 棒两端约束时的热应力问题

长度为 l、直径为 d 的圆棒，两端固定在刚体壁处，不能沿长度自由度伸缩，如图 11-1 所示。

当棒由初始温度 t_0 冷却到 t_1 时，在自由状态下，棒的缩短量为 $\Delta l = \alpha(t_0 - t_1)l$。

其中，Δl 是无约束时棒与壁之间应出现的间隙。由于棒两端是固定的，因此刚体壁对棒产生拉伸作用，拉伸力为 P，故棒内的拉伸应力为

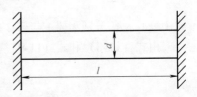

图 11-1　预应力模型

$$\sigma = \frac{P}{A} = \frac{4P}{\pi d^2} \tag{11-3}$$

另外，棒被拉伸后，其应变及相应的应力是

$$\varepsilon = \frac{\Delta l}{l} = \alpha(t_0 - t_1) \tag{11-4}$$

$$\sigma = \varepsilon E = \alpha E(t_0 - t_1) \tag{11-5}$$

式（11-3）与式（11-5）应相等，由此解出

$$P = \frac{\pi d^2}{4}\alpha E(t_0 - t_1) \tag{11-6}$$

将式（11-6）代回式（11-3），得到棒的热应力值为

$$\sigma = \varepsilon E(t_0 - t_1) = \alpha E t \tag{11-7}$$

其中，t 表示温度的变化。式（11-7）对于圆棒加热也是适用的，只是此时棒受压缩，σ 为负值。

2. 两根长度相同的棒互相约束

图 11-2 所示为两根长度都等于 l 但材料不同的棒连接在一起，不能相对移动，也不发生弯曲。两棒的初始温度都等于 t_0，最终温度分别为 t_1 和 t_2，且棒内的温度均匀分布。

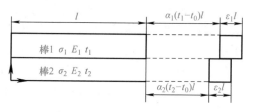

图 11-2 两个棒相互约束

为了讨论方便，不妨假设 $t_1 > t_2$ 及 $\alpha_1 > \alpha_2$（下标 1 和 2 分别对应棒 1 和棒 2）。

如果两棒之间是没有相互约束的，则棒 1 的自由膨胀量 $\Delta l_1 = \alpha_1(t_1 - t_0)l$，棒 2 的自由膨胀量 $\Delta l_2 = \alpha_2(t_2 - t_0)l$。

故 $\Delta l_1 > \Delta l_2$，但由于两棒固定在一起，长度方向不能相对移动，因此棒 1 的实际膨胀值小于自由膨胀值，而棒 2 的实际膨胀值大于自由膨胀值。即棒 1 受压应力 σ_1 的作用，相应的应变 $\varepsilon_1 = \dfrac{\sigma_1}{E_1}$，缩短量 $\varepsilon_1 l = \dfrac{\sigma_1 l}{E_1}$；棒 2 受拉应力 σ_2 的作用，相应的应变 $\varepsilon_2 = \dfrac{\sigma_2}{E_2}$，缩短量 $\varepsilon_2 l = \dfrac{\sigma_2 l}{E_2}$。

棒 1 的最终伸长量为
$$\alpha_1(t_1 - t_0)l + \varepsilon_1 l = \alpha_1(t_1 - t_0)l + \frac{\sigma_1 l}{E_1} \tag{11-8}$$

棒 2 的最终伸长量为
$$\alpha_2(t_2 - t_0)l + \varepsilon_2 l = \alpha_2(t_2 - t_0)l + \frac{\sigma_2 l}{E_2} \tag{11-9}$$

注意上两式中，ε_1、σ_1、ε_2、σ_2 包含有符号，拉应力为正号，压应力为负号。

由于两棒长度保持相等，故有
$$\alpha_1(t_1 - t_0)l + \frac{\sigma_1 l}{E_1} = \alpha_2(t_2 - t_0)l + \frac{\sigma_2 l}{E_2} \tag{11-10}$$

此时两棒处于平衡状态，因无其他外力作用，棒 1 所受的压缩力与棒 2 所受到的拉伸力相等，即
$$\sigma_1 A_1 = \sigma_2 A_2 \tag{11-11}$$

式中，A_1、A_2 分别为棒 1 与棒 2 的横截面积。

由式（11-8）和式（11-9）联立解得
$$\alpha_1 = \frac{\alpha_1 E_1(t_1 - t_0)\left[1 - \dfrac{\alpha_2(t_2 - t_0)}{\alpha_1(t_1 - t_0)}\right]}{1 + \dfrac{A_1 E_1}{A_2 E_2}} = -k\alpha_1 E_1(t_1 - t_0) \tag{11-12}$$

$$\sigma_2 = k\alpha_1 E_1(t_1 - t_0)\frac{A_1}{A_0} \tag{11-13}$$

其中
$$k = \frac{1 - \dfrac{\alpha_2(t_2 - t_0)}{\alpha_1(t_1 - t_0)}}{1 + \dfrac{A_1 E_1}{A_2 E_2}} \tag{11-14}$$

k 称为约束系数，若 $k > 0$，则 $\sigma_1 < 0$、$\sigma_2 > 0$，棒 1 为压应力，棒 2 为拉应力；若 $k < 0$，则 $\sigma_1 > 0$、$\sigma_2 < 0$。

以上讨论的是两棒长度相等的情形，如果两棒长度不相等，只要是相互约束的，就可按与上相同的原理求解。

11.2 瞬态热应力分析

本节将通过 ANSYS Workbench 平台对瞬态热应力的操作过程进行详细介绍。

学习目标	熟练掌握 ANSYS Workbench 平台中瞬态热应力分析的建模方法及求解过程
模型文件	无
结果文件	Chapter11 \ char11-1 \ TEMP_DEFORMATION. wbpj

11.2.1　热应力案例描述

某平板尺寸为 120mm × 80mm × 4mm，如图 11-3 所示，其密度为 $2500kg/m^3$，上下表面的对流换热系数为 $180W/(m^2 \cdot K)$，4 个侧面边界为 $90W/(m^2 \cdot K)$，泊松比为 0.17，其他参数（如比热容、热膨胀率、弹性模量、导热系数）均随温度变化。

现将些金属板加热到 600℃并突然放置到 20℃的空气中进行淬冷，忽略热传导和热辐射，将传热过程简化为对流传热。求平板在淬冷过程中的热应力变化情况，材料参数见表 11-1。

图 11-3　模型

表 11-1　材料参数

温度/℃	20	100	200	300	400	500	600
比热容/J·(kg·℃)$^{-1}$	720	838	946	1036	1084	1108	1146
热膨胀系数/$10^{-7} \cdot ℃^{-1}$	3.9	5.15	5.68	6.12	5.67	5.40	5.04
弹性模量/GPa	73	74	75	76	77	78	79
导热系数/W·(m·K)$^{-1}$	1.38	1.47	1.55	1.67	1.84	2.04	2.46

11.2.2　创建分析项目

Step1：在 Windows 系统下启动 ANSYS Workbench，进入主界面。

Step2：双击主界面 Toolbox（工具箱）中的 Analysis Systems→Steady-State Thermal（稳态热分析）选项，创建一个稳态热分析项目，然后右击 A6，在弹出的快捷菜单中选择 Transient Thermal（瞬态热分析），再右击 B6，在弹出的快捷菜单中选择 Transient Structural（瞬态结构分析），此时即可在 Project Schematic（项目管理区）创建图 11-4 所示热应力分析项目流程。

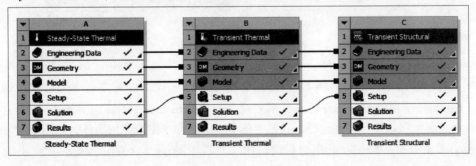

图 11-4　热应力分析流程

11.2.3　创建几何体模型

Step1：在 D3：Geometry 项上右击，在弹出的快捷菜单中选择 New DesignModeler Geometry 命令，如图 11-5 所示，此时会进入 DesignModeler 几何建模窗口，在 DesignModeler 几何建模窗口中可以进行几何建模与模型有限元分析的前处理及几何修复等工作任务。

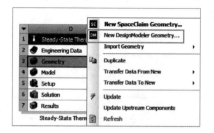

图 11-5　导入几何体

Step2：在启动的 DesignModeler 几何建模窗口中进行几何创建。建模前首先要设置模型的单位制，根据案例的模型大小，选择 Units 菜单下面的 millimeter 选项，设置当前模型的长度单位制为 mm；然后在模型树中选择 XYPlane，在下面的选项卡中选择 Sketching 选项卡，进入草绘控制界面，选择 Draw 子选项卡中的 Rectangular（矩形）命令；接着将矩形的第一个角点定义在坐标原点上，即鼠标单击草绘平面的原点，然后向右上角移动鼠标拉开一定的距离后定义第二个角点，此时创建了一个矩形（在第一坐标系中）。

Step3：单击 Dimensions 子选项卡，对几何尺寸进行标注和控制，此时默认的 General 尺寸标注已被选中，首先单击 X 轴上的一条边，在 Details View 窗口中出现了 H1 标记，在 H1 栏输入长度为 80mm；单击最右侧的竖直方向的直线，此时 Details View 窗口中出现了 V2 标记，在 V2 栏输入长度为 120mm，此时几何尺寸将根据标注的大小进行自动调节，如图 11-6 所示。

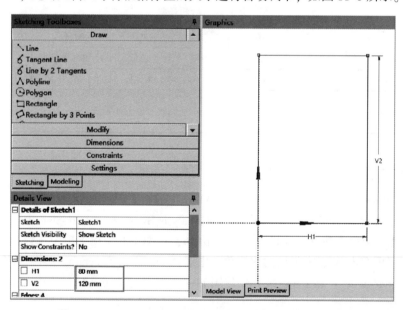

图 11-6　草绘及标注

Step4：草绘完成后，单击 Modeling 选项卡切换到实体建模窗口，然后选择工具栏中的 Extrude（拉伸）命令，在弹出图 11-7 所示的 Details View 详细设置面板中进行如下操作：在 Details of Extrude1 下面的 Geometry 栏选择刚才建立的草绘 Sketch1；在 FD1,Depth（>0）栏输入厚度为 4mm，其余默认即可，并选择工具栏中的 Generate 命令生成几何实体，如图 11-7 所示。

Step5：单击 DesignModeler 几何建模窗口中工具栏上的 ▣（保存）按钮，在弹出的"另存为"对话框的名称栏输入 non_linear. wbpj，并单击"保存"按钮。

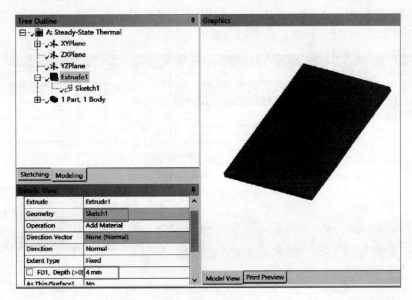

图 11-7　几何实体

Step6：回到 DesignModeler 界面中，单击右上角的 ❌（关闭）按钮，退出 DesignModeler，返回到 Workbench 主界面。

11.2.4　材料设置

Step1：在 Workbench 主界面中双击 A2：Engineering Data，进入 Mechanical 热应力分析的材料设置界面。

Step2：在 Outline of Schematic A2,B2：Engineering Data 栏中的 Material 中输入材料的名称为 mat，然后进行以下设置。

- 从左侧 Toolbox 栏中的 Thermal 下选择 Isotropic Thermal Conductivity（各向同性导热系数）并直接拖动到 mat 中，此时单击 Properties of Outline Row 3：mat 下面的 Isotropic Thermal Conductivity 选项，在右侧的 Table of Properties Row 19：Isotropic Thermal Conductivity 栏中的 Temperature 行中分别输入 20、100、200、300、400、500、600。在后面的 Thermal Conductivity 栏中分别输入 1.38、1.47、1.55、1.67、1.84、2.04、2.46。
- 以同样的操作添加一个 Specific Heat（比热容）到 mat 中，并在 Table of Properties Row 22：Specific Heat 栏中的 Temperature 行中分别输入 20、100、200、300、400、500、600。在后面的 Specific Heat 栏中分别输入 720、838、946、1036、1084、1108、1146。
- 加入 Density 材料属性，并在 Density 栏输入为 2500。输入完成后的热属性如图 11-8 所示，通过右下角的曲线可以看出热参数是随温度而变化的。
- 以同样的操作添加一个 Coefficient of Thermal Expansion（热膨胀系数）到 mat 中，并在 Table of Properties Row 5：Coefficient of Thermal Expansion 栏中的 Temperature 行中分别输入 20、100、200、300、400、500、600。在后面的 Coefficient of Thermal Expansion 栏中分别输入 3.9E-07、5.15E-07、5.68E-07、6.12E-07、5.67E-07、5.4E-07、5.04E-07。在 Reference Temperature 栏输入参考温度为 20℃。
- 继续以同样的操作添加一个 Isotropic Elasticity（各向同性弹性模量）到 mat 中，并在 Table of Properties Row 9：Isotropic Elasticity 栏中的 Temperature 行中分别输入 20、100、200、300、400、

500、600。在后面的 Young's Modulus 栏中分别输入 73、74、75、76、77、78、79，并在 Poisson's Radio 栏的不同温度下均输入 0.17。

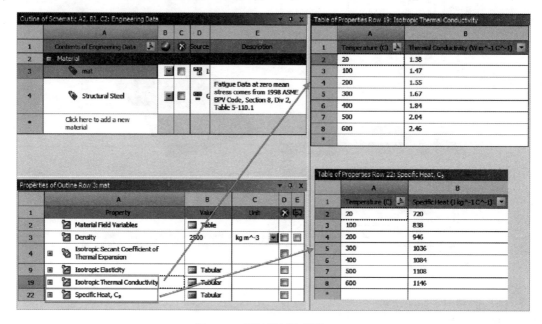

图 11-8　设置材料热属性（1）

输入完成后的物理属性如图 11-9 所示，通过右下角的曲线可以看出物理参数是随温度而变化的。

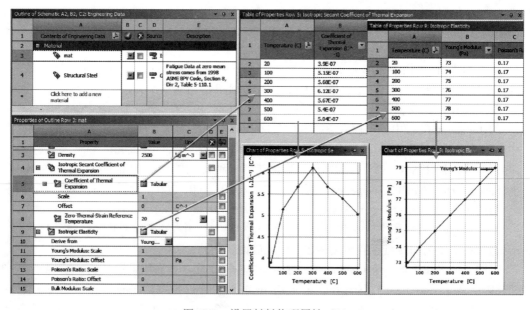

图 11-9　设置材料物理属性（2）

Step3：材料热物理属性设置完成后，关闭材料属性设置窗口。双击主界面项目管理区项目 B 中的 B3：Model 项，进入图 11-10 所示 Mechanical 界面，在该界面下即可进行网格的划分、分析设置、结果观察等操作。

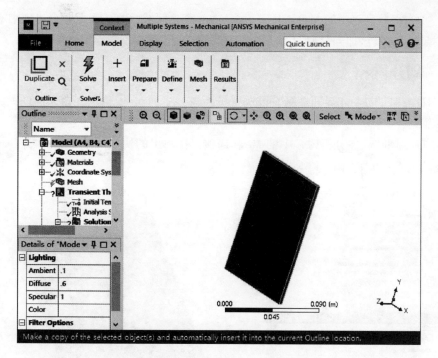

图 11-10　Mechanical 界面

Step4：选择 Mechanical 界面左侧 Outline（分析树）中 Geometry 选项下的 Solid，此时即可在 Details of "Solid"（参数列表）中给模型添加材料，如图 11-11 所示。

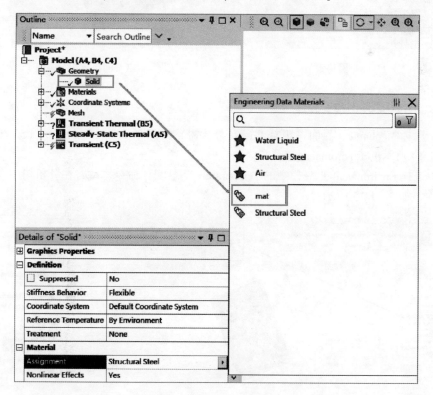

图 11-11　修改材料属性

Step5：单击参数列表中的 Material 下 Assignment 黄色区域后的 ▸，此时会出现刚刚设置的材料 mat，选择即可将其添加到模型中去。

11.2.5 划分网格

Step1：右击 Mechanical 界面左侧 Outline（分析树）中的 Mesh 选项，在详细设置面板的 Element Size 栏输入 1.e-003m，如图 11-12 所示。

Step2：右击 Outline（分析树）中的 Mesh 选项，在弹出的快捷菜单中选择 ⚡ Generate Mesh 命令，最终的网格效果如图 11-13 所示。

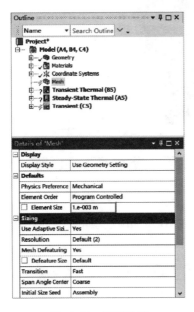

图 11-12 网格设置　　　　　　　　图 11-13 网格效果

11.2.6 施加载荷与约束

Step1：选择 Mechanical 界面左侧 Outline（分析树）中的 Transient Thermal（B5）选项，此时会出现图 11-14 所示的 Environment 工具栏。

Step2：选择 Environment 工具栏中的 Temperature（温度）命令，此时在分析树中会出现 Temperature 选项，如图 11-15 所示。

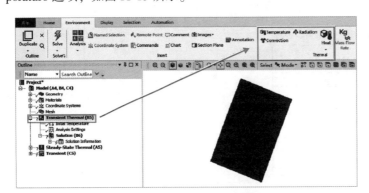

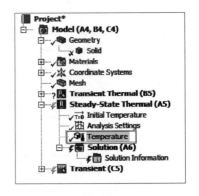

图 11-14 Environment 工具栏　　　　　　　　图 11-15 添加载荷

Step3：如图 11-16 所示，选中 Temperature，在 Details of "Temperature" 中作如下操作：在 Geometry 中选择选择平板；在 Definition→Magnitude 栏输入 600；其余默认即可，完成一个温度的添加。

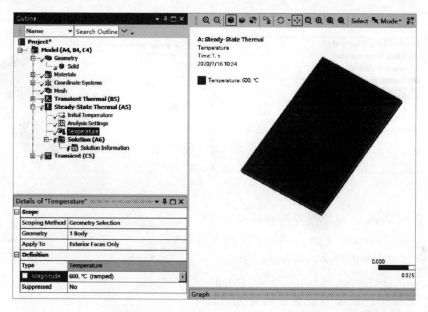

图 11-16　设置

Step4：右击 Outline（分析树）中的 Steady-State Ther-mal（A5）选项，在弹出的快捷菜单中选择 Solve 命令，如图 11-17 所示。

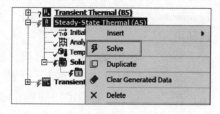

图 11-17　求解

11.2.7　结果后处理

Step1：选择 Mechanical 界面左侧 Outline（分析树）中的 Solution（A6）选项，此时会出现图 11-18 所示的 Solution 工具栏。

Step2：选择 Solution 工具栏中的 Thermal（热）→Temperature 命令，如图 11-19 所示，此时在分析树中会出现 Temperature（温度）选项。

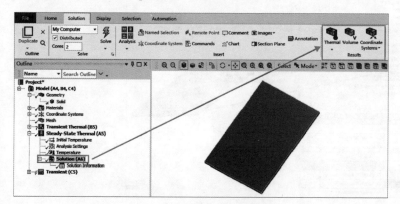

图 11-18　Solution 工具栏

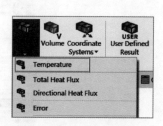

图 11-19　添加温度选项

Step3：右击 Outline（分析树）中的 Solution（A6）选项，在弹出的快捷菜单中选择 Evaluate All Results 命令，如图 11-20 所示，此时会弹出进度显示条，表示正在求解，求解完成后进度条自动消失。

Step4：选择 Outline（分析树）中 Solution（A6）下的 Temperature（温度），如图 11-21 所示。

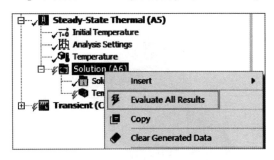

图 11-20　快捷菜单

图 11-21　温度分布

Step5：选择 Mechanical 界面左侧 Outline（分析树）中的 Transient Thermal（B5）选项，在出现的 Environment 工具栏中单击两次 Convection 选项。

Step6：单击 Convection 选项，然后在 Details of "Convection" 面板中进行如下设置，如图 11-22 所示：在 Geometry 栏中确定上下两个表面被选中；在 Film Coefficient 栏输入对流系数为 180；在 Ambient Temperature 栏输入此时的环境温度为 20℃，其余默认即可。

Step7：单击 Convection2 选项，然后在 Details of "Convection 2" 窗口中进行如下设置，如图 11-23 所示：在 Geometry 栏中确定四周四个表面被选中；在 Film Coefficient 栏输入对流系数为 90；在 Ambient Temperature 栏输入此时的环境温度为 20℃，其余默认即可。

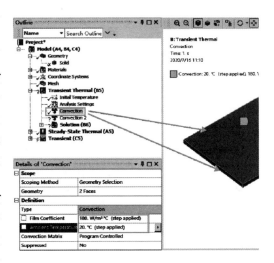

图 11-22　对流 1

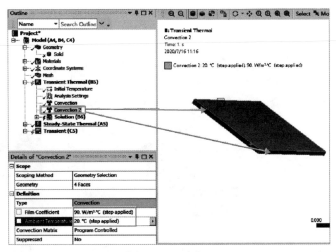

图 11-23　对流 2

Step8：设置分析选项。单击 Transient Thermal（B5）下面的 Analysis Settings（分析设置），在图 11-24 所示的分析选项设置面板中进行如下设置：在 Step End Time 栏输入 10s；在 Auto Time Stepping 栏选择 Off；在 Define By 栏选择 Substeps；在 Number Of Substeps 栏输入 200，其余默认即可。

Step9：右击 Outline（分析树）中的 Transient Thermal（B5）选项，在弹出的快捷菜单中选择 Solve 命令，如图 11-25 所示。

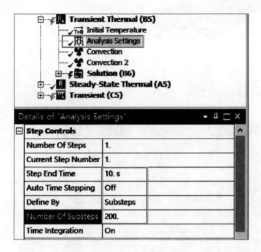

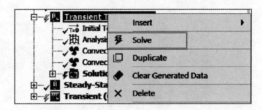

图 11-24　设置　　　　　　　　　　　　　　　图 11-25　求解

Step10：单击 Solution→Solution Information→Temperature-Global Maximum 和 Temperature-Global Minimum，将显示图 11-26 所示的降温曲线图，从图中可以看出 10s 的时间，平板的最高温度降到了 460.2℃，最低温度降到了 324.69℃，如果想将温度降到环境温度（即 20℃），还需要一段时间。

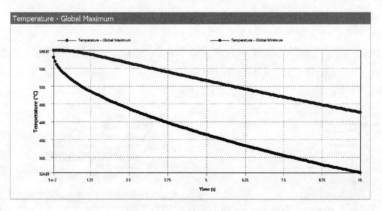

图 11-26　降温曲线图

Step11：添加一个 Temperature 后处理命令，通过后处理可以看出图 11-27 所示的各个时刻的温度分布图。

Step12：通过云图右下角的 Tabular Table（见图 11-28）能精确地查到每个时间点上的温度变化值。

Step13：依次选择 Transient（C5）→Analysis Settings（分析设置）选项，在图 11-29 所示的 Details of "Analysis Settings" 中进行如下设置：在 Step End Time 栏输入 10s；在 Auto Time Stepping

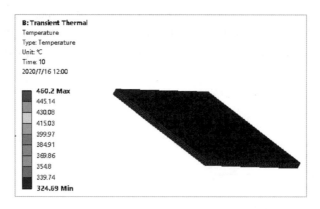

图 11-27　各时刻的温度分布图

	Time [s]	Minimum [°C]	Maximum [°C]	Average [°C]
1	5.e-002	584.43	599.97	597.22
2	0.1	574.99	599.97	595.45
3	0.15	568.18	599.94	594.05
4	0.2	562.83	599.88	592.81
5	0.25	558.32	599.81	591.65
6	0.3	554.35	599.7	590.54
7	0.35	550.77	599.56	589.46
8	0.4	547.48	599.39	588.41
9	0.45	544.01	599.16	587.36
10	0.5	540.92	598.89	586.34
11	0.55	538.06	598.57	585.33
12	0.6	535.39	598.2	584.35
13	0.65	532.86	597.79	583.37
14	0.7	530.45	597.34	582.41
15	0.75	528.14	596.85	581.46
16	0.8	525.92	596.33	580.51
17	0.85	523.79	595.77	579.58
18	0.9	521.72	595.19	578.65
19	0.95	519.19	594.59	577.69
20	1.	516.95	593.96	576.75
21	1.05	514.87	593.31	575.83

	Time [s]	Minimum [°C]	Maximum [°C]	Average [°C]
22	1.1	512.89	592.64	574.92
23	1.15	510.99	591.96	574.01
24	1.2	509.16	591.27	573.11
25	1.25	507.37	590.56	572.21
26	1.3	505.64	589.83	571.31
27	1.35	503.94	589.1	570.42
28	1.4	502.28	588.35	569.54
29	1.45	500.65	587.6	568.66
30	1.5	499.06	586.84	567.78
31	1.55	497.5	586.07	566.9
32	1.6	495.96	585.29	566.03
33	1.65	493.87	584.52	565.11
34	1.7	492.04	583.75	564.22
35	1.75	490.35	582.97	563.34
36	1.8	488.74	582.18	562.47
37	1.85	487.19	581.4	561.6
38	1.9	485.67	580.61	560.74
39	1.95	484.2	579.81	559.87
40	2.	482.74	579.02	559.01
41	2.05	481.32	578.22	558.16
42	2.1	479.91	577.42	557.3

图 11-28　不同时刻温度值

栏选择 Off；在 Define By 栏选择 Substeps；在 Number Of Substeps 栏输入 200，其余默认即可。

　　Step14：右击 Transient（C5）→Imported Load（B6）→Imported Body Temperature 选项（见图 11-30），在弹出的快捷菜单中选择 Import Load 命令。

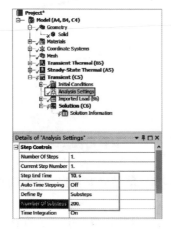

图 11-29　设置

图 11-30　快捷菜单

Step15：成功导入温度分布结果后显示图 11-31 所示的云图，对比可以看出此时显示的温度分布结果是最终时刻（即 10s 时）的温度分布。

Step16：单击 Imported Body Temperature，在下面出现的图 11-32 所示的 Details of "Imported Body Temperature" 面板中进行如下设置：在 Source Time 栏选择 ALL 选项，再右击 Transient（C5）→Imported Load（B6）→Imported Body Temperature 选项，在弹出的快捷菜单中选择 Import Load 命令。经过一段时间的计算即可导入每一时刻的结果，如图 11-33 所示。

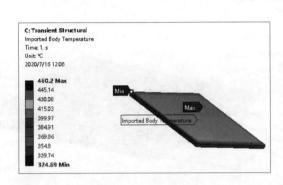

图 11-31　温度分布

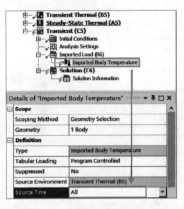

图 11-32　设置

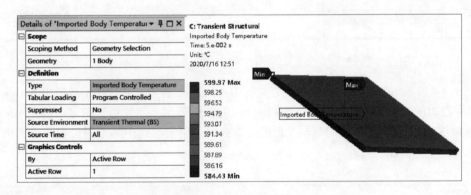

图 11-33　0.05s 时的温度分布

Step17：通过单击 Active Row 栏中的向右、向左箭头或者输入任意一个计算范围内的数值，可以显示当前时刻的温度分布云图，图 11-34 所示为 5s 时的温度分布。

📁注：经过查询可知，第 5s 对应的行数为 199 行，所以在 Active Row 栏输入 199。

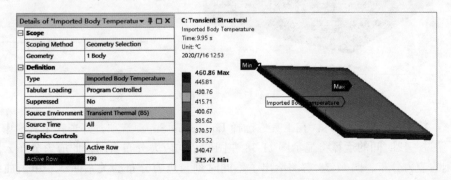

图 11-34　5s 时的温度分布

Step18：单击 Transient（C5），然后在工具栏中依次选择 Supports→Fixed（固定约束），如图 11-35 所示。

Step19：在下面出现的 Details of "Fixed Support" 面板中进行如下设置，如图 11-36 所示：在 Geometry 栏选择平板的四个侧面，其余默认即可；选择工具栏中的 Generate 命令。

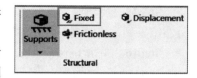

图 11-35　菜单

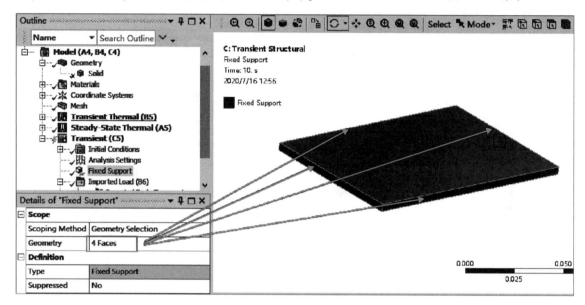

图 11-36　设置

Step20：单击 Solution（C6），在工具栏选择 Deformation 选项，并选择工具栏中的 Generate 命令，经过一段时间的运算将显示图 11-37 左图所示的变形云图，此变形云图显示的是 10s 时刻的变形，图 11-37 右图给出了不同时刻与变形的关系曲线。单击曲线中的不同位置将显示出不同位置（时刻）的变形大小。

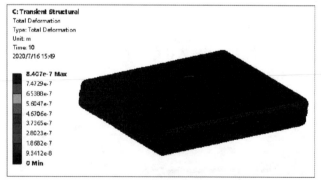
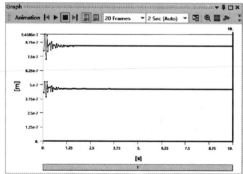

图 11-37　变形及曲线

Step21：单击 Solution（C6），在工具栏选择 Equivalent Stress 选项，并选择工具栏中的 Generate 命令，经过一段时间的运算将显示图 11-38 左图所示的应力分布云图，此应力分布云图显示的是 10s 时刻的应力分布，图 11-38 右图给出了不同时刻与应力分布的关系曲线。单击曲线中的不同位置将显示出不同位置（时刻）的应力大小。

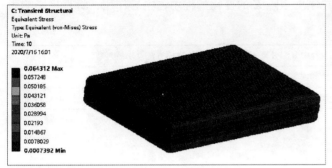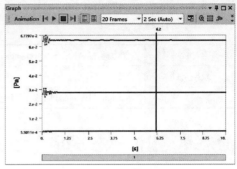

图 11-38　应力及曲线

11.2.8　保存与退出

单击 Mechanical 右上角的 ☒（关闭）按钮，返回到 Workbench 主界面，单击 💾 Save （保存）按钮保存文件，然后单击的 ☒（关闭）按钮，退出 Workbench 主界面。

11.3　热应力对结构模态的影响分析

模态是结构的固有特性，根据振动理论，结构的模态参数可通过下式进行求解：

$$(\mathbf{K} - \omega^2 \mathbf{M})\boldsymbol{\varphi} = 0 \tag{11-15}$$

式中，$\mathbf{K}$ 为结构总刚度矩阵，$\mathbf{M}$ 为质量矩阵，$\boldsymbol{\varphi}$ 为振型向量。

热环境条件下，结构的模态主要受到材料参数随温度变化和热环境引起的结构内部热应力的影响。另外，对于一些特殊结构还需要考虑到几何非线性等因素的影响。当结构受到热载荷后，式（11-15）中质量矩阵 $\mathbf{M}$ 的改变可忽略不计，而结构材料参数随温度增加而发生较大的变化。在考虑温度影响时，结构刚度矩阵可表示为

$$\mathbf{K}_T = \int_{\Omega} \mathbf{B}^{\mathrm{T}} \mathbf{D}^{\mathrm{T}} \mathbf{B} \mathrm{d}\Omega \tag{11-16}$$

式中，$\mathbf{B}$ 为几何矩阵，$\mathbf{D}$ 为与材料弹性模量 E 和泊松比 μ 有关的弹性矩阵。

另一方面，温度变化产生的温度梯度导致结构内部出现热应力，需要在刚度矩阵中考虑热应力的影响，结构的热应力刚度矩阵可表示为

$$\mathbf{K}_{\sigma} = \int_{\Omega} \mathbf{G}^{\mathrm{T}} \boldsymbol{\Gamma} \mathbf{G} \mathrm{d}\Omega \tag{11-17}$$

式中，$\mathbf{G}$ 为形函数矩阵，$\boldsymbol{\Gamma}$ 为结构热应力矩阵。

在求解热环境下结构模态参数，需要综合考虑热环境引起的材料参数变化和热应力对刚度矩阵的影响。在热环境条件下，结构的总刚度矩阵 $\mathbf{K}$ 为

$$\mathbf{K} = \mathbf{K}_T + \mathbf{K}_{\sigma} \tag{11-18}$$

式中 $\mathbf{K}_T$ 为结构刚度矩阵，$\mathbf{K}_{\sigma}$ 为热应力刚度矩阵。

式（11-18）中，结构刚度矩阵 $\mathbf{K}_T$ 与结构的物理属性有关，温度上升时材料弹性模量下降，使总刚度矩阵呈现出减小趋势。热应力刚度矩阵 $\mathbf{K}_{\sigma}$ 则与结构热应力形式有关，当热应力为拉应力时，$\mathbf{K}_{\sigma}$ 为正值，结构固有频率出现上升趋势；当热应力为压应力时，$\mathbf{K}_{\sigma}$ 为负值，结构固有频率出现下降趋势。

由于前者与结构刚度矩阵 $\mathbf{K}_T$ 对固有频率的影响趋势刚好相反，因此在热环境中，由热拉应

力产生的附加热应力刚度矩阵 K_σ 是否在总刚度矩阵 K 的变化过程中占主导作用，将直接影响固有频率的变化趋势。

学习目标	熟练掌握 ANSYS Workbench 平台中升温及降温时模态分析的建模方法及求解过程
模型文件	无
结果文件	Chapter11 \ char11-2 \ TEMP_RISE_MODAL. wbpj；Chapter11 \ char11-2 \ TEMP_FALL_MODAL. wbpj

11.3.1 升温模态分析

1. 创建分析项目

Step1：在 Windows 系统下启动 ANSYS Workbench，进入主界面。

Step2：双击主界面 Toolbox（工具箱）中的 Analysis Systems→Steady-State Thermal（稳态热分析）选项，创建一个稳态热分析项目，然后右击 A6 创建一个 Transient Thermal（瞬态热分析）项目，即可在 Project Schematic（项目管理区）创建分析项目，如图 11-39 所示。

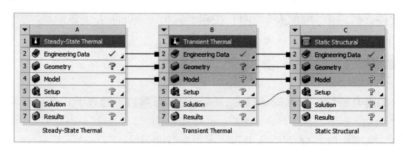

图 11-39 创建分析项目

2. 创建几何体模型

Step1：在 D3：Geometry 上右击，在弹出的快捷菜单中选择 New DesignModeler Geometry 命令，如图 11-40 所示。

Step2：在启动的几何建模窗口中进行几何创建。设置长度单位为 mm，依次选择菜单，在坐标原点创建一个矩形，并将矩形的两条边分别设置为 50mm 和 500mm，如图 11-41 所示。

图 11-40 导入几何体

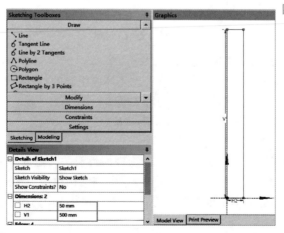

图 11-41 草绘

Step3：选择工具栏中的 Extrude 命令，在弹出图 11-42 所示的 Details View 详细设置面板中作如下操作：在 Geometry 栏选择刚才建立的草绘 Sketch1；在 FD1，Depth（>0）栏输入厚度为 10mm，其余默认即可，并选择工具栏中的 Generate 命令生成几何实体。

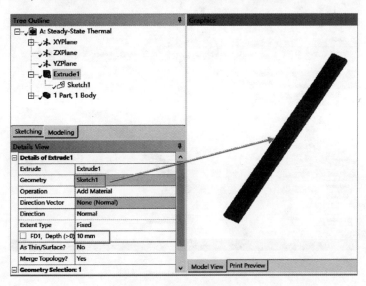

图 11-42　几何实体

Step4：单击工具栏中的 （保存）按钮，在弹出的"另存为"对话框的名称栏输入 TEMP_RISE_MODAL. wbpj，并单击"保存"按钮。

Step5：回到 DesignModeler 界面中，单击右上角的 （关闭）按钮，退出 DesignModeler，返回到 Workbench 主界面。

3. 材料设置

Step1：在 Workbench 主界面双击 A2：Engineering Data 进入 Mechanical 热分析的材料设置界面。

在 Outline of Schematic A2，B2，C2，D2：Engineering Data 栏中的 Material 中输入材料的名称为 mat，然后从左侧 Toolbox 栏中的 Thermal 下选择 Isotropic Thermal Conductivity（各向同性导热系数）并直接拖动到 mat 中，此时在 Properties of Outline Row 3：mat 下面的 Isotropic Thermal Conductivity 的数值为 9；Specific Heat 的数值为 520，Coefficient of Thermal Expansion 的数值为 1E-05，Young's Modulus 的数值为 1.05E+11，Poisson's Ratio 的数值为 0.39，Density 为 4450，如图 11-43 所示。

Step2：双击主界面项目管理区项目 A 中的 A4：Model 项，进入图 11-44 所示 Mechanical 界面，在该界面下可进行网格的划分、分析设置、

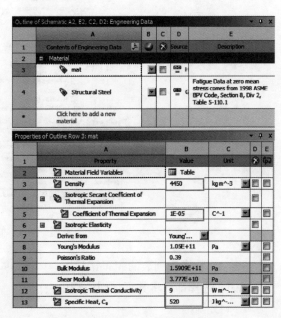

图 11-43　设置材料物理属性

227

结果观察等操作。

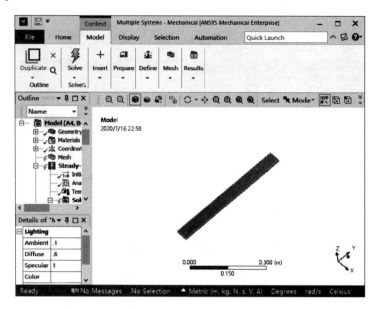

图 11-44　Mechanical 界面

Step3：在 Mechanical 界面左侧 Outline（分析树）中，选择 Geometry 选项下的 Solid，此时即可在 Details of "Solid"（参数列表）中给模型添加材料，如图 11-45 所示。

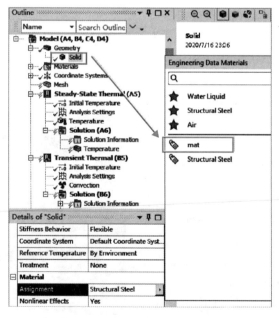

图 11-45　修改材料属性

Step4：在参数列表的 Material 中，单击 Assignment 黄色区域后的 ▶，此时会出现刚刚设置的材料 mat，选择即可将其添加到模型中去。

4. 划分网格

Step1：右击 Mechanical 界面左侧 Outline（分析树）中的 Mesh 选项，在详细设置面板的 Element Size 栏输入 2.e-003m，如图 11-46 所示。

Step2：右击 Outline（分析树）中的 Mesh 选项，在弹出的快捷菜单中选择  Generate Mesh 命令，最终的网格效果如图 11-47 所示。

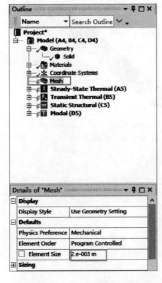

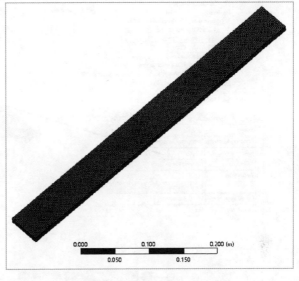

图 11-46　网格设置　　　　　　　　　　图 11-47　网格效果

5. 施加载荷与约束

Step1：选择 Mechanical 界面左侧 Outline（分析树）中的 Steady-State Thermal（A5）选项，此时出现图 11-48 所示的 Environment 工具栏。

Step2：选择 Environment 工具栏中的 Temperature（温度）命令，此时在分析树中会出现 Temperature 选项，如图 11-49 所示。

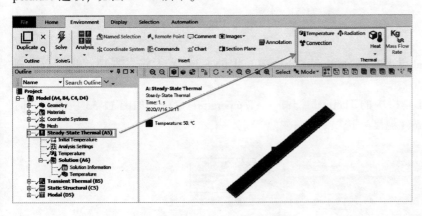

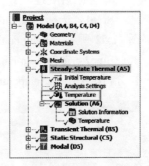

图 11-48　Environment 工具栏　　　　　　　　图 11-49　添加载荷

Step3：如图 11-50 所示，选中 Temperature，在 Details of "Temperature" 中进行如下操作：在 Geometry 中选择平板；在 Definition→Magnitude 栏输入 50；其余默认即可，完成一个温度的添加。

Step4：右击 Outline（分析树）中的 Steady-State Thermal（A5）选项，在弹出的快捷菜单中选择 Solve 命令，如图 11-51 所示。

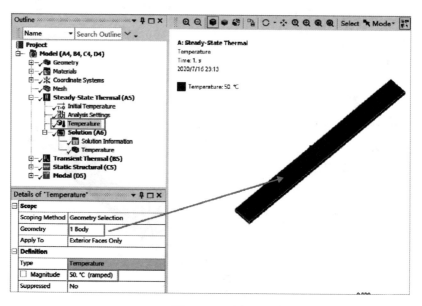

图 11-50　温度

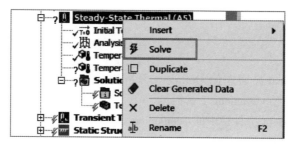

图 11-51　求解

6. 结果后处理

　　Step1：选择 Mechanical 界面左侧 Outline（分析树）中的 Solution（A6）选项，此时会出现图 11-52 所示的 Solution 工具栏。

　　Step2：选择 Solution 工具栏中的 Thermal（热）→Temperature 命令，如图 11-53 所示，此时在分析树中出现 Temperature（温度）选项。

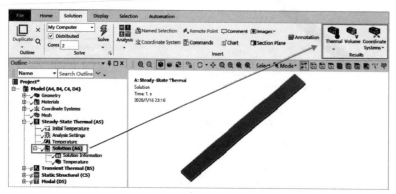

图 11-52　Solution 工具栏

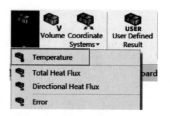

图 11-53　添加温度选项

Step3：右击 Outline（分析树）中的 Solution（A6）选项，在弹出的快捷菜单中选择 Evaluate All Results 命令，如图 11-54 所示，此时会弹出进度显示条，表示正在求解，当求解完成后进度条自动消失。

Step4：选择 Outline（分析树）中 Solution（A6）下的 Temperature（温度），如图 11-55 所示。

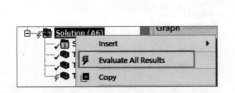

图 11-54　快捷菜单

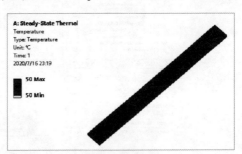

图 11-55　温度分布

Step5：选择 Mechanical 界面左侧 Outline（分析树）中的 Transient Thermal（B5）选项，在出现的 Environment 工具栏中单击两次 Convection 选项。

Step6：单击 Convection 选项，然后在 Details of "Convection" 面板中进行如下设置，如图 11-56 所示：在 Geometry 栏中确定上下两个表面被选中；在 Film Coefficient 栏输入对流系数为 180；在 Ambient Temperature 栏输入此时的环境温度为 100℃，其余默认即可。

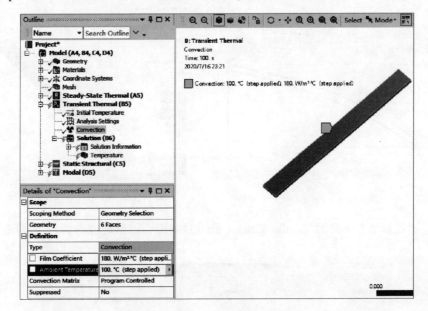

图 11-56　对流

Step7：设置分析选项。单击 Transient Thermal（B5）下面的 Analysis Settings（分析设置），在图 11-57 所示的 Details of "Analysis Settings" 面板中进行如下设置：在 Step End Time 栏输入 100s；在 Auto Time Stepping 栏选择 Off；在 Define By 栏选择 Substeps；在 Number Of Substeps 栏输入 200，其余默认即可。

Step8：右击 Outline（分析树）中的 Transient Thermal（B5）选项，在弹出的快捷菜单中选择 Solve 命令，如图 11-58 所示。

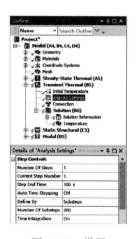

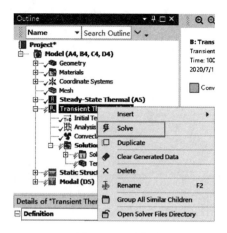

图 11-57　设置　　　　　　　　　　　图 11-58　求解

Step9：单击 Solution→Solution Information→Temperature-Global Maximum 和 Temperature-Global Minimum，将显示图 11-59 所示的升温曲线图，从图中可以看出在第 100s，板的最高温度升到了 87.901℃，最低温度升到了 85.521℃。

Step10：添加一个 Temperature 后处理命令，通过后处理可以看到图 11-60 所示的各个时刻的温度值，可以看出时间为 100s 时的温度为 87.901℃。

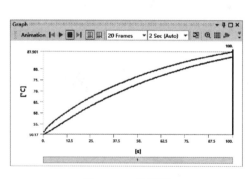

图 11-59　曲线图　　　　　　　　图 11-60　100s 时的温度分布图

Step11：通过云图右下角的 Tabular Table（见图 11-61），能精确地查到每个时间点上的温度变化值。

Time [s]	Minimum [℃]	Maximum [℃]		Time [s]	Minimum [℃]	Maximum [℃]		Time [s]	Minimum [℃]	Maximum [℃]
4	2.	50.926	53.115	24	12.	56.386	60.17	44	22.	61.503	65.469
5	2.5	51.19	53.583	25	12.5	56.656	60.461	45	22.5	61.744	65.71
6	3.	51.456	54.024	26	13.	56.924	60.749	46	23.	61.983	65.949
7	3.5	51.724	54.444	27	13.5	57.19	61.033	47	23.5	62.22	66.186
8	4.	51.994	54.847	28	14.	57.456	61.315	48	24.	62.456	66.421
9	4.5	52.266	55.237	29	14.5	57.72	61.593	49	24.5	62.69	66.654
10	5.	52.539	55.615	30	15.	57.982	61.869	50	25.	62.923	66.885
11	5.5	52.814	55.982	31	15.5	58.243	62.142	51	25.5	63.155	67.114
12	6.	53.09	56.341	32	16.	58.503	62.412	52	26.	63.385	67.341
13	6.5	53.366	56.691	33	16.5	58.761	62.68	53	26.5	63.614	67.567
14	7.	53.643	57.034	34	17.	59.018	62.945	54	27.	63.841	67.791
15	7.5	53.919	57.37	35	17.5	59.273	63.207	55	27.5	64.067	68.013
16	8.	54.196	57.7	36	18.	59.527	63.468	56	28.	64.292	68.233
17	8.5	54.472	58.025	37	18.5	59.779	63.726	57	28.5	64.515	68.452
18	9.	54.748	58.345	38	19.	60.03	63.981	58	29.	64.737	68.669
19	9.5	55.023	58.659	39	19.5	60.279	64.235	59	29.5	64.957	68.884
20	10.	55.298	58.97	40	20.	60.527	64.486	60	30.	65.176	69.098
21	10.5	55.572	59.275	41	20.5	60.773	64.735	61	30.5	65.393	69.31
22	11.	55.844	59.577	42	21.	61.018	64.982	62	31.	65.61	69.52
23	11.5	56.116	59.875	43	21.5	61.262	65.227	63	31.5	65.825	69.729

图 11-61　不同时刻温度图标

Step12：依次选择 Static Structural（C5）→Analysis Settings（分析设置）选项，在图 11-62 所示的 Details of "Analysis Settings" 中进行如下设置：在 Step End Time 栏输入 100s，其余默认即可。

Step13：右击 Static Structural（C5）→Imported Load（B6）→Imported Body Temperature 选项，在弹出图 11-63 所示的快捷菜单中选择 Import Load 命令。

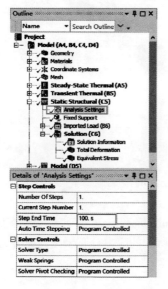

图 11-62　设置

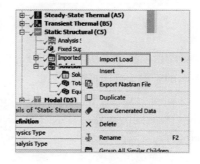

图 11-63　快捷菜单

Step14：成功导入温度分布结果后显示图 11-64 所示的云图，对比可以看出此时显示的温度分布结果是最终时刻的温度分布。

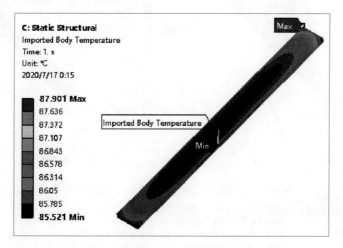

图 11-64　温度分布

Step15：单击 Static Structural（C5），然后在工具栏中依次选择 Supports→Fixed（固定约束），如图 11-65 所示。

Step16：在下面出现的 Details of "Fixed Support" 面板中进行如下设置，如图 11-66 所示：在 Geometry 栏选择平板的两底面，其余默认即可；选择工具栏中的 Generate 命令。

Step17：单击 Solution（C6），在工具栏选择 Deformation

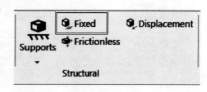

图 11-65　菜单

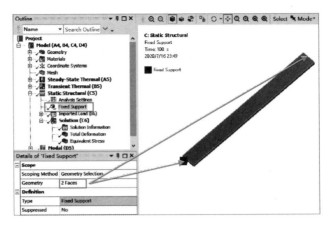

图 11-66　设置

选项，并选择工具栏中的 Generate 命令，此时经过一段时间的运算将显示图 11-67 所示的变形云图，此变形云图显示的是第 100s 时的变形。

Step18：单击 Solution（C6），在工具栏选择 Equivalent Stress 选项，并选择工具栏中的 Generate 命令，此时经过一段时间的运算将显示图 11-68 所示的应力分布云图，此应力分布云图显示的是第 100s 时的应力分布。

图 11-67　变形云图　　　　　　　　　　　　图 11-68　应力分布云图

Step19：返回到 Workbench 平台，选择 Toolbox 栏中的 Modal 并将其拖动到 C6 栏中，此时将建立一个模态分析流程图，如图 11-69 所示。

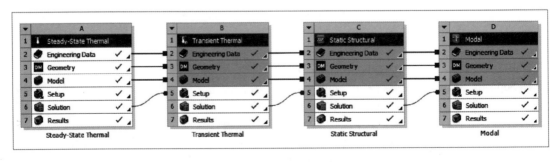

图 11-69　流程图

Step20：返回到 Mechanical 分析平台中，可以看到此时在 Static Structural（C5）分析下面多了一个 Modal（D5）分析流程。

Step21：右击 Solution（C6），在弹出的快捷菜单中选择 Solve 执行计算。

Step22：右击 Modal（D5），在弹出的快捷菜单中选择 Solve 执行计算。

Step23：计算完成后，查看前六阶变形云图与自振频率图如图 11-70 ~ 图 11-72 所示。

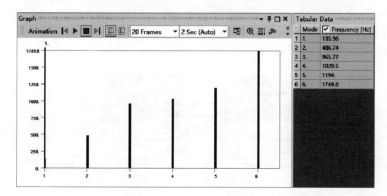

图 11-70　各阶频率

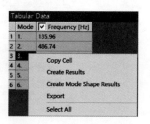

图 11-71　选择各阶频率

图 11-72　前六阶变形

至此，ANSYS Workbench 中升温时模态分析的建模及求解的有关内容就为大家讲解完了，接下来为大家讲解 ANSYS Workbench 中降温时模态分析的建模及求解方法。

11.3.2　降温模态分析

1. 创建分析项目

Step1：在 Windows 系统下启动 ANSYS Workbench，进入主界面。

Step2：双击主界面 Toolbox（工具箱）中的 Analysis Systems→Steady-State Thermal（稳态热分析）选项，单击 A6 栏创建一个 Transient Thermal（瞬态热分析），即可在 Project Schematic（项目管理区）创建分析项目，如图 11-73 所示。

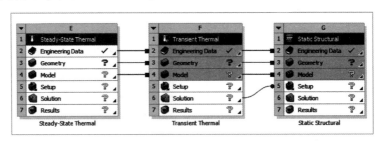

图 11-73　创建分析项目

2. 创建几何体模型

Step1：在 D3：Geometry 上右击，在弹出的快捷菜单中选择 New DesignModeler Geometry 命令，如图 11-74 所示。

Step2：在启动的几何建模窗口中进行几何创建。设置长度单位为 mm，依次选择菜单，在坐标原点创建一个矩形，并将矩形的两条边分别设置为 50mm 和 500mm，如图 11-75 所示。

图 11-74　导入几何体

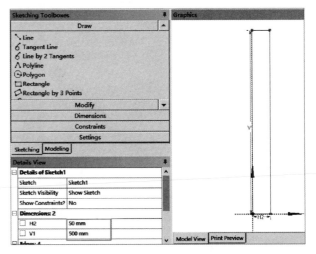

图 11-75　草绘

Step3：选择工具栏中的 Extrude 命令，在弹出的图 11-76 所示的 Details View 详细设置面板中进行如下操作：在 Geometry 栏选择刚才建立的草绘 Sketch1；在 FD1，Depth（>0）栏输入厚度为 10mm，其余默认即可，并选择工具栏中的 Generate 命令生成几何实体。

Step4：单击工具栏中的 （保存）按钮，在弹出的"另存为"对话框的名称栏输入 TEMP_FALL_MODAL. wbpj，并单击"保存"按钮。

Step5：回到 DesignModeler 界面，单击右上角的 （关闭）按钮，退出 DesignModeler，返回

到 Workbench 主界面。

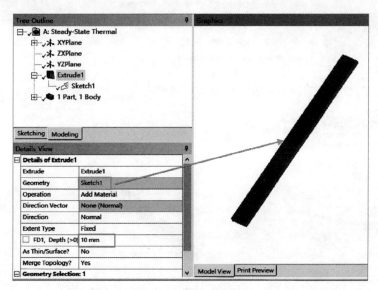

图 11-76　几何实体

3. 材料设置

Step1：在 Workbench 主界面双击 A2：Engineering Data 项进入 Mechanical 热分析的材料设置界面。

Step2：在 Outline of Schematic A2，B2，C2，D2：Engineering Data 栏中的 Material 中输入材料的名称为 mat，然后从左侧 Toolbox 栏中的 Thermal 下选择 Isotropic Thermal Conductivity（各向同性导热系数）并直接拖动到 mat 中，此时 Properties of Outline Row 3：mat 下面的 Isotropic Thermal Conductivity 的数值为 9，Specific Heat 的数值为 520，Coefficient of Thermal Expansion 的数值为 1E-05，Isotropic Elasticity 的数值为 1.05E+11，Poisson's Ratio 的数值为 0.39，Density 为 4450，如图 11-77 所示。

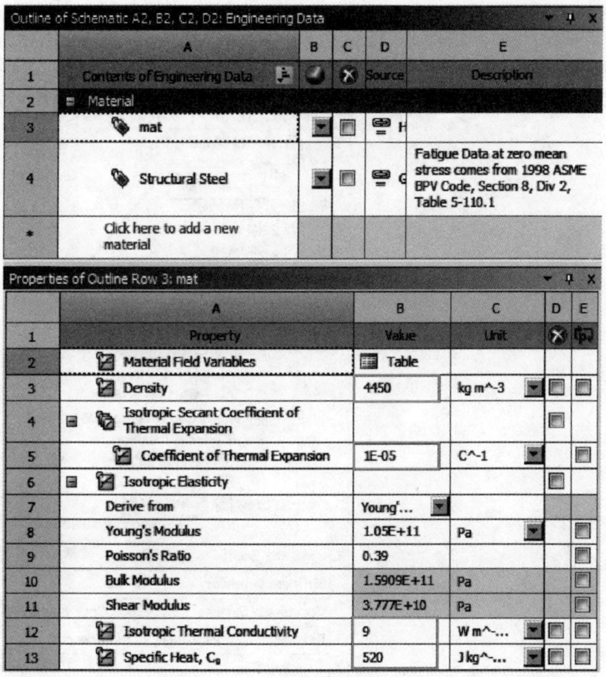

Step3：双击主界面项目管理区项目 B 中的 B3：Model 项，进入图 11-78 所示 Mechanical 界面，在该界面下可进行网格的划分、分析设置、结果观察等操作。

图 11-77　设置材料物理属性

Step4：在 Mechanical 界面左侧 Outline（分析树）中选择 Geometry 选项下的 Solid，此时即可在 Details of "Solid"（参数列表）中给模型添加材料，如图 11-79 所示。

Step5：在参数列表的 Material 下，单击 Assignment 黄色区域后的 ▶，此时会出现刚刚设置的材料 mat，选择即可将其添加到模型中去。

237

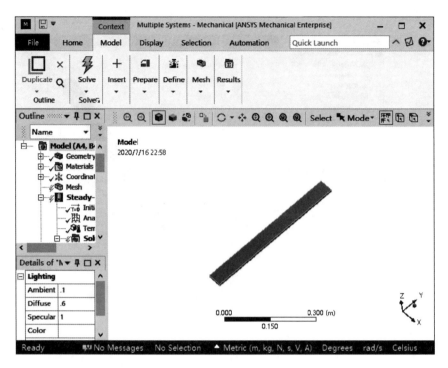

图 11-78　Mechanical 界面

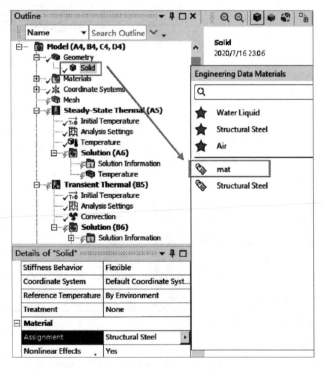

图 11-79　修改材料属性

4. 划分网格

Step1：右击 Mechanical 界面左侧 Outline（分析树）中的 Mesh 选项，在详细设置窗口的 Element Size 栏输入 2.e-003m，如图 11-80 所示。

Step2：右击 Outline（分析树）中的 Mesh 选项，在弹出的快捷菜单中选择 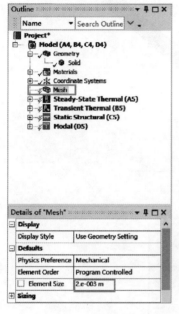 Generate Mesh 命令，最终的网格效果如图 11-81 所示。

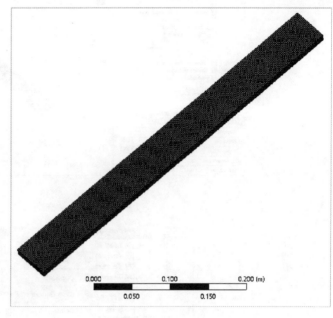

图 11-80 网格设置　　　　图 11-81 网格效果

5. 施加载荷与约束

Step1：选择 Mechanical 界面左侧 Outline（分析树）中的 Steady-State Thermal（A5）选项，此时会出现图 11-82 所示的 Environment 工具栏。

Step2：选择 Environment 工具栏中的 Temperature（温度）命令，此时在分析树中会出现 Temperature 选项，如图 11-83 所示。

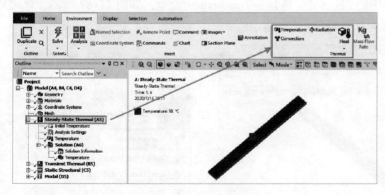

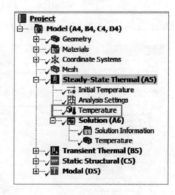

图 11-82　Environment 工具栏　　　　图 11-83　添加载荷

Step3：选中 Temperature，在 Details of "Temperature" 中进行如下操作：在 Geometry 中选择平极；在 Definition→Magnitude 栏输入 50；其余默认即可，完成一个温度的添加，如图 11-84 所示。

Step4：右击 Outline（分析树）中的 Steady-State Thermal（A5）选项，在弹出的快捷菜单中选择 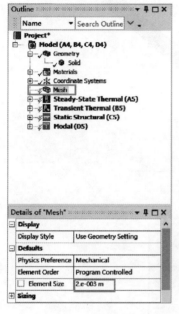 Solve 命令，如图 11-85 所示。

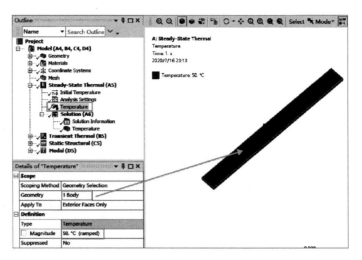

图 11-84　温度

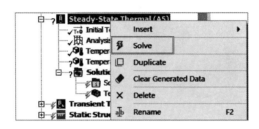

图 11-85　求解

6. 结果后处理

Step1：选择 Mechanical 界面左侧 Outline（分析树）中的 Solution（A6）选项，此时会出现图 11-86 所示的 Solution 工具栏。

Step2：选择 Solution 工具栏中的 Thermal（热）→Temperature 命令，如图 11-87 所示，此时在分析树中会出现 Temperature（温度）选项。

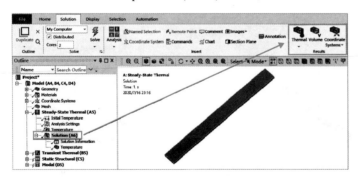

图 11-86　Solution 工具栏

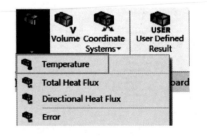

图 11-87　添加温度选项

Step3：右击 Outline（分析树）中的 Solution（A6）选项，在弹出的快捷菜单中选择 Evaluate All Results 命令，如图 11-88 所示，此时会弹出进度显示条，表示正在求解，当求解完成后进度条自动消失。

Step4：选择 Outline（分析树）中 Solution（B6）下的 Temperature（温度），如图 11-89 所示。

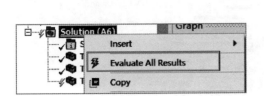

图 11-88　快捷菜单

图 11-89　温度分布

Step5：选择 Mechanical 界面左侧 Outline（分析树）中的 Transient Thermal（B5）选项，在出现的 Environment 工具栏中单击两次 Convection 选项。

Step6：单击 Convection 选项，然后在 Details of "Convection" 面板中进行如下设置，如图 11-90 所示：在 Geometry 栏中确定上下两个表面被选中；在 Film Coefficient 栏输入对流系数为 180；在 Ambient Temperature 栏输入此时的环境温度为 0℃，其余默认即可。

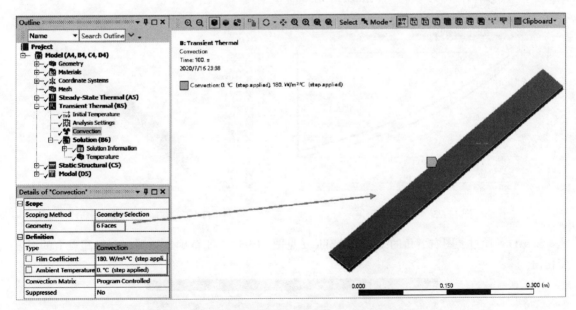

图 11-90　对流

Step7：设置分析选项。单击 Transient Thermal（B5）下面的 Analysis Settings（分析设置），在下面出现图 11-91 所示的 Details of "Analysis Settings" 分析选项设置面板中进行如下设置：在 Step End Time 栏输入 100s；在 Auto Time Stepping 栏选择 Off；在 Define By 栏选择 Substeps；在 Number Of Substeps 栏输入 200，其余默认即可。

Step8：右击 Outline（分析树）中的 Transient Thermal（B5）选项，在弹出的快捷菜单中选择 Solve 命令，如图 11-92 所示。

Step9：单击 Solution→Solution Information→Temperature-Global Maximum 和 Temperature-Global Minimum，将显示图 11-93 所示的降温曲线图，从图中可以看出 100s 的时间内，板的最高温度降到了 14.479℃，最低温度降到了 12.1℃。

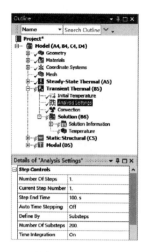
图 11-91　设置

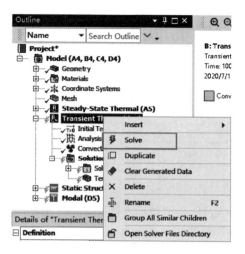
图 11-92　求解

Step10：添加一个 Temperature 后处理命令，通过后处理可以看到图 11-94 所示的各个时刻的温度值，可以看出时间为 100s 时的温度为 14.479℃。

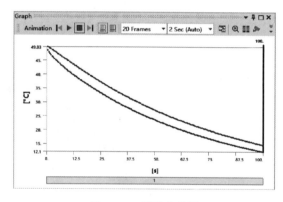
图 11-93　降温曲线图

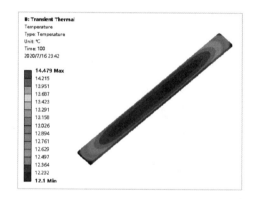
图 11-94　100s 时的温度分布图

Step11：通过云图右下角的 Tabular Table（见图 11-95），能精确地查到每个时间点上的温度变化值。

	Time [s]	Minimum [℃]	Maximum [℃]		Time [s]	Minimum [℃]	Maximum [℃]
1	0.5	48.666	49.83	21	10.5	40.725	44.428
2	1.	47.96	49.592	22	11.	40.423	44.156
3	1.5	47.391	49.336	23	11.5	40.125	43.884
4	2.	46.885	49.074	24	12.	39.83	43.614
5	2.5	46.417	48.81	25	12.5	39.539	43.344
6	3.	45.976	48.544	26	13.	39.251	43.076
7	3.5	45.556	48.276	27	13.5	38.967	42.81
8	4.	45.153	48.006	28	14.	38.685	42.544
9	4.5	44.763	47.734	29	14.5	38.407	42.28
10	5.	44.385	47.461	30	15.	38.131	42.018
11	5.5	44.018	47.186	31	15.5	37.858	41.757
12	6.	43.659	46.91	32	16.	37.588	41.497
13	6.5	43.309	46.634	33	16.5	37.32	41.239
14	7.	42.966	46.357	34	17.	37.055	40.982
15	7.5	42.63	46.081	35	17.5	36.793	40.727
16	8.	42.3	45.804	36	18.	36.532	40.473
17	8.5	41.975	45.528	37	18.5	36.274	40.221
18	9.	41.655	45.252	38	19.	36.019	39.97
19	9.5	41.341	44.977	39	19.5	35.765	39.721
20	10.	41.03	44.702	40	20.	35.514	39.473

图 11-95　不同时刻温度图标

Step12：依次选择 Static Structural（C5）→Analysis Settings（分析设置）选项，在下面出现图 11-96 所示的 Details of " Analysis Settings" 中进行如下设置：在 Step End Time 栏输入 100s，其余默认即可。

Step13：右击 Static Structural（C5）→Imported Load（B6）→Imported Body Temperature 选项，在弹出的图 11-97 所示的快捷菜单中选择 Import Load 命令。

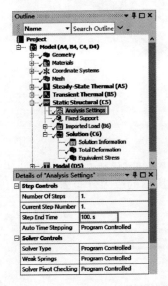

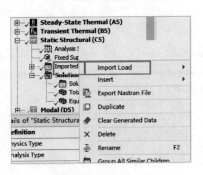

图 11-96　设置　　　　　　　　　图 11-97　快捷菜单

Step14：成功导入温度分布结果后显示图 11-98 所示的云图，对比可以看出此时显示的温度分布结果是最终时刻的温度分布。

Step15：单击 Static Structural（C5），然后在工具栏中依次选择 Supports→Fixed（固定约束），如图 11-99 所示。

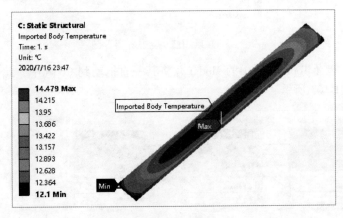

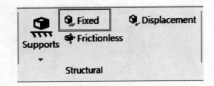

图 11-98　温度分布云图　　　　　　　图 11-99　菜单

Step16：在下面出现的 Details of " Fixed Support" 面板中进行如下设置，如图 11-100 所示：在 Geometry 栏选择平板的两底面，其余默认即可；选择工具栏中的 Generate 命令。

Step17：单击 Solution（C6），在工具栏选择 Deformation 选项，并选择工具栏中的 Generate 命令，此时经过一段时间的运算将显示图 11-101 所示的变形云图，此变形云图显示的是 100s 时刻的变形。

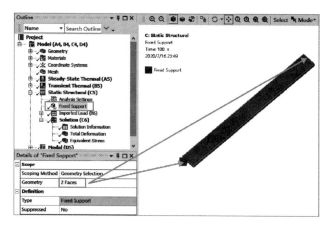

图 11-100　设置

Step18：单击 Solution（C6），在工具栏选择 Equivalent Stress 选项，并单击工具栏中的 Generate 命令，此时经过一段时间的运算将显示图 11-102 所示的应力分布云图，此应力分布云图显示的是 100s 时刻的应力分布。

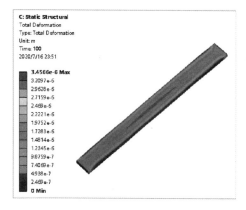

图 11-101　变形分布云图

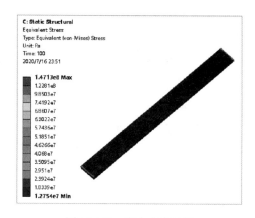

图 11-102　应力分布云图

Step19：返回到 Workbench 平台，选择 Toolbox 栏中的 Modal 并将其一直拖动到 C6 列中，此时将建立一个模态分析流程图，如图 11-103 所示。

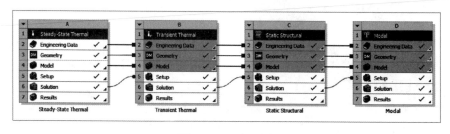

图 11-103　流程图

Step20：返回到 Mechanical 分析平台中，读者会发现此时在 Static Structural（C5）分析树下面多了一个 Modal（D5）分析流程。

Step21：右击 Solution（C6），在弹出的快捷菜单中选择 Solve 命令执行计算。

Step22：右击 Modal（D5），在弹出的快捷菜单中选择 Solve 命令执行计算。

Step23：计算完成后，查看前六阶变形云图与自振频率图如图 11-104～图 11-106 所示。

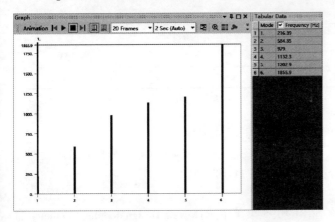

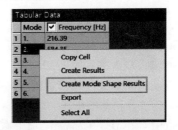

图 11-104　各阶频率　　　　　　　　　　　图 11-105　快捷菜单选择频率并生成云图

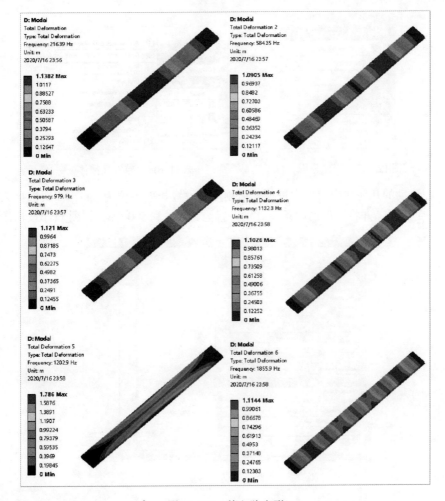

图 11-106　前六阶变形

　　至此，ANSYS Workbench 中降温时模态分析的建模及求解方法就介绍完了。下面将为大家详细介绍无温度变化时模态分析的建模方法及求解过程。

11.3.3　无温度变化模态分析

学习目标	熟练掌握 ANSYS Workbench 平台中模态分析的建模方法及求解过程
模型文件	无
结果文件	Chapter11 \ char11-2 \ MODAL. wbpj

1. 创建分析项目

Step1：在 Windows 系统下启动 ANSYS Workbench，进入主界面。

Step2：双击主界面 Toolbox（工具箱）中的 Analysis Systems→Modal（模态分析）选项，即可在 Project Schematic（项目管理区）创建分析项目，如图 11-107 所示。

2. 创建几何体模型

Step1：在 D3：Geometry 项上右击，在弹出的快捷菜单中选择 New DesignModeler Geometry 命令，如图 11-108 所示。

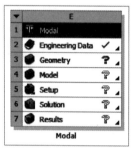

图 11-107　创建分析项目

图 11-108　导入几何体

Step2：在启动的几何建模窗口中进行几何创建。设置长度单位为 mm，依次选择菜单，在坐标原点创建一个矩形，并将矩形的两条边分别设置为 50mm 和 500mm，如图 11-109 所示。

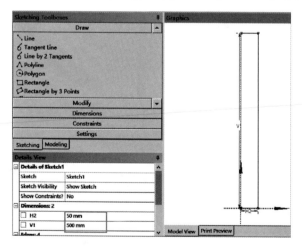

图 11-109　草绘

Step3：选择工具栏中的 Extrude 命令，在弹出的如图 11-110 所示的 Details View 详细设置面板中进行如下操作：在 Geometry 栏选择刚才建立的草绘 Sketch1；在 FD1,Depth（>0）栏输入厚度为 10mm，其余默认即可，并单击工具栏中的 Generate 命令生成几何。

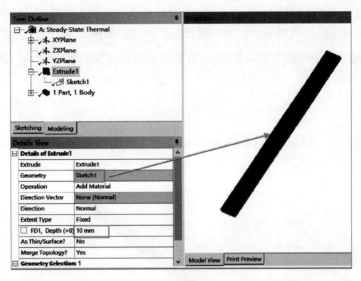

图 11-110　实体

Step4：单击工具栏中的 ▉（保存）按钮，在弹出的"另存为"对话框的名称栏输入 MODAL. wbpj，并单击"保存"按钮。

Step5：回到 DesignModeler 界面，单击右上角的 ▉（关闭）按钮，退出 DesignModeler，返回到 Workbench 主界面。

3. 材料设置

Step1：在 Workbench 主界面双击 A2：Engineering Data 项，进入 Mechanical 热分析的材料设置界面。

Step2：在 Outline of Schematic A2,B2,C2,D2：Engineering Data 栏的 Material 中输入材料名称 mat，然后从左侧的 Toolbox 栏选择图 11-111 所示参数到 mat 中，并进行相应设置。

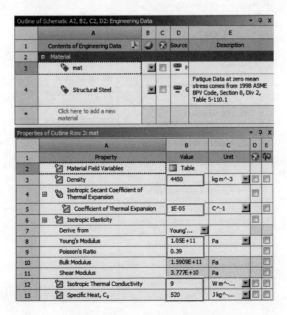

图 11-111　设置材料物理属性

Step3：双击主界面项目管理区项目 B 中的 B3：Model 项，进入图 11-112 所示的 Mechanical 界面，在该界面下可进行网格的划分、分析设置、结果观察等操作。

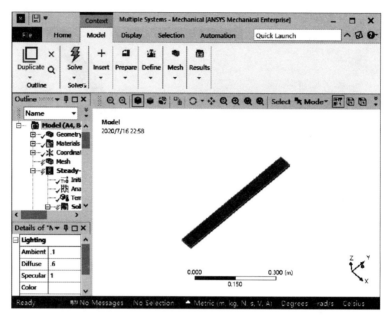

图 11-112　Mechanical 界面

Step4：在 Mechanical 界面左侧 Outline（分析树）中选择 Geometry 选项下的 Solid，此时即可在 Details of "Solid"（参数列表）中给模型添加材料，如图 11-113 所示。

Step5：在参数列表中的 Material 下单击 Assignment 黄色区域后的 ▶ ，此时会出现刚刚设置的材料 mat，选择即可将其添加到模型中去。

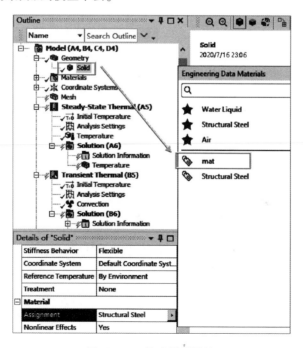

图 11-113　修改材料属性

4. 划分网格

Step1：右击 Mechanical 界面左侧 Outline（分析树）中的 Mesh 选项，在详细设置窗口的 Element Size 栏输入 2.e-003m，如图 11-114 所示。

Step2：右击 Outline（分析树）中的 Mesh 选项，在弹出的快捷菜单中选择 Generate Mesh 命令，最终的网格效果如图 11-115 所示。

图 11-114 网格设置

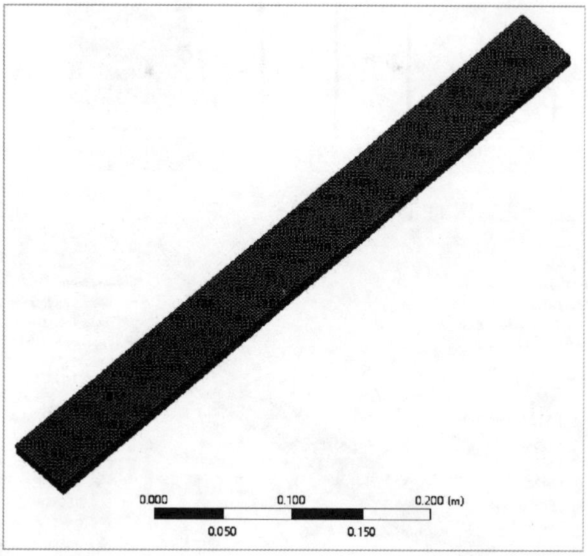

图 11-115 网格效果

5. 施加载荷与约束

Step1：单击 Modal（A5），然后在工具栏中依次选择 Supports→Fixed（固定约束）命令，如图 11-116 所示。

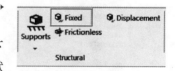

Step2：在下面出现的 Details of "Fixed Support" 面板中进行如下设置，如图 11-117 所示：在 Geometry 栏选择平板的两底面，其余默认即可；选择工具栏中的 Generate 命令。

图 11-116 菜单

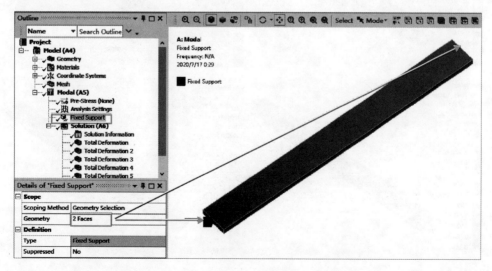

图 11-117 设置

Step3：右击 Modal（A5），在弹出的快捷菜单中选择 Solve 命令执行计算。

Step4：计算完成后，查看前六阶变形云图与自振频率图，如图 11-118 ~ 图 11-120 所示。

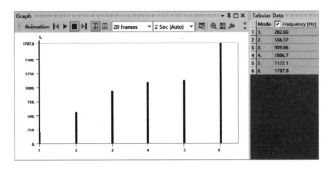

图 11-118　各阶频率

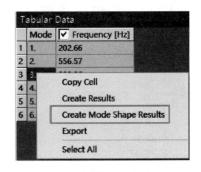

图 11-119　快捷菜单选择频率并生成云图

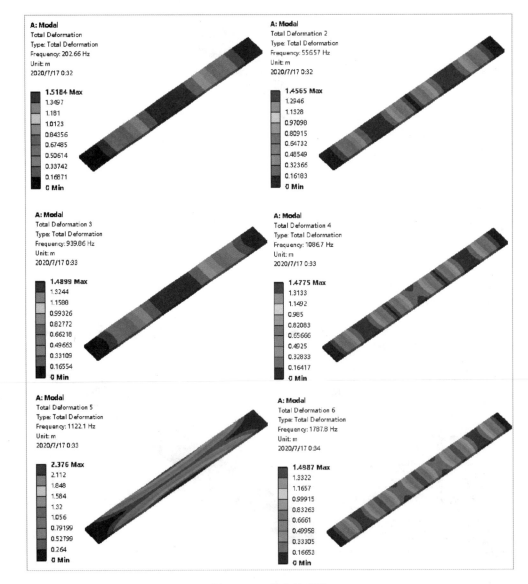

图 11-120　前六阶变形

【分析】 以上三个分析分别针加热后、冷却后及无温度变化三种状态的模态进行分析，最后得到的三种工况下的前六阶频率见表 11-2。

表 11-2　三种工况的前六阶频率（单位：Hz）

	第一阶	第二阶	第三阶	第四阶	第五阶	第六阶
加热后模态	135.96	486.74	965.77	1029.5	1194	1749.8
无温度变化模态	202.66	556.57	939.86	1086.7	1122.1	1787.8
冷却后模态	216.39	584.35	979	1132.3	1202.3	1855.9

从表 11-2 可以看出，加热后结构的模态 < 无温度变化结构的模态 < 冷却后结构的模态。

11.4　热疲劳分析

疲劳是指材料、零部件或者机构件在不断的循环载荷作用下，某点或者某些点会产生局部的永久性破坏，并且在经过一定循环次数后出现裂纹或者使裂纹进一步扩展变大直到完全断裂的一种现象。

按形式和过程的不同，外加负荷小且使用寿命较长的疲劳称为高周疲劳或是应力疲劳；相反，外加负荷高且使用寿命较短的疲劳称为低周疲劳或是应变疲劳。

按所受载荷的不同可分为四种形式：机械疲劳是由于外加循环负荷作用导致；蠕变疲劳是由于在高温环境中循环负荷作用导致；热机械疲劳是由于循环机械负荷和循环热负荷共同作用导致；热疲劳是由于材料因为受到循环热应力作用而龟裂导致。

学习目标	熟练掌握 ANSYS Workbench 平台中热疲劳分析的建模方法及求解过程
模型文件	无
结果文件	Chapter11 \ char11-3 \ Tem_Stru_Fatigue. wbpj

11.4.1　问题描述

某平板尺寸为 100mm × 50mm × 10mm，如图 11-121 所示，材料为默认的 Structural Steel。现将些金属板加热到 600℃ 并将传热过程简化为对流传热。求该平板在此交变应力下的疲劳情况。

图 11-121　模型

11.4.2　创建分析项目

Step1：在 Windows 系统下启动 ANSYS Workbench，进入主界面。

Step2：双击主界面 Toolbox（工具箱）中的 Analysis Systems→Steady-State Thermal（稳态热分析）选项创建一个稳态热分析项目，然后右击 A6 项，在弹出的快捷菜单中插入一个 Static Structural（静态结构分析）项目，此时即可在 Project Schematic（项目管理区）创建图 11-122 所示的热应力分析项目流程。

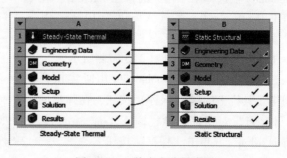

图 11-122　热应力分析流程

11.4.3 创建几何体模型

Step1：在 D3：Geometry 项上右击，在弹出的快捷菜单中选择 New DesignModeler Geometry 命令，如图 11-123 所示，此时会进入 DesignModeler 几何建模窗口，在 DesignModeler 几何建模窗口中可以进行几何建模与模型有限元分析的前处理及几何修复等工作任务。

Step2：在启动的 DesignModeler 几何建模窗口中进行几何创建。建模前首先要设置模型的单位制，根据案例的模型大小，选择 Units 菜单下面的 millimeter 选项来设置当前模型的长度单位制为 mm；然后在模型树中选择 XYPlane，在下面的选项卡中选择 Sketching 选项卡进入到草绘控制界面，单击 Draw 子选项卡中的 Rectangular（矩形）命令，然后将矩形的第一个角点定义在坐标原点上，即鼠标单击草绘平面的原点，然后向右上角移动鼠标拉开一定的距离后定义第二个角点，此时创建了一个矩形（在第一坐标系中）。

Step3：单击 Dimensions：2 子选项卡，对几何尺寸进行标注和控制，此时默认的 General 尺寸标注已被选中，首先单击 X 轴上的一条边，在 Details View 面板中出现了 H1 标记，在 H1 栏输入长度为 50mm；单击最右侧的竖直方向的直线，此时 Details View 面板中出现了 V2 标记，在 V2 栏输入长度为 100mm，此时几何尺寸将根据标注的大小进行自动调节，如图 11-124 所示。

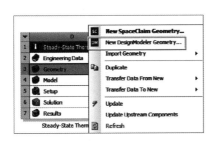

图 11-123　导入几何体

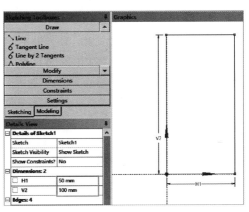

图 11-124　草绘及标注

Step4：草绘完成后，单击 Modeling 选项卡切换到实体建模窗口，然后选择工具栏中的 Extrude（拉伸）命令，在弹出的如图 11-125 所示的 Details View 详细设置面板中进行如下操作：在 Details of Extrude1 下面的 Geometry 栏选择刚才建立的草绘 Sketch1；在 FD1，Depth（>0）栏输入厚度为 10mm，其余默认即可，并选择工具栏中的 Generate 命令生成几何实体，如图 11-125 右侧所示。

Step5：单击 DesignModeler 几何建模窗口中工具栏上的 （保存）按钮，在弹出的"另存为"对话框名称栏输入 Tem_Stru_Fatigue.wbpj，并单击"保存"按钮。

Step6：回到 DesignModeler 界面，单击

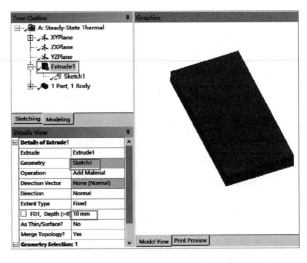

图 11-125　几何实体

右上角的 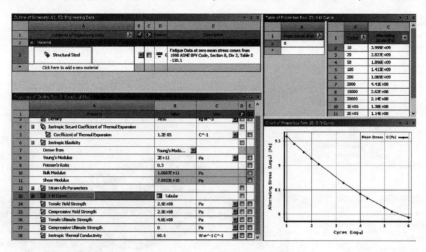 （关闭）按钮，退出 DesignModeler，返回到 Workbench 主界面。

11.4.4 材料设置

Step1：在 Workbench 主界面中双击 A2：Engineering Data 项进入 Mechanical 热应力分析的材料设置界面。

Step2：Structural Steel 属性如图 11-126 所示，其中包含热和物理属性，以及疲劳特性。

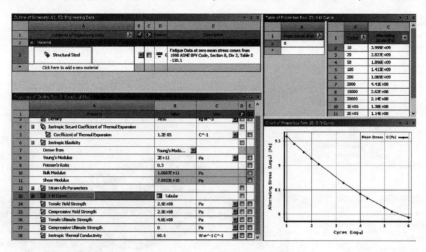

图 11-126　设置材料热属性

Step3：材料热物理属性设置完成后，关闭材料属性设置窗口。双击主界面项目管理区项目 B 中的 B3：Model 项，进入图 11-127 所示的 Mechanical 界面，在该界面下可进行网格的划分、分析设置、结果观察等操作。

Step4：在 Mechanical 界面左侧 Outline（分析树）中选择 Geometry 选项下的 Solid，此时即可在 Details of "Solid"（参数列表）中给模型添加材料，如图 11-128 所示。

Step5：单击参数列表中 Material 下的 Assignment，此时可以看到默认的 Structural Steel 已被添加到模型中。

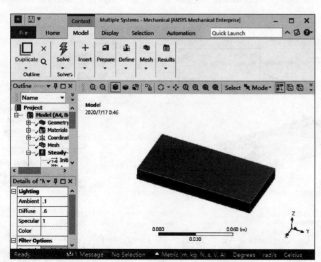

图 11-127　Mechanical 界面

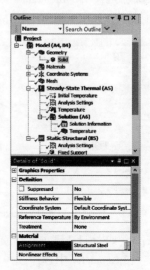

图 11-128　修改材料属性

11.4.5　划分网格

Step1：右击 Mechanical 界面左侧 Outline（分析树）中的 Mesh 选项，在详细设置窗口的 Element Size 栏输入 2.e-003m，如图 11-129 所示。

Step2：右击 Outline（分析树）中的 Mesh 选项，在弹出的快捷菜单中选择 Generate Mesh 命令，最终的网格效果如图 11-130 所示。

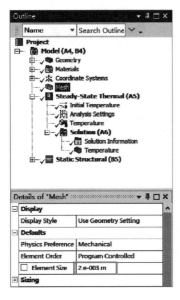

图 11-129　网格设置

图 11-130　网格效果

11.4.6　施加载荷与约束

Step1：选择 Mechanical 界面左侧 Outline（分析树）中的 Steady-State Thermal（A5）选项，此时会出现图 11-131 所示的 Environment 工具栏。

Step2：选择 Environment 工具栏中的 Temperature（温度）命令，此时在分析树中出现 Temperature 选项，如图 11-132 所示。

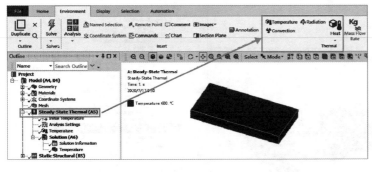

图 11-131　Environment 工具栏

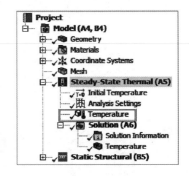

图 11-132　添加载荷

Step3：如图 11-133 所示，选中 Temperature，在下面出现的 Details of "Temperature" 中进行如下操作：在 Geometry 中选择选择长方体；在 Definition→Magnitude 栏输入 600；其余默认即可，完成一个温度的添加。

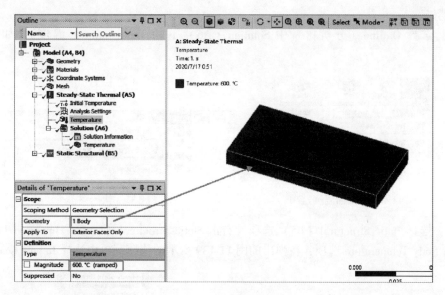

图 11-133　添加温度

Step4：右击 Outline（分析树）中的 Steady-State Thermal（A5）选项，在弹出的快捷菜单中选择 ⚡ Solve 命令，如图 11-134 所示。

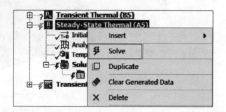

11.4.7　结果后处理

Step1：选择 Mechanical 界面左侧 Outline（分析树）中的 Solution（A6）选项，此时会出现图 11-135 所示的 Solution 工具栏。

图 11-134　求解

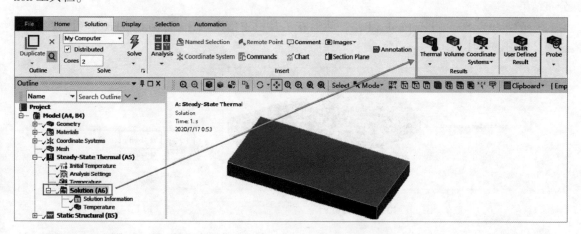

图 11-135　Solution 工具栏

Step2：选择 Solution 工具栏中的 Thermal（热）→Temperature 命令，如图 11-136 所示，此时在分析树中出现 Temperature（温度）选项。

Step3：右击 Outline（分析树）中的 Solution（A6）选项，在弹出的快捷菜单中选择 ⚡ Evaluate All Results 命令，如图 11-137 所示，此时会弹出进度显示条，表示正在求解，当求解完成后进度条自动消失。

Step4：选择 Outline（分析树）中 Solution（A6）下的 Temperature（温度），如图 11-138 所示。

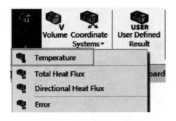

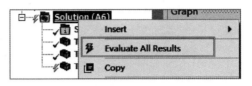

图 11-136　添加温度选项　　　　　　　　　图 11-137　快捷菜单

Step5：选择 Static Structural（B5）选项，右击 Static Structural（C5）→Imported Load（B6）→Imported Body Temperature 选项，在弹出的图 11-139 所示的快捷菜单中选择 Import Load 命令。

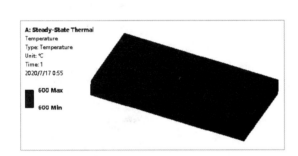

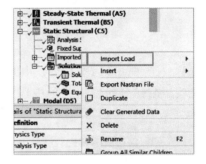

图 11-138　温度分布　　　　　　　　　　　图 11-139　快捷菜单

Step6：成功导入温度分布结果后显示图 11-140 所示的云图，对比可以看出此时显示的温度分布结果。

Step7：单击 Static Structural（B5），然后在工具栏中依次选择 Supports→Fixed（固定约束）选项，如图 11-141 所示。

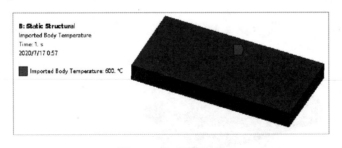

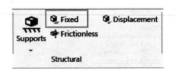

图 11-140　温度分布　　　　　　　　　　　图 11-141　菜单

Step8：在下面出现的 Details of "Fixed Support" 面板中进行如下设置，如图 11-142 所示：在 Geometry 栏选择平板的两个端面，其余默认即可；选择工具栏中的 Generate 命令。

Step9：单击 Solution（B6），在工具栏选择 Deformation 选项，并选择工具栏中的 Generate 命令，此时经过一段时间的运算将显示图 11-143 所示的变形云图。

Step10：单击 Solution（B6），在工具栏选择 Equivalent Stress 选项，并选择工具栏中的 Generate 命令，此时经过一段时间的运算将显示图 11-144 所示的应力分布云图。

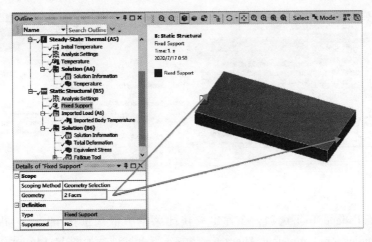

图 11-142　设置

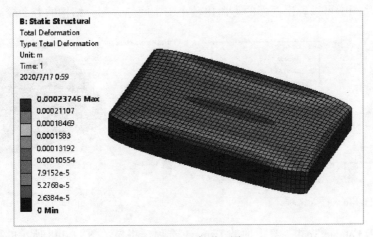

图 11-143　变形云图

图 11-144　应力分布云图

Step11：右击 Solution（B6），在弹出的快捷菜单中依次选择 Insert→Fatigue→Fatigue Tool 选项，如图 11-145 所示，插入一个疲劳分析工具。

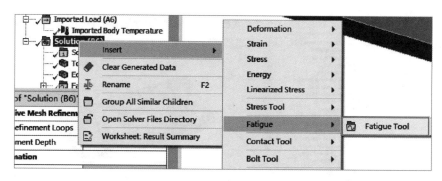

图 11-145　插入疲劳分析工具

Step12：右击 Fatigue Tool 选项，在弹出的快捷菜单中依次选择 Insert→Life/Damage/Safety Factor/Biaxiality Indication/Equivalent Alternating Stress 五个选项，如图 11-146 所示。

Step13：经过一段时间的计算，单击 Fatigue Tool 工具下面的 Life 选项，将显示图 11-147 所示的寿命分布图，从图中可以看出两端的寿命比较小，中间绝大部分结构的寿命较高。

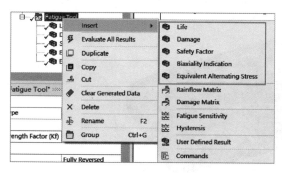

图 11-146　插入选项

图 11-147　寿命分布图

Step14：单击 Fatigue Tool 工具下面的 Damage 选项，将显示图 11-148 所示的损伤分布图。

Step15：单击 Fatigue Tool 工具下面的 Safety Factor 选项，将显示图 11-149 所示的安全系数分布图。

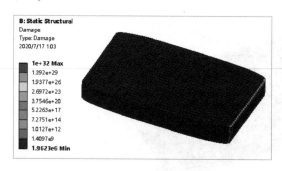

图 11-148　损伤分布图

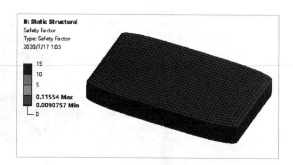

图 11-149　安全系数分布图

Step16：单击 Fatigue Tool 工具下面的 Biaxiality Indication 选项，将显示图 11-150 所示的双轴指示图。

Step17：单击 Fatigue Tool 工具下面的 Equivalent Alternating Stress 选项，将显示图 11-151 所示的等效交变应力图。

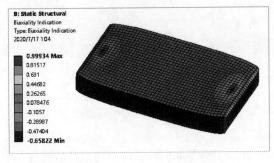

图 11-150　双轴指示图

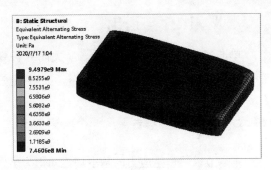

图 11-151　等效交变应力图

⫾注：这里 Fatigue Tool 中的设置采用了默认的设置，但是读者可以看到 Fatigue Tool 下面的设置非常丰富。

Fatigue Strength Factor（强度因子）：除了平均应力的影响外，还有其他一些影响 S-N 曲线的因素，这些其他影响因素可以集中体现在疲劳强度（降低）因子 Kf 中，其值可以在 Fatigue Tool 的细节栏输入，这个值小于 1，以便说明实际部件和试件的差异，所计算的交变应力将被这个修正因子 Kf 分开，而平均应力却保持不变。

Analysis Type 栏中的默认选项是 Stress Life（应力寿命），此外还有 Strain Life（应变寿命），如图 11-152 所示。

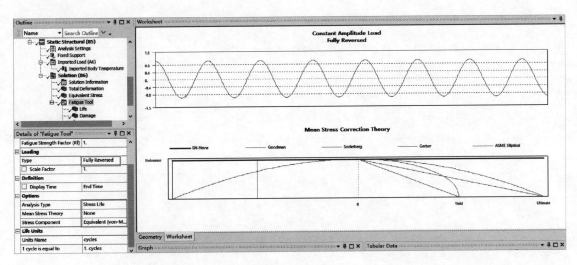

图 11-152　Fatigue Tool

Mean Stress Theory 栏中有以下五个选项，其中默认为 None。

- None：忽略平均应力的影响。
- Goodman：理论上适用于低韧性材料，不能对压缩平均应力做修正。
- Soderberg：理论上比 Goodman 理论更保守，在某些情况下可以用于脆性材料。
- Gerber：理论上能够对韧性材料的拉伸平均应力提供很好的拟合，但它不能正确地预测出压缩平均应力的有害影响。
- Mean Stress Curves：使用多重 S-N 曲线（如果定义的话）。

读者仅需对各个设置有一定的了解即可，如果想深入学习，请参考相关教材或者帮助文档。

11.4.8　保存与退出

单击 Mechanical 右上角的 ▨（关闭）按钮，返回到 Workbench 主界面，单击 ▨ Save（保存）按钮保存文件，然后单击的 ▨（关闭）按钮，退出 Workbench 主界面。

11.5　本章小结

本章节以热产生应力的基本理论知识为出发点，介绍了热是如何产生应力的，然后通过几个典型案例分别介绍了热应力的基本应用与操作、热对结构模态的影响与基本操作以及热对结构疲劳产生的影响。通过本章节的学习，读者应该对 ANSYS Workbench 平台的热应力、热对模态的影响及热疲劳的分析方法及操作过程有详细的认识。

第 12 章

热流耦合分析

计算流体动力学（Computational Fluid Dynamics，CFD）是流体力学的一个分支，它通过计算机模拟获得某种流体在特定条件下的有关信息，实现了用计算机代替试验装置完成"计算试验"，为工程技术人员提供了实际工况模拟仿真的操作平台，已广泛应用于航空航天、热能动力、土木水利、汽车工程、铁道、船舶工业、化学工程、流体机械和环境工程等领域。

ANSYS Workbench 平台中基于流体动力学原理的热流耦合分析模块有 ANSYS CFX、ANSYS FLUENT 及 ANSYS Icepak 三种，这三种模块根据应用领域的不同各有优点。

本章主要讲解 ANSYS CFX、ANSYS FLUENT 及 ANSYS Icepak 模块基于流体动力学的分析流程，包括几何导入、网格划分、前处理、求解及后处理等。

知识点＼学习目标	了　解	理　解	应　用	实　践
ANSYS CFX 计算过程			√	√
ANSYS FLUENT 计算过程			√	√
ANSYS Icepak 计算过程			√	√

12.1　CFX 流场分析

ANSYS CFX 是 ANSYS 软件下模拟工程实际传热与流动问题的商用程序包，它是在复杂几何、网格、求解这三个 CFD 传统瓶颈问题上均取得了突破的商用 CFD 软件包。

学习目标	熟练掌握 CFX 的流体分析方法及求解过程
模型文件	Chapter12 \ char12-1 \ mixing_tee. msh
结果文件	Chapter12 \ char12-1 \ CFX_sample. wbpj

12.1.1　问题描述

图 12-1 所示的 T 型管模型中，inlety 流速为 10m/s，温度为 20℃，inletz 流速为 5m/s，温度为 100℃，出口设置为标准大气压，试用 ANSYS CFX 分析其流动特性及热分布。

12.1.2　创建分析项目

Step1：在 Windows 系统下启动 ANSYS Workbench，进入主界面。

Step2：双击主界面 Toolbox（工具箱）中的 Analysis Systems→Fluid Flow（CFX）选项，即可在 Project Schematic（项目管理区）创建分析项目 A，如图 12-2 所示。

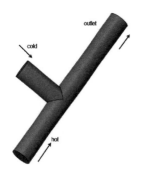

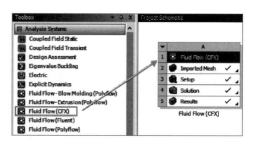

图 12-1　几何模型　　　　　　　　　图 12-2　创建分析项目 A

12.1.3　创建几何体模型

Step1：在 C3：Mesh 项上右击，在弹出的快捷菜单中选择 Import Mesh File→Browse 命令，如图 12-3 所示。

Step2：弹出"打开"对话框，选择 mixing_tee. msh 文件，单击"打开"按钮。

Step3：双击 C3：Setup 项，进入到 CFX-Pre 平台，如图 12-4 所示。

图 12-3　导入网格　　　　　　　　　图 12-4　生成网格

12.1.4　网格划分

Step1：右击 Default Domain，在弹出的图 12-5 所示的快捷菜单中选择 Rename 命令，输入名称为 junction。

Step2：双击 junction 命令，在出现图 12-6 所示的 Details of junction in Flow Analysis 1 面板中进行如下设置：在 Material 栏选择 Water。

📂注：CFX 中有大量的材料可供选择，在下拉列表中有常用的几种材料，如果想获得更多的材料，则单击右侧的 ⋯ 按钮，在弹出的图 12-7 所示的 Material 对话框中进行选择。

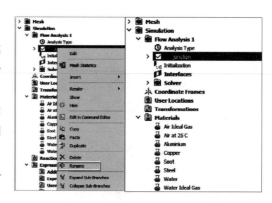

图 12-5　命名

Step3：切换到 Fluid Models 选项卡，如图 12-8 所示，在选项卡中进行如下设置：在 Heat Transfer→Option 栏选择 Thermal Energy 选项；在 Turbulence→Option 栏选择 K-Epsilon 选项，单击

OK 按钮。

图 12-6　设置

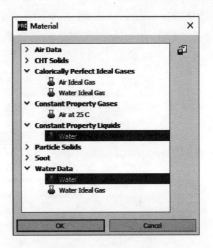

图 12-7　Material 对话框

Step4：右击 junction，在弹出的快捷菜单中依次选择 Insert→Boundary 选项，如图 12-9 所示。

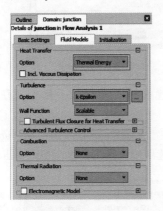

图 12-8　在 Fluid Models 选项卡中设置

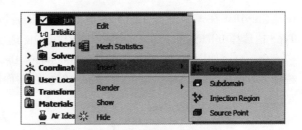

图 12-9　创建边界条件

Step5：在弹出的图 12-10 所示的对话框中输入 inlety 并单击 OK 按钮。

Step6：在弹出的图 12-11 所示的 Boundary：inlety 设置面板中进行如下操作：在 Boundary Type 栏选择 Inlet 选项；在 Location 栏选择 inlety 选项。

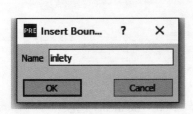

图 12-10　对话框

图 12-11　设置

Step7：如图 12-12 所示，切换到 Boundary Details 选项卡进行如下操作：在 Normal Speed 栏输入 10；在 Static Temperature 栏输入 20，在后面的单位选项中选择 C，单击 OK 按钮。

Step8：右击 junction，在弹出的快捷菜单中依次选择 Insert→Boundary 选项。

Step9：在弹出的图 12-13 所示的对话框中输入 inletz 并单击 OK 按钮。

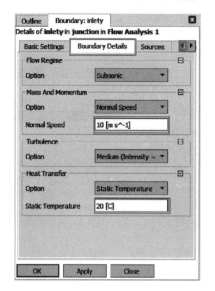

图 12-12　设置 Boundary Details　　　　图 12-13　对话框

Step10：在弹出的图 12-14 所示的 Boundary：inletz 设置面板中进行如下操作：在 Boundary Type 栏选择 Inlet 选项；在 Location 栏选择 inletz 选项。

Step11：如图 12-15 所示，切换到 Boundary Details 选项卡中进行如下操作：在 Normal Speed 栏输入 5；在 Static Temperature 栏输入 100，在后面的单位选项中选择 C，单击 OK 按钮。

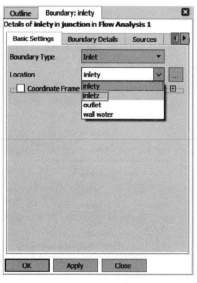

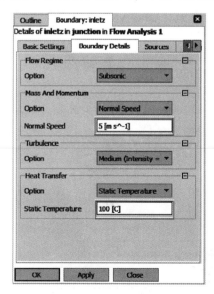

图 12-14　设置 Boundary：inletz　　　　图 12-15　再次设置 Boundary Details

Step12：右击 junction，在弹出的快捷菜单中依次选择 Insert→Boundary 选项。

Step13：在弹出的对话框中输入 outlet 并单击 OK 按钮。

Step14：在弹出的图 12-16 所示的 Boundary：inletz 设置面板中进行如下操作：在 Boundary Type 栏选择 outlet 选项；在 Location 栏选择 outlet 选项。

Step15：如图 12-17 所示，切换到 Boundary Details 选项卡中，进行如下操作：在 Relative Pressure 栏输入 0，单击 OK 按钮。

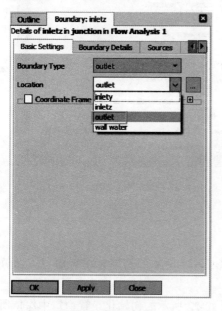
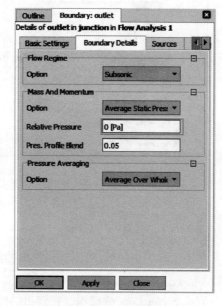

图 12-16　设置 outlet　　　　　图 12-17　设置 Boundary Details

Step16：右击 junction Default，在弹出的图 12-18 所示的快捷菜单中选择 Rename 命令，输入名称为 wall。

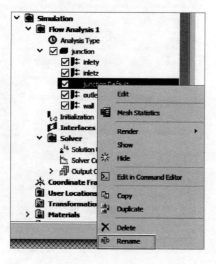
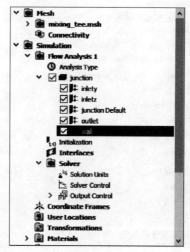

图 12-18　重命名

Step17：右击 inlety，在弹出的图 12-19 所示的快捷菜单中选择 Edit in Command Editor 命令，此时将弹出图 12-20 所示的 CCL 命令行。

可以看到，之前在 inlety 中定义的（如速度、温度流动状态等）设置都将显示在命令行中。CCL 语言将在后文进行介绍，这里不再赘述。

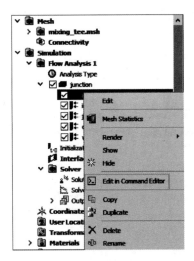

图 12-19　快捷菜单　　　　　　　　　　　图 12-20　CCL 命令行

2.1.5　初始化及求解控制

Step1：单击工具栏中的 按钮，在弹出的图 12-21 所示的初始化设置窗口中保持所有参数及选项为默认状态，单击 OK 按钮。

Step2：双击 Solver Control 选项，在弹出的图 12-22 所示的初始化设置窗口中保持所有参数及选项为默认状态，单击 OK 按钮。

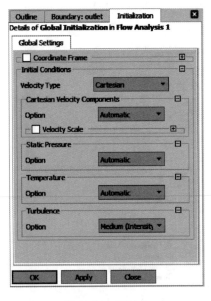

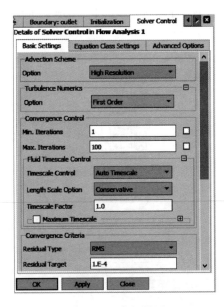

图 12-21　初始化　　　　　　　　　　　　图 12-22　求解设置

Step3：双击 Output Control 选项，在弹出的图 12-23 所示的输出控制面板中进行如下设置：选择 Monitor 选项卡；勾选 Monitor Objects 复选框；在 Monitor Points and Expressions 栏中单击 按钮；在弹出的对话框中输入 p inlety，单击 OK 按钮。

此时在 Monitor Points and Expressions 栏中显示 p inlety 选项。在 p inlety→Option 栏选择 Expression 选项；在 Expression Value 栏中单击右侧的 ⌐fx⌐ 按钮，此时左侧的数值输入栏中可以输入表达式；在此栏输入 areaAve(Pressure)@inlety，如图 12-24 所示。

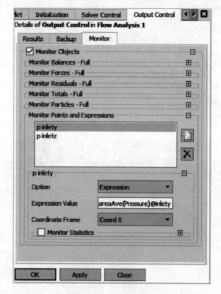

图 12-23　设置　　　　　　　　　　　图 12-24　表达式

Step4：在 Monitor Points and Expressions 栏中单击 按钮；在弹出的对话框中输入 p inletz，单击 OK 按钮。此时在 Monitor Points and Expressions 栏中显示出 p inletz 选项；在 p inletz→Option 栏选择 Expression 选项；在 Expression Value 栏中单击右侧的 ⌐fx⌐ 按钮，此时左侧的数值输入栏中可以输入表达式；在此栏输入 areaAve(Pressure)@inletz，如图 12-25 所示。

Step5：单击工具栏中的 （保存）按钮，单击 Fluid Flow（CFX）界面右上角的 （关闭）按钮，退出 Fluid Flow（CFX），返回到 Workbench 主界面。

12.1.6　流体计算

Step1：在 Workbench 主界面中双击项目 A 的 A4：Solution 项，此时会弹出图 12-26 所示的 Define Run 对话框。保持默认设置，单击 Start Run 按钮进行计算。

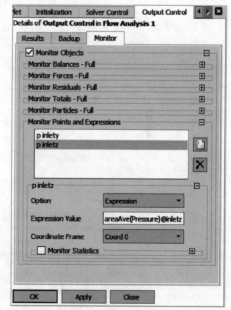

图 12-25　表达式

Step2：此时会出现图 12-27 所示的计算过程监察对话框，对话框左侧为残差曲线，右侧为计算过程，通过设置可以观察许多变量的虚线变化，这里不做详细介绍，请读者参考其他书籍或者帮助文档。

Step3：图 12-28 所示为刚刚定义的监测点的收敛曲线。

Step4：计算完成后会弹出图 12-29 所示的提示框，单击 OK 按钮确定。

Step5：单击 Fluid Flow（CFX）界面右上角的 （关闭）按钮，退出 Fluid Flow（CFX），返回到 Workbench 主界面。

图 12-26　Define Run 对话框

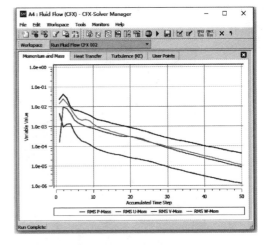

图 12-27　计算过程监察

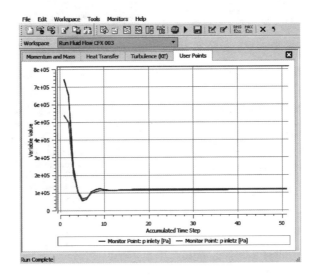

图 12-28　自定义点收敛曲线

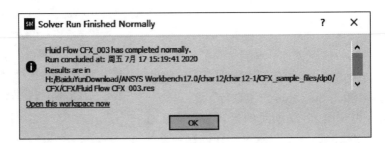

图 12-29　求解完成

12.1.7　结果后处理

Step1：返回到 Workbench 主界面后，双击项目 A 中的 A5：Result 项，此时会出现图 12-30 所示的 A5：Fluid Flow（CFX）-CFD-Post 平台。

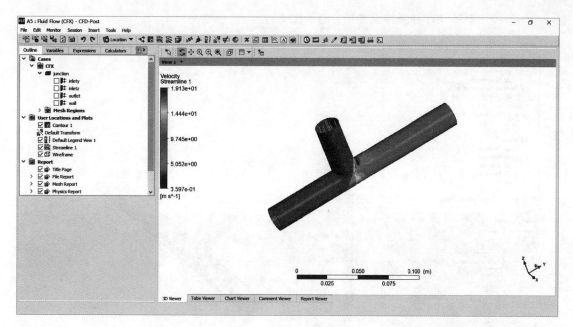

图 12-30　后处理界面

Step2：在工具栏选择 ▨ 命令，在弹出的对话框中保持名称默认，单击 OK 按钮。

Step3：在图 12-31 所示的 Details of Streamline 1 面板中选择 Start From 栏的 inlety、inletz，其余默认，单击 Apply 按钮。

Step4：图 12-32 所示为流体流速迹线云图。

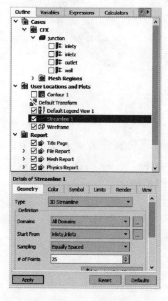

图 12-31　设置流迹线

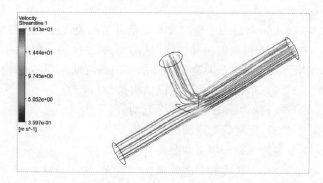

图 12-32　流迹线云图

Step5：在工具栏选择 ▨ 命令，在弹出的对话框中保持名称默认，单击 OK 按钮。

Step6：在图 12-33 所示的 Details of Contour 1 面板中选择 Variable 栏的 Temperature 项，其余默认，单击 Apply 按钮。

Step7：图 12-34 所示为流体温度场分布云图。

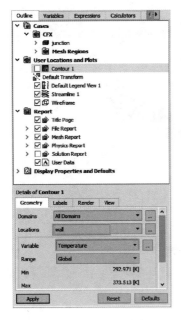

图 12-33　设置云图

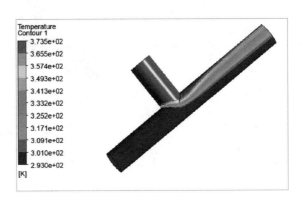

图 12-34　温度场分布云图

Step8：图 12-35 所示为流体压力分布云图。

Step9：读者也可以在工具栏中添加其他命令，这里不再讲述。

Step10：单击工具栏中的 按钮，单击 Fluid Flow（CFD-Post）界面右上角的 ![icon]（关闭）按钮，退出 Fluid Flow（CFD-Post），返回到 Workbench 主界面。

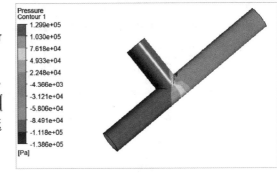

图 12-35　压力分布云图

12.2　Fluent 流场分析

Fluent 是用于模拟具有复杂外形的流体流动及热传导的计算机程序包，具有完全的网格灵活性，用户可以使用非结构网格，例如二维的三角形或四边形网格，三维的四面体、六面体或金字塔形网格来解决具有复杂外形结构的流动。Fluent 具有以下模拟能力。

1）用非结构自适应网格模拟 2D 或 3D 流场。

2）不可压缩或可压缩流动。

3）定常状态或者过渡分析。

4）无黏、层流和湍流。

5）牛顿流和非牛顿流。

6）对流热传导，包括自然对流和强迫对流。

7）耦合传热和对流。

8）辐射换热传导模型等。

本节主要介绍 ANSYS Workbench 的流体分析模块——Fluent 的流体结构方法及求解过程、计算流场及温度分布情况。

学习目标	熟练掌握 Fluent 的流体分析方法及求解过程
模型文件	Chapter12 \ char12-2 \ fluid_FLUENT. x_t
结果文件	Chapter12 \ char12-2 \ fluid_FLUENT. wbpj

12.2.1 问题描述

图 12-36 所示的三通道管道模型中，热流入口流速为 20m/s，温度为 500K，冷流入口速度为 10m/s，温度为 300K，出口为自由出口。

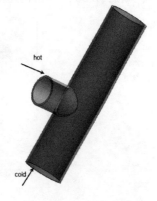

12.2.2 软件启动与保存

Step1：启动 Workbench。

Step2：保存工程文档。进入 Workbench 后，单击工具栏中的 ⊠ Save As... （另存为）按钮，将文件保存为 fluid_FLUENT，单击 Getting Started 窗口右上角的"关闭"按钮将其关闭。

图 12-36　三通管道模型

12.2.3 导入几何数据文件

Step1：创建几何生成器。在 Workbench 左侧 Toolbox（工具箱）的 Component Systems 中单击 Geometry 并按住左键不放，将其拖动到右侧的 Project Schematic 窗口中，此时即可创建一个如同 Excel 表格的项目 A。

Step2：右击 A2:Geometry 项，在弹出的快捷菜单中选择 Insert→Browse 命令，选择 fluid_FLUENT. x_t 几何文件。

Step3：双击 A2 进入几何建模环境，如图 12-37 所示，在几何建模平台中可以对几何进行修改，此案例不做修改。

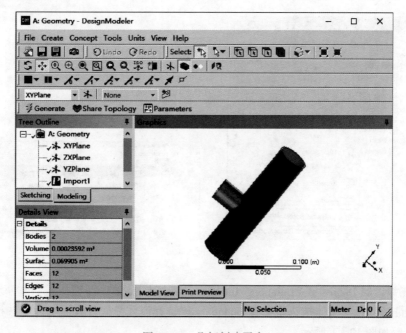

图 12-37　几何创建平台

Step4：关闭 ANSYS 几何建模平台，返回到 Workbench 平台。

12.2.4　网格设置

Step1：选择 Toolbox 下面的 Analysis Systems→Fluid Flow（Fluent），并将其直接拖动到 A2 栏中，如图 12-38 所示，创建基于 Fluent 求解器的流体分析环境。

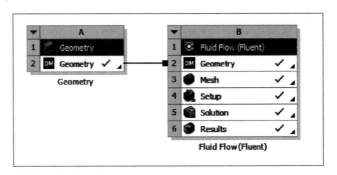

图 12-38　流体分析环境

Step2：双击项目 B 中的 B3：Mesh 项，进入 Meshing 平台。在 Meshing 平台中可以进行网格划分操作。

Step3：右键依次选择 Outline→Project→Model（B3）→Geometry→PIPE 选项，在弹出的图 12-39 所示的快捷菜单中选择 Suppress Body 命令，将实体几何抑制掉。

　注：由于流体分析时，除了流体模型外其他模型不参与计算，所以需要将其抑制。

Step4：右键依次选择 Outline→Project→Model（B3）→Mesh 选项，在弹出的快捷菜单中依次选择 Insert→Inflation 命令，如图 12-40 所示。

　注：做流体分析之前，需要对流体几何进行网格划分，流体网格划分一般需要设置膨胀层。

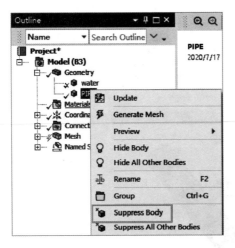

图 12-39　抑制几何

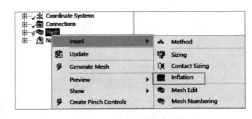

图 12-40　快捷菜单

Step5：在弹出的 Details of "Inflation"-Inflation（膨胀层设置）面板中进行如下设置：在 Geometry 栏中保证流体几何实体被选中；在 Boundary 栏选择流体几何外表面（此处选择的圆柱面），其余默认即可，如图 12-41 所示。

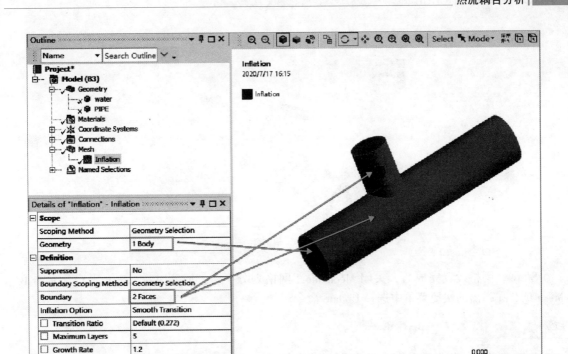

图 12-41　膨胀层设置

Step6：右击 Mesh 选项，在弹出的快捷菜单中选择 Generate Mesh 命令，划分网格，划分完成后的网格模型如图 12-42 所示。

Step7：端面命名。右击 Y 方向最大位置的一个圆柱端面，在弹出的图 12-43 所示的快捷菜单中选择 Create Named Selection 命令，在弹出的 Selection Name 对话框中输入 coolinlet，单击 OK 按钮。

Step8：端面命名。以同样的操作，将其他几何端面全部命名，如图 12-44 所示。

图 12-42　网格模型

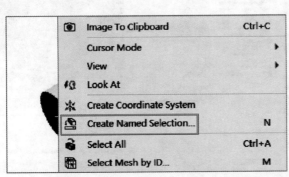

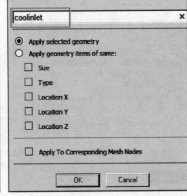

图 12-43　命名几何端面

273

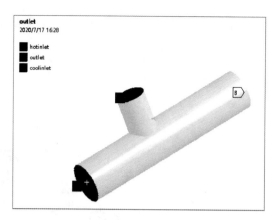

图 12-44　命名其他几何端面

Step9：网格设置完成后，关闭 Mechanical 网格划分平台，回到 Workbench 平台，右击 B3：Mesh 项，在弹出的快捷菜单中选择 Update 命令。

12.2.5　进入 Fluent 平台

Step1：Fluent 前处理操作。双击项目 B 中的 B4：Setup 项，此时弹出图 12-45 所示的 Fluent Launcher 2020 R1（Setting Editionly）启动设置对话框，保持对话框中的所有设置为默认，单击 OK 按钮。

　□注：Fluent 启动设置对话框中可以设置计算维度、计算精度，并进行处理器数量等操作，本例仅仅为了演示。读者做实际工程时，需要根据实际需要进行选择，以保证计算精度。关于设置的问题，请读者参考帮助文档。

Step2：此时出现图 12-46 所示 Fluent 操作界面，在 Fluent 操作界面中可以完成本例的计算及一些简单的后处理。

　Fluent 操作界面具有强大的流体动力学分析功能，由于篇幅有限，这里仅对流体中的简单流动进行分析，以让初学者对 Fluent 流体动力学分析有初步的认识。

图 12-45　启动设置对话框

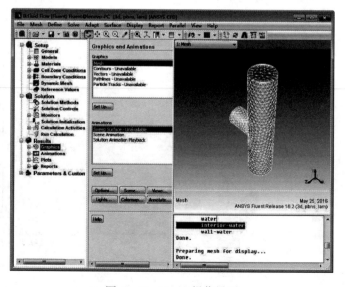

图 12-46　Fluent 操作界面

Step3：选择分析树中的 General 命令，在出现的 General 面板中单击 Check 按钮，此时在右下角的命令输入窗口中出现图 12-47 所示的命令行，检查最小体积是否出现负数。

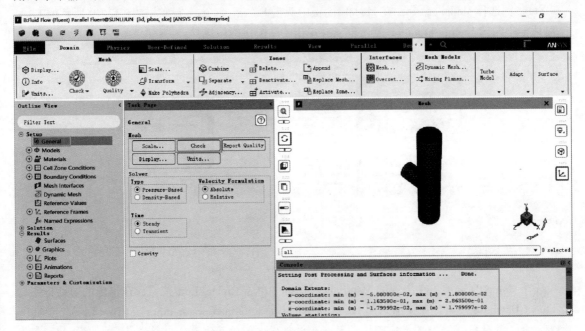

图 12-47　模型检查

在网格划分时，容易出现最小体积为负值的情况，在做流体计算时，需要对几何网格的大小进行检查，以免计算出错。

Step4：选择 Models 命令，在 Models 面板中双击 Viscous 命令，在弹出的图 12-48 所示的 Viscous Model 对话框中选择 k-epsilon（2 eqn）选项，并单击 OK 按钮确认模型选择。

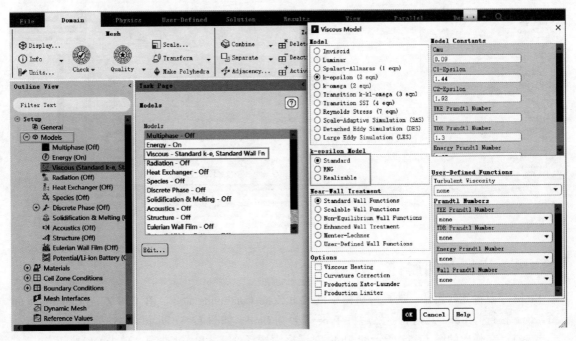

图 12-48　模型选择

注：在做流体分析时，根据流体的流动特性，需要选择相应的流体动力学分析模型进行模拟，这里使用最简单的层流模型，此模型不一定适合实际的工程计算，本例只是为了演示功能。

Step5：选择 Models 命令，在 Models 面板中双击 Energy 命令，在弹出的图 12-49 所示的 Energy 对话框中勾选 Energy Equation 复选框，并单击 OK 按钮确认选择。

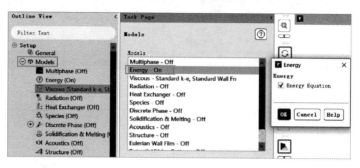

图 12-49　能量选项

12.2.6　材料选择

选择 Materials 选项，在出现的 Materials 对话框中单击 Create/Edit 按钮，在弹出的对话框中单击 Fluent Database 按钮，在弹出的图 12-50 所示的对话框中选择 water-liquid（h2o < 1 >）选项。

注：此处使用液态水模拟，读者可以在材料库中选择其他流体材料进行模拟。另外，在这里，读者可以定义自己想要的材料或者修改一些材料的属性。

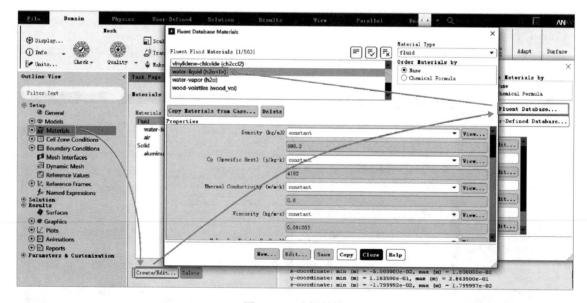

图 12-50　选择材料

12.2.7　设置几何属性

Step1：设置几何属性。选择分析树中的 Cell Zone Conditions 命令，在 Cell Zone Conditions 面板的 Zone 栏选择 water 几何名，然后将 Type 设置为 fluid，如图 12-51 所示。

Step2：在弹出的图 12-52 所示的 Fluid 对话框中选择 Water-liquid 选项，单击 OK 按钮。

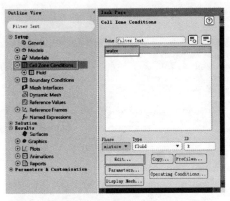 

图 12-51　设置几何属性　　　　　　　　　图 12-52　设置材料

12.2.8　流体边界条件

Step1：选择命令树中的 Boundary Conditions 命令，在 Boundary Conditions 面板的 Zone 中选择 hotinlet 选项，在图 12-53 所示的 Type 栏选择 velocity-inlet 选项。

Step2：设置入口速度。在弹出的图 12-54 所示的 Velocity-Inlet 对话框中进行如下设置：在 Velocity Magnitude（m/s）栏输入入口流速为 20m/s；在 Specification Method 栏选择 Intensity and Viscosity Ratio 选项；在 Turbulent Intensity（%）栏输入 5；在 Turbulent Viscosity Ratio 栏输入 10；在 Thermal 选项卡中输入温度为 500K，并单击 OK 按钮。

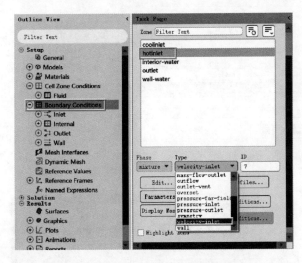  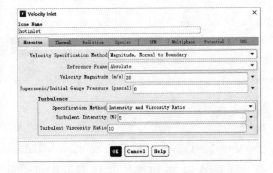

图 12-53　设置入口边界　　　　　　　　　图 12-54　设置入口速度

Step3：选择分析树中的 Boundary 命令，在 Boundary Conditions 面板的 Zone 中选择 coolinlet 选项，在图 12-55 所示的 Type 栏选择 velocity-inlet 选项。

Step4：设置入口速度。在弹出的图 12-56 所示的 Velocity Inlet 对话框中进行如下设置：在 velocity Magnitude（m/s）栏输入入口流速为 10m/s；在 Specification Method 栏选择 Intensity and Viscosity Ratio 选项；在 Turbulent Intensity（%）栏输入 5；在 Turbulent Viscosity Ratio 栏输入 10；在 Thermal 选项卡中输入温度为 300K，并单击 OK 按钮。

Step5：设置 outlet 为 Pressure Outlet 属性，如图 12-57 所示，在属性框中保持所有参数默认即可。

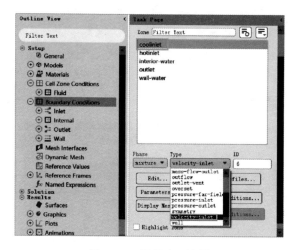

图 12-55　设置出口边界

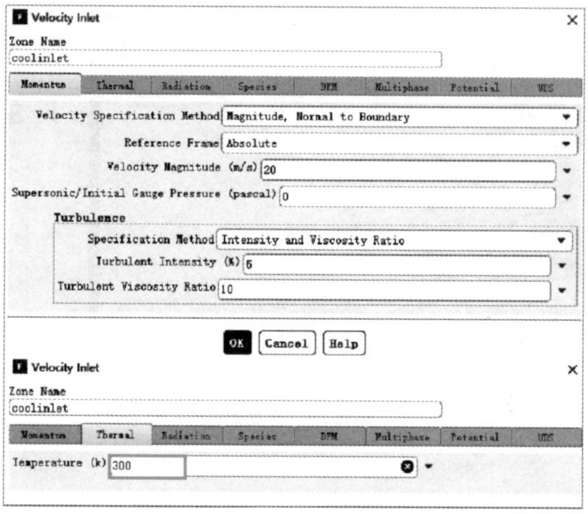

图 12-56　设置入口速度

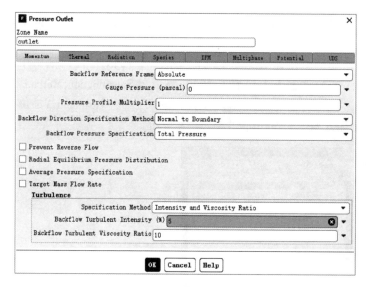

图 12-57　压力出口

12.2.9　求解器设置

Step1：选择分析树中的 Solution Initialization 命令，在如图 12-58 所示的操作面板中进行如下操作：在 Initialization Methods 栏选择 Standard Initialization 选项；在 Compute from 栏选择 hotinlet 选项，其余默认即可，并单击 Initialize 按钮。

Step2：选择分析树中的 Run Calculation 命令，在如图 12-59 所示的操作面板中进行如下操作：在 Number of Iterations 栏输入 500，其余保存默认即可，单击 Calculate 按钮。

Step3：图 12-60 所示为 Fluent 正在计算过程，

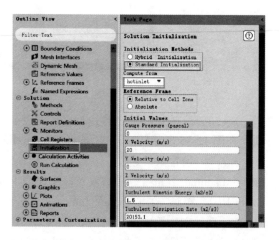

图 12-58　初始化

图表显示了能量变化曲线与残差曲线，文本框显示了计算时迭代的过程与迭代步数。

Step4：求解完成后会出现图 12-61 所示的提示框，单击 OK 按钮确认。

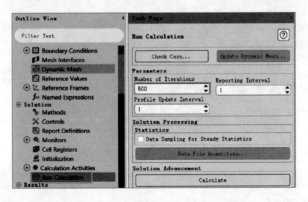

图 12-59　步长设置

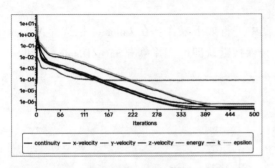

图 12-60　求解计算

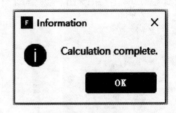

图 12-61　提示框

12.2.10　结果后处理

Step1：后处理操作。选择分析树中的 Results→Graphics→Contours，如图 12-62 所示，双击 Contours 选项。

Step2：在弹出的图 12-63 所示的 Contours 对话框中进行如下操作：在 Contours of 栏选择 Velocity；在 Surfaces 栏中单击 按钮，选择所有边界；其余保持默认即可，并单击 Save/Display 按钮。

图 12-62　后处理命令

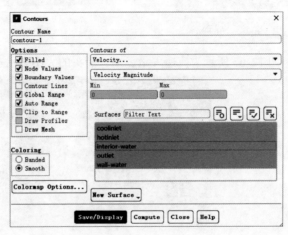

图 12-63　后处理操作

Step3：图 12-64 所示为流速分布云图，从图中可以看出，粗管流速的变化受细管的影响较大。

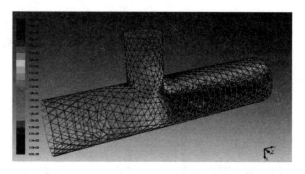

图 12-64　流速云图

Step4：后处理操作。选择分析树中的 Results→Graphics→Vectors，如图 12-65 所示，双击 Vectors 选项。

Step5：在如图 12-66 所示的 Vectors 对话框中进行如下操作：在 Color of 栏选择 Velocity；在 Surfaces 栏中单击■按钮，选择所有边界；其余保持默认即可，并单击 Save/Display 按钮。

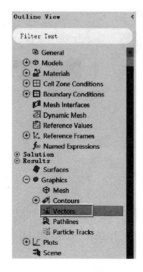

图 12-65　后处理命令

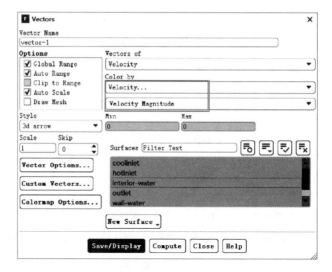

图 12-66　后处理操作

Step6：图 12-67 所示为流速矢量云图，箭头的大小表示速度的大小。

图 12-67　流速矢量云图

Step7：重复以上操作，温度场矢量云图如图 12-68 所示。

图 12-68　温度矢量云图

Step8：关闭 Fluent 平台。

12.2.11　POST 后处理

Step1：双击 B6 进入到 POST 后处理平台，如图 12-69 所示，POST 后处理平台专业强、处理效果好，同时操作简单，适合初学者。

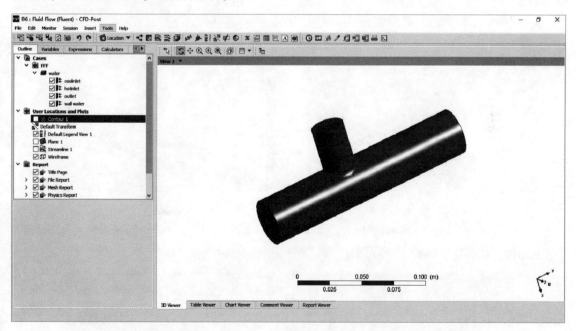

图 12-69　POST 后处理平台

Step2：在工具栏选择 ![icon] 命令，在弹出的对话框中保持名称默认，单击 OK 按钮。

Step3：在图 12-70 所示的 Details of Streamline 1 面板中的 Start From 栏选择 coolinlet，hotinlet，其余默认，单击 Apply 按钮。

Step4：图 12-71 所示为流体流速迹线图。

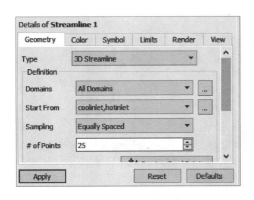

图 12-70　设置流迹线

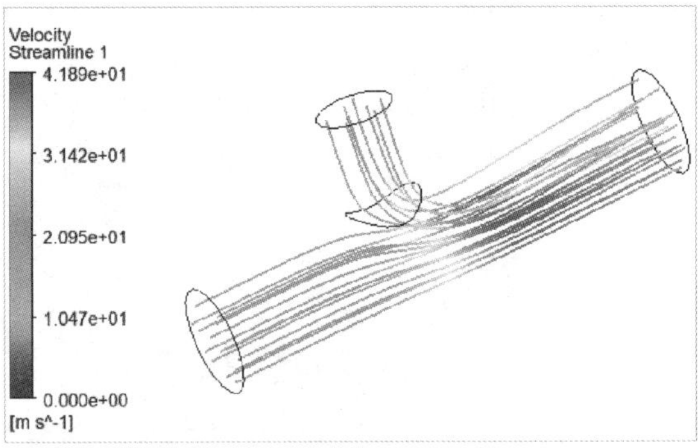

图 12-71　流迹线云图

Step5：在工具栏选择 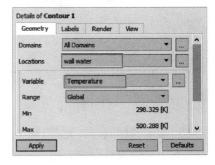命令，在弹出的对话框中保持名称默认，单击 OK 按钮。

Step6：在图 12-72 所示的 Details of Contour 1 面板中的 Variable 栏选择 Temperature 项，其余默认，单击 Apply 按钮。

Step7：图 12-73 所示为流体温度场分布云图。

Step8：图 12-74 所示为流体压力分布云图。

Step9：单击工具栏中的 Location 按钮，选择下面的 Plane 命令，创建一个平面在 YZ 面上，单击 OK 按钮，选择 Contour 选项，在 Details of Contour 1 面板中的 Locations 栏选择刚刚建立的平面，单击 Apply 按钮，如图 12-75 所示。

图 12-72　设置温度云图

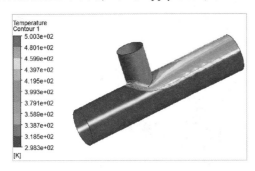

图 12-73　温度场分布云图

图 12-74　压力分布云图

Step10：此时显示图 12-76 所示的压力分布云图。

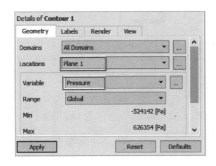

图 12-75　设置压力云图

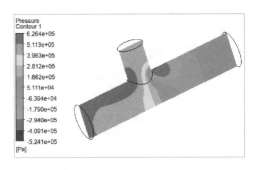

图 12-76　压力分布云图

注：对比 POST 后处理与 Fluent 后处理可以看出，前者的后处理能力要强于后者，而且操作更简单。

Step11：返回到 Workbench 窗口，单击 <kbd>💾 Save</kbd>（保存）按钮保存文件，然后单击 <kbd>❎</kbd> 按钮退出。

12.3 Icepak 流场分析

Icepak 是强大的 CAE 仿真工具，它能够对电子产品的传热和流动进行模拟，从而提高产品的质量，大大缩短产品的上市时间。Icepak 能够处理部件级、板级和系统级问题，帮助工程师完成无法通过实验进行的计算，并监控到无法测量的位置的数据。

Icepak 采用的是 Fluent 计算流体力学求解器。该求解器能够完成灵活的网格划分，利用非结构化网格求解复杂几何问题，且多点离散求解算法能够加速求解时间。

Icepak 拥有其他商用软件不具备的功能。
- 非矩形设备的精确模拟。
- 接触热阻模拟。
- 各向异性导热系数。
- 非线性风扇曲线。
- 集中参数散热器。
- 辐射角系数的自动计算。

Icepak 具有广泛的工程应用领域，包括计算机机箱、通信设备、芯片封装和 PCB 板、系统模拟、散热器、数字风洞及热管模拟等。

本节主要介绍 ANSYS Workbench 的流体分析模块——Icepak 的流体结构方法及求解过程，计算流场及温度分布情况。

注：本算例仅仅对操作过程进行详细介绍，请读者根据产品的实际情况对材料进行详细设置，以免影响计算精度。

学习目标	熟练掌握 Icepak 的流体分析方法及求解过程；熟练掌握 CFD-Post 在 Workbench 平台的处理方法
模型文件	Chapter12 \ char12-3 \ graphics_card_simple. stp
结果文件	Chapter12 \ char12-3 \ ice_wb. wbpj

12.3.1 问题描述

图 12-77 所示的 PCB 板模型，板上装有电容器、存储卡等，试分析 PCB 板的热流云图。

12.3.2 软件启动与保存

Step1：启动 Workbench。

Step2：保存工程文档。进入 Workbench 后，单击工具栏中的 <kbd>💾 Save As...</kbd>（另存为）按钮，将文件保存为 ice_wb. wbpj，单击 Getting Started 窗口右上角的"关闭"按钮将其关闭。

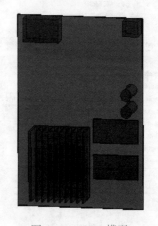

图 12-77 PCB 模型

12.3.3　导入几何数据文件

Step1：从工具箱中的 Components 下面添加一个 Geometry 项目到项目管理窗口中。右击 A2 栏，在弹出的对话框中依次选择 Import Geometry→Browse 命令，再在弹出的对话框中选择 graphics _card_simple. stp 文件，如图 12-78 所示，单击"打开"按钮。

Step2：双击 A2：Geometry 项进入到图 12-79 所示的几何建模平台，在弹出的单位设置对话框中选择单位为 m，单击 OK 按钮，选择工具栏中的 Generate 命令生成几何模型。

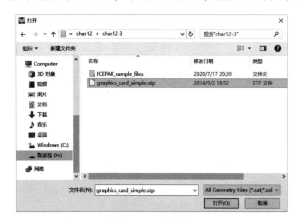

图 12-78　对话框　　　　　　　　　　图 12-79　几何建模平台

Step3：依次选择菜单 Tools→Electronics，在弹出的如图 12-80 所示的 Details of Simplify1 中进行如下操作：在 Simplification Type 栏选择 Level 2 选项；在 Select Bodies 栏中确保所有几何体全部选中，选择工具栏中的 Generate 命令。

Step4：此时几何模型如图 12-81 所示。

Step5：关闭 DesignModeler 几何建模平台，返回到 Workbench 平台。

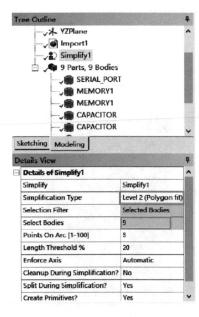

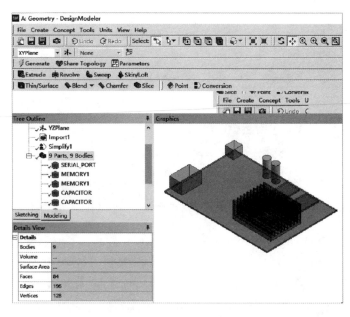

图 12-80　Details of Simplify1　　　　　　　　图 12-81　几何模型

12.3.4　添加 Icepak 模块

Step1：选择 Toolbox 下面 Components Systems → Icepak，并将其直接拖动到 E2 栏中，如图 12-82 所示，创建基于 Icepak 求解器的流体分析环境。

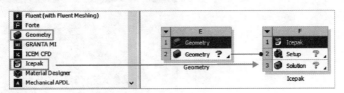

图 12-82　流体分析环境

Step2：双击项目 F 中的 F2：Setup 项，进入图 12-83 所示的 Icepak 窗口。在 Icepak 平台可以进行网格划分，材料添加及后处理等操作。

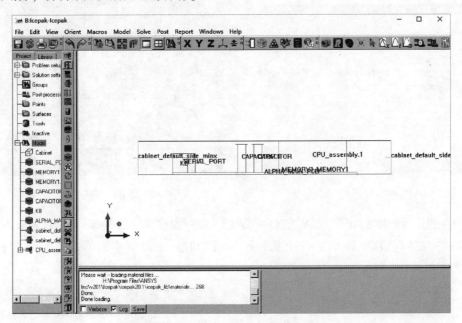

图 12-83　Icepak 窗口

Step3：在左侧 Project 选项卡中，依次选择 Model→Cabinet 选项，在右下角出现图 12-84 所示的对话框，进行如下设置：在 Shape 栏选择 Prism 选项；在 xS 栏输入 −0.19，单位选择 m；在 xE 栏输入 0.03，单位选择 m；在 zS 栏输入 −0.11，单位选择 m；在 yE 栏输入 0.028487，单位选择 m；在 zE 栏输入 1e-06，单位选择 m，并单击 Apply 按钮完成几何尺寸的输入。

📁注：由于流体分析时，除了流体模型外其他模型不参与计算，所以需要将其抑制掉。

Step4：单击"Edit"按钮，弹出图 12-85 所示

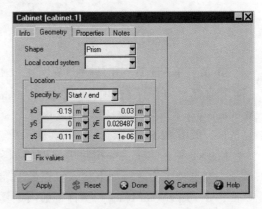

图 12-84　输入尺寸

的对话框，设置 Min X 和 Max X 的 Wall type 属性为 Opening。

Step5：单击 Max X 栏的 Edit 按钮，在弹出的图 12-86 所示的对话框中单击 Properties 选项卡，并勾选 X Velocity 复选框，在后面输入速度为 −0.001，单位为 m/s，单击 Update 按钮。

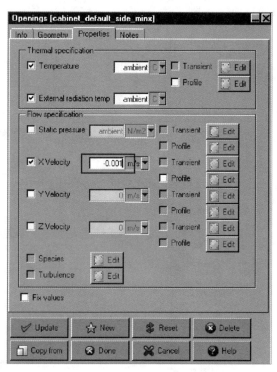

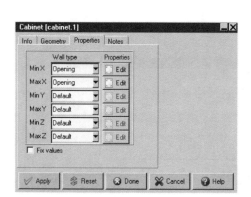

图 12-85　属性设置　　　　　　　　　　图 12-86　速度设置

Step6：创建装配体。单击工具栏中的 按钮，在弹出窗口中的 Name 栏修改名称为 CPU_assembly，并将 HEAT_SINK 和 CPU 两个几何添加到 CPU_assembly 中，单击"Apply"按钮，如图 12-87所示。

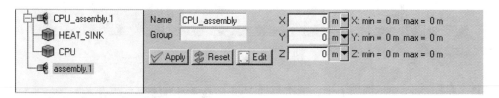

图 12-87　装配体设置

Step7：单击工具栏中的 按钮，在弹出的对话框的 Settings 选项卡进行如下操作：在 Mesh type 栏选择 Mesher-HD 选项，单位设置为 mm；在 Max element size 栏输入 X = 7，Y = 1，Z = 3；在 Minimum gap 栏输入 X = 1，Y = 0.1486，Z = 1，单位均设置为 mm；勾选 Set uniform mesh params 复选框，如图 12-88 所示。

Step8：单击 Generate 按钮进行网格划分，划分完成后切换到 Display 选项卡，如图 12-89 所示，在选项卡中进行如下输入：在最上端显示了单元数量和节点数量；勾选 Display mesh 复选框；在 Display attributes 栏中保证前两个复选框被勾选；在 Display options 栏中勾选前两个复选框，此时模型将显示图 12-90 所示的网格。

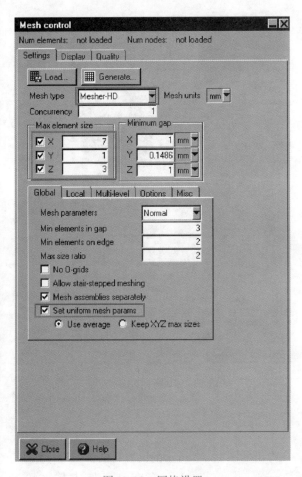

图 12-88　网格设置

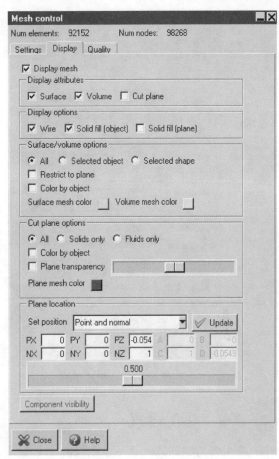

图 12-89　显示网格设置

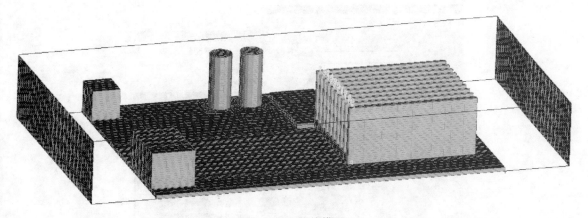

图 12-90　网格模型

Step9：切换到 Quality 选项卡，选择 Volume 单选按钮，此时将出现网格体积柱状图，如图 12-91 所示。

Step10：保持在 Quality 选项卡，选择 Skewness 单选按钮，此时将出现网格扭曲柱状图，如图 12-92 所示。

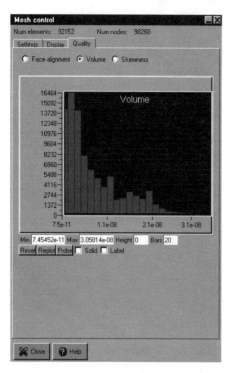

图 12-91　体积柱状图

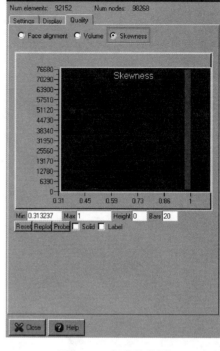

图 12-92　扭曲柱状图

12.3.5　热源设置

　　在分析树的 Project 选项卡中双击 CPU 选项，在弹出的图 12-93 所示的设置对话框中进行如下设置：在 Properties 选项卡的 Solid material 栏选择 Ceramic_material 选项；在 Total power 栏输入 60，单击"Done"按钮。

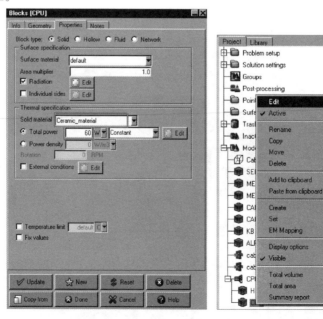

图 12-93　热源

右击 CPU，在弹出的快捷菜单中选择 Edit 命令也可以完成同样操作。

12.3.6　求解分析

Step1：在 Project 选项卡中，双击 Problem setup 下面的 Basic parameters 选项，在弹出的图 12-94 所示的设置对话框的 General setup 选项卡中进行如下设置。

1）勾选 Variables solved 中的 Flow（velocity/pressure）和 Temperature 两个复选框；保证 Radiation 为 On；在 Flow regime 中选中 Turbulent 单选按钮，并选择 Zero equation 选项；勾选 Gravity vector 复选框，并将 X 方向的重力加速度设置为 - 9.80665。

2）单击 Radiation 栏中的 Options 按钮，在弹出的如图 12-95 所示的对话框中进行如下操作。

在 Include objects 栏中单击 All 按钮，在 Participating objects 栏中单击"All"按钮，再单击 Compute 按钮，进行角系数的计算，计算完成后，关闭对话框。

Step2：在 Project 选项卡中双击 Solution settings 下面的 Basic settings 选项，在弹出的 Basic Settings 设置对话框中进行如下设置：在 Flow 栏输入 0.001；在 Energy 栏输入 1e-7；在 Joule heating 栏输入 1e-7，并单击"Accept"按钮。

双击 Solution settings 下面的 Advanced settings 选项，在弹出 Advanced solver setup 对话框中进行如下设置：在 Pressure 栏输入 0.7；在 Momentum 栏输入 0.3，单击"Accept"按钮，如图 12-96 所示。

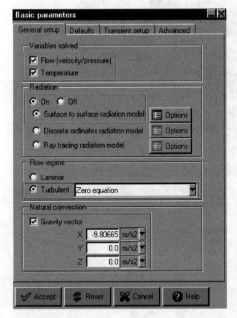

图 12-94　一般设置

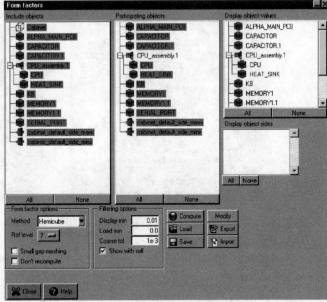

图 12-95　角系数计算

Step3：依次选择菜单栏 Solve→Run Solution，弹出图 12-97 所示的对话框，直接单击 Start solution 按钮进行计算，计算过程中将出现图 12-98 所示的残差跟踪窗口。

📁注：在网格划分时，容易出现最小体积为负值的情况，在做流体计算时，需要对几何网格的大小进行检查，以免计算出错。

Step4：计算完成后，返回到 Workbench 平台，在平台中添加一个 Results，如图 12-99 所示。

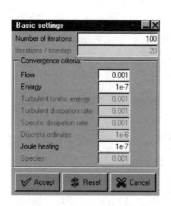

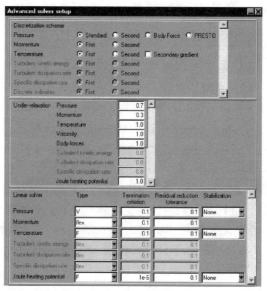

图 12-96　求解设置

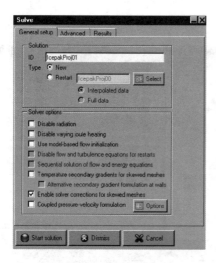

图 12-97　求解

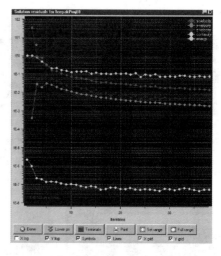

图 12-98　残差跟踪窗口

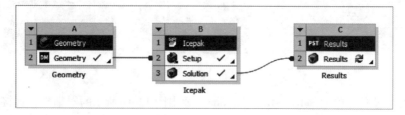

图 12-99　添加后处理

12.3.7　POST 后处理

Step1：双击 C2 栏进入到 POST 后处理平台，如图 12-100 所示。

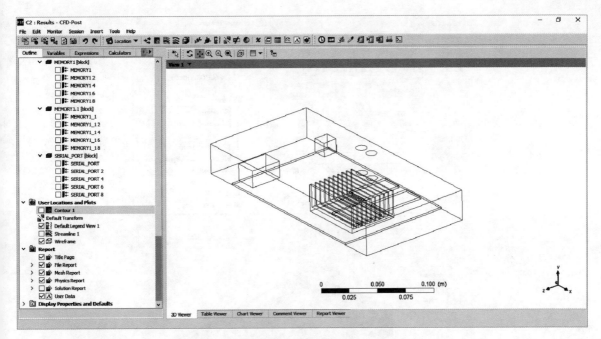

图 12-100 POST 后处理平台

Step2：在工具栏选择 ≋ 命令，在弹出的对话框中保持名称默认，单击 OK 按钮。

Step3：在图 12-101 所示的 Details of Streamline 1 面板的 Start From 栏选择 Cabinet，其余默认，单击 Apply 按钮。

Step4：图 12-102 所示为流体流速迹线云图。

图 12-101 设置流迹线

图 12-102 流速迹线云图

Step5：在工具栏选择 ⚲ 命令，在弹出的对话框中保持名称默认，单击 OK 按钮。

Step6：在图 12-103 所示 Details of Contour 1 面板的 Locations 栏中单击右侧的 ... 按钮，在弹出的 Location Selector 对话框中选择 Cabinet 下面的所有几何名称并单击 OK 按钮，然后再单击 Details of Contour 1 面板中的 "Apply" 按钮。

Step7：图 12-104 所示为温度分布云图。

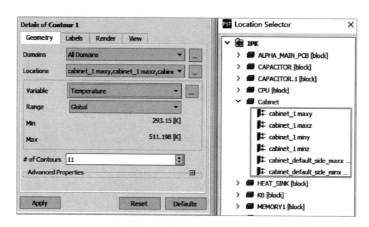

图 12-103　设置云图

图 12-104　温度分布云图

12.3.8　静态力学分析

Step1：添加一个静态力学分析模块，如图 12-105 所示。

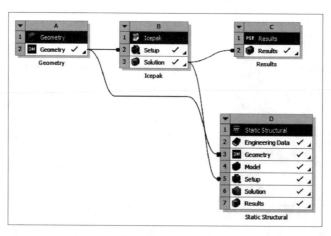

图 12-105　静力分析模块

Step2：右击 Mesh，划分网格，如图 12-106 所示。

Step3：右击 Import Load（B3），在弹出的快捷菜单中选择 Insert→Body Temperature 命令，如

图 12-107 所示。

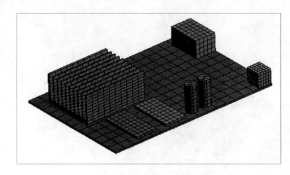

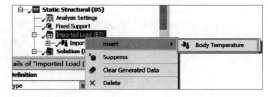

图 12-106　划分网格　　　　　　　　　　　　　　　　图 12-107　快捷菜单

Step4：在 Details of "Imported Body Temperature" 设置窗口中进行如下设置：Geometry 栏中选中所有几何实体，如图 12-108 所示。

Step5：选择工具栏中的 Generate 命令，此时温度分布云图如图 12-109 所示。

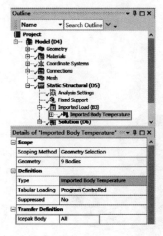

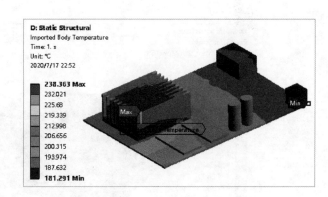

图 12-108　设置　　　　　　　　　　　　　　　　图 12-109　温度分布云图

Step6：将 PCB 板下端面固定，如图 12-110 所示，选择工具栏中的 Solve 命令进行计算。

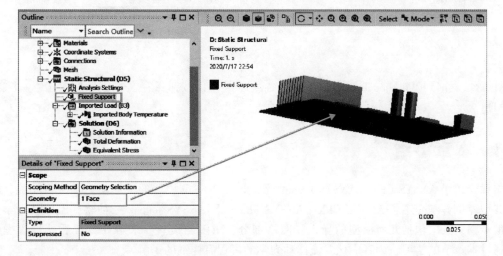

图 12-110　固定

Step7：热变形如图 12-111 所示，热应力如图 12-112 所示。

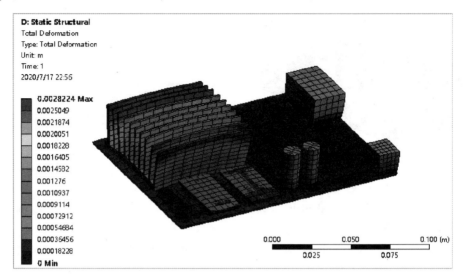

图 12-111　热变形

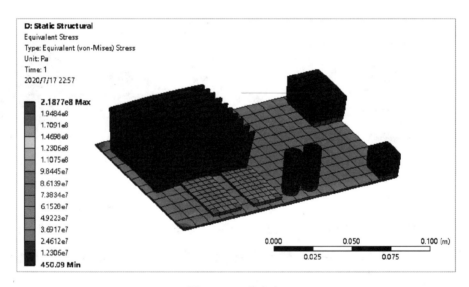

图 12-112　热应力

Step8：返回到 Workbench 窗口，单击 🖫 Save（保存）按钮保存文件，然后单击 ✖（关闭）按钮退出。

12.4　本章小结

本章介绍了 ANSYS CFX、ANSYS Fluent 及 ANSYS Icepak 模块的流体动力学分析功能，通过三个典型算例详细介绍了 ANSYS CFX、ANSYS Fluent 及 ANSYS Icepak 三种软件流体动力学分析的一般步骤，其中包括几何模型的导入、网格剖分、求解器设置、求解计算及后处理等操作方法。通过本章节的学习，读者应该对流体动力学的过程有详细的了解。